见识城邦

更 新 知 识 地 图　　拓 展 认 知 边 界

WORLD ENVIRONMENTAL HISTORY

世界环境史

［美］威廉·H. 麦克尼尔（William H. McNeill）
［美］约翰·R. 麦克尼尔（John R. McNeill）
［美］大卫·克里斯蒂安（David Christian）
［美］艾尔弗雷德·W. 克罗斯比（Alfred W. Crosby）
［荷兰］约翰·古德斯布洛姆（Johan Goudsblom）
［美］蒂莫西·比奇（Timothy Beach）
等 编著

王玉山 译

中信出版集团｜北京

图书在版编目（CIP）数据

世界环境史 /（美）威廉·H. 麦克尼尔等编著；王
玉山译 . -- 北京：中信出版社，2020.11（2022.1 重印）
书名原文：World Environmental History
ISBN 978-7-5217-2098-3

Ⅰ . ①世… Ⅱ . ①威… ②王… Ⅲ . ①环境—历史—
世界 Ⅳ . ① X-091

中国版本图书馆 CIP 数据核字 (2020) 第 148262 号

World Environmental History
By William H. McNeill, John R. McNeill et al
© 2012 Berkshire Publishing Group LLC
Simplified Chinese translation copyright © 2020 by CITIC Press Corporation
ALL RIGHTS RESERVED

本书仅限中国大陆地区发行销售

世界环境史

编　　著：［美］威廉·H. 麦克尼尔　　［美］约翰·R. 麦克尼尔 等
译　　者：王玉山
出版发行：中信出版集团股份有限公司
　　　　　（北京市朝阳区惠新东街甲4号富盛大厦2座　邮编　100029）
承 印 者：北京通州皇家印刷厂

开　　本：787mm×1092mm　1/16　　　印　张：23.75　　　字　数：316千字
版　　次：2020年11月第1版　　　　　印　次：2022年1月第2次印刷
京权图字：01-2020-5477
书　　号：ISBN 978-7-5217-2098-3
定　　价：88.00元

目　录

中文版序言

　　近半个世纪以来，史家都力图将非人类世界和整个星球的研究纳入帐下，这种努力已取得了极大成功，但一些执拗的反对也令人沮丧。例如，有一位傲慢的年青历史教师就认为，澳大利亚的火与历史风马牛不相及。"森林起火了，就该去找消防员，"他自负地说，"而不是历史学者。"又如一位学界耆宿，由于多年来反复阅读同样的古文献而"不见森林"，他抱怨说："我认为到了现在，空气污染才可以被称为历史的一部分。"这些都是在公开场合发表的真实评论。有些人一直都不明白：火跟税收和城市化一样，对地球及其人类居民一样重要；空气污染比帝国的历史还要久远，而且它每年仍在让数百万人死亡——大概比战争杀死的人还多。

　　还有那位著名的牛津历史学家，到 20 世纪 80 年代仍在谈论那种"常识"——世界历史仅限于"人类"的故事，其任务是把人类的成就、苦难和幸福编纂成一部进步史。"我们都知道狗和猫没有历史，"他开玩笑地说，"但人类却有。"[1] 但他知道的常识其实是一种谬见，并且非常武断和偏狭。狗和猫当然有历史！就个体来说，它们像人类一样出生、成长和死去，而且它们有学习、适应和演变的能力。作为一个物种，它们拥有一部群体史，比我们自身的历史还长，而且很大程度上与人类相互影响。它们已经在这个星球上演化了数百万年，其驯化的

1　　J. M. Roberts, *The Penguin History of the World*, London: Penguin Books, 1987, p.19.

历史都有数千年之久了。拿猫来说，依照最近的考古证据，在中国[1]，猫跟人共处一室的时间长达 5000 多年，而马、猪、蚊子和大象也早就在这个国家的社会生活中扮演角色了。

不只猫猫狗狗，岩石、大海、森林和草原都有历史，它们与人类相互独立又被人类形塑。我们这些有机物和无机物又一起构成了这个星球的整体，无法被区隔为人类与非人类这样的类别，或进步与非进步这样的等级。这种见识，虽不被一些人理解，却能令历史为之一新、为之丰富，本书的篇章就是其完美证明。在半个世纪前，这样的内容无法成书，这样的作者多无法跻身史家之列，仅凭这一点就十分令人鼓舞了。

如今我们开始明白，"环境"主题正是历史之基，它是政治、文化、社会运动和经济发展的基础。世界史本身也是相对新颖的概念，它推动学者们走出民族国家，并越来越走向环境模式，为"文明"的兴衰提供广阔的物质背景和理论框架。

对世界史而言，不同学者肯定有不同的定义。对我来说，这个词只能是地球史的别称，它一直在被现代科学知识所界定和诠释。我的这个观点，依据的是该词的常见用法。《新牛津美语辞典》明确把"世界"解释为"地球，包括其所有的国家、民众和自然样貌"。《韦氏词典》将"世界"定义为"地球及地球的所有人与物"。我们可以名正言顺地选择书写这个世界的某一小部分，但我们应该始终将世界史视为地球这颗行星的历史。

尽管世界环境史最近才开始出现，似乎是一时风尚，但它作为一种思想实际发端于 200 年前，并可以追溯到 19 世纪的伟大地质学家和演化史家，包括查尔斯·莱尔和查尔斯·达尔文。它源自那些革命性的博物学家所倡导的世界观，在这种世界观中，过去是生物与环境、

---

1   Rachel Newer, *Domestic Cats Enjoyed Village Life in China 5300 Years Ago*, 2013. https://www.smithsonianmag.com/science-nature/domestic-cats-enjoyed-village-life-in-china-5300-years-ago-180948065/.

人类与其余的自然界互动的故事。如果没有莱尔和达尔文发动的哲学和科学革命，很难想象之后会出现如 H. G.韦尔斯、阿诺德·汤因比、威廉和约翰·麦克尼尔以及大卫·克里斯蒂安这样优秀的世界史家的著作。拿威廉·麦克尼尔来说，在其最后一本著作《人类之网》一书中，他明确使用达尔文的语言来总结他眼中的历史。"人类的历史遵循更大的演化模式"，他写道，这让我们相信"人类在地球上的历史完全是一部自然史，无论它有多么特殊……仔细观察就会发现，我们的的确确属于这颗名叫地球的行星，并且是支持我们的生物圈的一部分"。[1]

演化、选择和适应是自然法则，但这些法则同样也适用于人类社会。实际上，我们可以把世界历史（或国家的或本地的历史）定义为对环境、气候、技术和社会组织的一连串复杂相连的不间断适应。有些适应可能存在超过数百万年，如蟑螂的触须；其他的则极为短暂，只持续一两代，短的就像 20 世纪 60 年代的喇叭裤或上海咖啡馆里的古驰包，新鲜劲儿还没过就被淘汰了。这个故事中没有神创，没有进步叙事或包罗一切的天命，看不到终极目标，只有不停的变化和适应。

这种新史学的核心是与自然科学的合作，后者长久以来与史家的世界分隔两岸、遥遥相望。这种说法还比较含蓄！科学往往被视为大敌，就如打到门口、危及"人文"圣殿的野蛮人一般。这种做派对历史写作真是莫大的损失。它令我们的想象力枯竭，让我们在解释变化的时候往往哑口无言，使我们黔驴技穷，削弱了我们的影响和公众支持，让我们像 15 世纪的欧洲人一样落伍（他们仍固守亚里士多德和托勒密的见识），而此时一班卑微的海员正外出去发现一个新世界，一个尚有一半疆域等待探索的浑圆星球。

自然科学也因这堵知识之墙而受害。它们是在没有充分认识自身根基的情况下发展的，这种根基包括令科学得以在现代诞生的物质条

1　J. R. McNeill and William H. McNeill, *The Human Web: A Bird's-Eye View of World History* (New York: W.W. Norton, 2003), pp.324-326.

件、其工作后果所带来的道德责任、不可避免的人类知识局限、非定量数据的极端重要性——它们大多埋藏在档案和图像中，历史学者非常熟悉并可以提供。

　　我希望本书的篇章能推动史家和科学家进行一场相互尊重的对话，也能让它在众多国家中广受读者欢迎。就提升我们对过去的理解而言，我们比任何时候都需要彼此。

唐纳德·沃斯特（Donald Worster）

于中国人民大学

世界环境史

> 人的争斗难出自然的方圆，但这个方圆却时时处处在变——
> 时快时慢。自然界的上千种因素一直在制约人类的经验，野外生
> 物、土壤、气候和疾病仅是其中若干。拿人来说，其行为越来越
> 影响自然界及其演变。人类社会因应自然而变，人类历史则一边
> 在自然这个大舞台上演兴衰故事，一边重塑着这个舞台。

环境史这个学科之所以出现，是因为我们对环境的理解方式发生
了巨变。数百年前，至少在多数文化里，恒星和行星被认为是静止不
动的天体。地球也一般被认为永远存在，甚至在有些创世说里，地球
上的万物生灵是一起被创造出来的，其中的生物种类自其创生之日便
不再增减。但从 19 世纪 30 年代起，地质学家揭示了地球的古今之变，
地球才真正拥有了历史。自 19 世纪 60 年代开始，生物学家逐渐达成
一种共识：地球生物一直在变，物种有生有灭。再往后，天文学者和
宇宙学家断定宇宙本身并不永恒，它也拥有历史。它大概存在了 130
亿—140 亿年，仍在膨胀，其中的恒星、星系和行星都在生生灭灭。
这样，万物运行之法越来越从静止或平衡模式让位于变动的历史模式。
环境史这一学科，就是对地球生物变化的记载和分析。

世界环境史不仅思接寰宇，也行遍全球。尽管美国史家第一个称
他们自己为环境史家，并率先成立了从事环境史研究的组织，但其他

地方的学者长久以来就对同类问题感兴趣——其中首推历史地理学者。的确，从兴趣和方法上难以对历史地理学者和环境史家做出区分。不过，大约从 20 世纪 80 年代以来，世界各地的学者开始选择自称环境史家来开展研究。在欧洲，最活跃的群体产生于德国、瑞典、芬兰、西班牙和英国。在非洲，虽然政治和经济不稳定给学术工作造成了巨大阻碍，但环境史家自 20 世纪 80 年代起就开始出现，特别是在南非，当然东非也有。约从 1985 年开始，印度诞生了一个特别活跃的环境史家团体，这跟澳大利亚发生的情形一样，还有晚近的新西兰。自 1990 年左右起，一个小而坚定的环境史家群体出现于拉美，主要在巴西和墨西哥。大体来说，在俄罗斯、中国、日本和阿拉伯世界，环境史的实践者不多，尽管外国人极为成功地探究了中国和日本的环境史主题。不过有迹象表明，这些拓荒之举正在吸引追随者并启迪新的研究。当这些地区的环境史家赶上他们的印度、德国或美国同行之时，我们将更加多彩、深刻地驾驭世界环境史。

观点与方法

环境史有多种方式来分析人与自然世界的互动。通过将物理和生物过程视为历史不可分割的一部分，自然世界成了历史研究的对象。哺乳动物、鸟类、植物、细菌和病毒组成的生物演员，在历史的进展中扮演了重要角色。非生物成分和过程，如气候变化、土壤构成、水力和空气化合物，在环境史家眼中也很重要。在人文领域，经济体系、人口规模、消费模式、政治组织、种族观、性别观及自然观都影响着我们与自然体系的互动。

全球各地文化对自然的看法迥异。原住民、东方哲人、19 世纪的浪漫主义者和环境科学家对自然是什么及自然世界如何起源观点各异。人们利用故事、神话、舞蹈、艺术、摄影和宗教来表达他们的自然观——自然是用来服务人类的神之礼物或资源宝藏——并为伦理行为制定准绳。叙事方法建构了包罗万象的故事情节，有征服并控制自然的进步型，也有原初自然消失、物种衰退和环境质量下降的衰败式。无论方法为何，自然与人类社会的复杂和不可预期是环境史中难以逃避的主题。正因为如此，环境史越来越引起其他学科、政策制定者、复原生态学学者以及全世界各种文化及社会的兴趣和重视。

环境史与科学史

从事世界环境史研究，需要借助多种学科及其历史。生态学、植物学、动物学、细菌学、医学、地质学、物理学和化学都对环境史有直接影响。最基础和涵盖最广的学科大概是生态学。气候、降雨、年均气温限制了特定地区的植被和相关动物的生存。即便相距不远，土壤类型也可能变化极大，可用水也是如此。基于这些条件的不同，一地或是吸引人类前来定居，或是对其居留构成挑战。特定文化群体对诸如植物和动物食品、化石燃料或矿物商品的取用，影响着当地的生态状况，决定了该地居民是继续定居还是移居他处。如此一来，生态学可以帮助环境史家解释一个文化群体与土地及其周边族群互动的方式。不过，环境史家也知道，生态学作为一门学科在持续演变，故生态学史与环境史如何书写密切相关。植被演替、生物多样性、自然平衡及气候的不可预测性等生态概念多年来不断被重估并修正，影响着世界环境史的书写和修订方式。

疾病史和医药史对环境史家一样重要。一个族群对外来疾病的易感染或免疫性，是殖民者和原住民成败的关键。世界环境史的很大一部分，可以由疫病（如天花、麻疹、黑死病、肺结核、流感以及欧洲殖民者带到新世界的病毒等）的蔓延来解释。霍乱和黄热病的暴发与脏水或死水有关，黑肺病和褐肺病与采矿及制造业有关，这些同样是环境史中影响很大的疾病类型。因此，对环境史来说，了解流行病学、病毒学和毒理学，就成了解读其研究对象的关键。

另外一种介入环境史的方法是经由环境科学史和地球科学史。一个文化群体如何理解地质学、气候学和矿物学，会影响它提取、加工与看待矿物的方式——且这种理解随时在变。一个社会是否使用煤、铁、金或硅，不仅取决于这种资源的可获取性，也取决于它在特定历史时期如何被认知，还有它与该社会的物质基础和自然观是否契合。举例来说，挖矿采集金属是否被接受，可能既取决于人们视金属为活物还是死物，也取决于提炼它们的技术可能性，还有金属产品对物质文化和个人财富的重要性。

最后，物理、生物和化学的历史有助于环境史家理解一个社会如何看待自然世界。牛顿力学、达尔文演化论、热力学、原子论和元素周期表既为技术发展，也为人们从审美、伦理和宗教上理解自然秩序以及人在其中的地位奠定了基础。因此，科学史的所有分支都是世界环境史不可分割的一部分。

环境史与性别

性别对世界环境史非常重要，因为在不同时期和不同文化中，男女与自然界打交道的特点不尽相同。采集、狩猎、捕鱼和园艺——所有这些影响环境质量和资源可用性的活动——通常都跟性别有关。在一些文化中，男性主要负责捕捉大猎物，女性则负责捕捉小猎物并加工肉类。在有些文化中，女性主要负责采集和游耕（使用挖土工具），而在别的文化里，男性可能承担园艺和定居农业（使用大型役畜耕作）的责任。捕鱼也常常男女有别，男性会张网和筑鱼梁或坐船捕鱼，女性则捡拾贝类或用钩和线钓鱼。

在此类男女有别的生产体系中，资源利用、开采或保护的方式，会影响该生产体系在历史上的可持续性以及它们对新环境的适应。环境史家对此类体系的研究，是以个案为基础的。例如，在欧洲殖民时期，男性使用役畜和犁在大块田地上生产粮食，女性则在菜园劳作，照料家禽并加工食物，这种农业体系在全世界温带地区迅速传播，取代了以采集、狩猎、捕鱼和园艺为基础的本地体系。尽管与本地体系相比，殖民体系在开发土地和森林以谋生和谋利上更有效率，但它们可能也更浪费资源——至少在最初是如此——直到资源衰退刺激他们去进行农业改良和森林保护。环境史家感兴趣的是殖民时期男性和女性在传统体系和不同文化中的互动。环境史家追问，就性别在保护或开发资源方面的作用而言，是否能得出一般结论或看出某种模式？

　　环境史家也对男性和女性在 19 世纪初的工业时代与 20 世纪末的环境时代如何回应资源保护和环境改良吁求感兴趣。女性在保护森林、公园和野生动物的游说中起到了主要作用，她们常常认为自身的利益和活动与男性冲突，后者的行为被她们看成是剥削和浪费的。与此类似，女性会激励社区中的男性去清除臭气和污水并动手打扫街道和收集垃圾。在 20 世纪 70 年代以及随后几十年的环保运动中——很大程度上是由蕾切尔·卡逊 1962 年的《寂静的春天》一书引发——女性

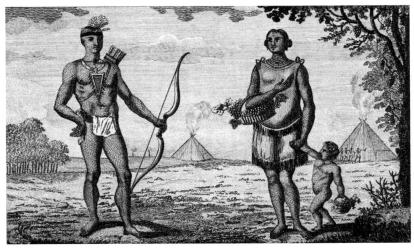

《瑙多尼斯的男人和女人》(A Man & Woman of the Naudonessie)［引用］，是《横穿北美内陆的旅行，1766—1768 年》(*Travels Through the Interior Parts of North America in the Years 1766, 1767, 1768*) 中的一幅插图。纽约公共图书馆。

敦促社会就荒野进行保护，就清洁空气和水进行立法，控制杀虫剂，清理有毒的垃圾填埋场与化学物焚化炉。全世界的女性，不管是在发达国家还是发展中国家，无论是在本地还是国际层面，都成了资源保护、环保运动和反毒化运动的领袖。

第三个论题是性别与神话、宗教、科学、文学及艺术中描绘自然的隐喻之间的关系。无论自然被看作是由男神创造并指引，还是被看作女神、依神的引领而行事的女性自然、渡鸦、祖母蛛，抑或是一系列性别中立的过程，它们都会影响人类接近和利用自然的方式。自然的形象，如被敬畏的母亲、被强暴的处女或造成歉收与病患的女巫，能够影响人类的伦理实践和仪式行为。一些仪式可能鼓励资源保护，其他一些仪式尽管可能没有实际影响，却可以构建一个敬畏和尊重自然世界的框架。反之，仪式可以鼓励利用和浪费。因此，分析在特定文化的偶像和叙事中所发现的性别含义，就能在观念上为强化特定行为提供线索，或为改变那些行为提供灵感。

环境史与人类学

一个多世纪以来，人类学学者和环境史家一样，提出了很多相同的问题。在 19 世纪人类学学科初具雏形之时，大量人类学学者关心的问题是人与环境（特别是对人类社会与文化具有决定性或限定性影响的地理、气候或环境）的关系。他们的论点（现今已不足为信）表明，极端气候和高纬度，或土地的荒芜，阻碍了文化和精神文明的发展，而温和气候有利于理论家所认定的人类能力的发展。

在 19 世纪，演化论席卷了人类学，令这个学科持续关注人类对不同环境的适应。起初，学者们的兴趣集中于大型单线演化模式上：家庭、宗教或人类社会的演化。到 20 世纪，这些"思辨设计"遭到激烈抵制，从而开启了一个反演化论（和反环境决定论）的狂热时代。不过，在 20 世纪 30 年代和 40 年代，人类学学者眼光朝下，在一系列

名为文化演化学、文化人类学、生态人类学和历史人类学的分支学科
中回归了演化论。在他们的理论中，人与环境的关系到底是静止还是
变动，往往取决于特定的历史与文化情境，而这些理论探索对人类学
和环境史之间关系的发展极为重要。

文化演化学和文化生态学

文化演化学和文化生态学，其理论预设是人类以文化手段来适应
自然和社会环境，数十年来都是人类学中的显学。人类学学者考察了
技术、人口、能源控制和社会复杂性之间的关系。很多人认为技术和
工具及生产方式，还有某种自然特征（如人口扩张社会的环境阈限），
是文化和人类行为的重要决定因素。一种变形的地理决定论将这些模
式与 19 世纪的那些模式联系了起来，但它几乎总被环境与技术间的相
互作用所调和。尽管演化明显是在人类社会与环境的关系之中展开，
但焦点几乎总是落在人类社会而非环境上。

生态人类学和历史生态学

在 20 世纪 60 年代，人类学对人—环境关系的兴趣凝结成了一个
新学科——生态人类学（考察生态系统、生态位、栖息地和适应等概
念在人类社会的应用）。一项最著名的生态人类学研究成果表明，仪
式是一种调节机制，是依照新几内亚岛的土地承载力来平衡人和猪的
数量比。其他研究考察了不同条件（包括侵略性的全球经济体系等情
形）下采集-狩猎者、游牧者与农耕者的适应及人地关系。将功能、适
应和系统等概念应用到个体和群体层面，一直是生态学和人类学的
挑战。

最近，对人—环境关系重燃兴趣的是历史生态学，它被定义为通
过景观变迁来研究过去的生态系统。对它的很多支持者来说，历史生

态学的出现不仅是因为学者们想理解过去人与环境的关系，也出于指导人类走向可持续未来的愿望。

考古人类学

考古人类学家致力于考察之前频繁出现过的生态和演化问题。很多考古人类学家深受文化生态学的影响，另一些关注个体决策，其余学者则研究环境变迁（只要在考古记录中能显示）中较为系统的过程。

近年来，考古学在理解人类对全世界古代环境造成的影响上贡献良多。这些影响包括捕猎、用火、人口规模扩大和人口密度增加、城市化、生产集约化和群体疫病。越来越多的考古学者对以往社会的大尺度历史感兴趣。例如，他们考察了美国西部气候变动或火山喷发的影响，地中海农业的影响，还有木材需求和森林砍伐与人口分布之间的联系。当人们迁移时，他们带着自己的景观（思维模式和物质符号）一起走，而考古人类学家越来越感兴趣于此类活动和变化的影响。

社会和文化人类学

社会和文化人类学学者对环境史的贡献是人种志与历史分析。他们的趣味极为不同。有些学者研究原住民关于自然世界的广泛知识，以期搞清楚他们的分类规则蕴含的文化和组织意义，不管它们与西方科学模式是重合还是差异极大。其他学者的关注点则集中在自然的文化结构，流行病对人口和环境的影响，人文景观、游牧和农耕的影响，长期适应与持续发展的可能性，环境价值的文化建构，环保主义的人种志，环境问题博弈和环境正义等主题上。它是一个多样且快速发展的学科，而认识到 21 世纪一些最严峻的挑战来自人与环境的关系，无疑对该学科的发展有推动之功。

环境史和博物学

博物学——对自然世界描述性、系统性及最终是科学性的研究——与环境史之间联系多样。在西方，博物学这一学科的渊源可上溯至亚里士多德，下至近代早期的某些思想家，他们的分类反映出自然—人类关系的重要。而且不用奇怪，自然观反映的就是人类的情感观、审美观、道德观、社会观和文化观。在16—18世纪——西方关于自然世界的地理知识和描述性知识都在扩张的时期——经由探险以及为奇珍室带回的标本，更客观的自然观进入到博物学中来，尽管对自然的宗教性解释仍屹立未倒。

就某些方面而言，18世纪是博物学的一个巅峰。在那个世纪，林奈、布丰等人都出版了关于自然描述和分类的重要著作，政府资助博物学研究，植物装饰和绘画大受欢迎，而且人们颂赞田园牧歌式的和谐。人们想象人与自然是一种良性和一体的关系，对环境的关怀也在显著升温。

这些玻璃造植物展品，来自布拉施卡玻璃植物模型收藏品。该藏品制作于19世纪，供教学使用，因其植物模型的精美和准确而闻名于世。哈佛自然历史博物馆藏品。安娜·迈尔斯（Anna Myers）摄。

在 19 世纪，博物学继续着重对生物的形态学研究，不过理论的活力已转向了新兴学科，它们在 19 世纪中叶之后越来越受演化思想的影响。到 20 世纪初，生物学、生理学、生态学以及其他学科的科学探索将博物学挤到了一旁，在很多人心中，博物学被降格成了仅限于博物馆的古董癖。在众人眼里，生态学尤堪新博物学之名。

但博物学仍在，它既研究描述和分类，也出现在约翰·伯勒斯、约翰·缪尔、奥尔多·利奥波德以及其他许多人的随笔里。在这些作品里，人道主义、美学和精神敬畏对作者们的自然体验的影响与科学一样大。或许正是在自然随笔中——可追溯到 18 世纪的英国牧师和博物学家吉尔伯特·怀特（Gilbert White），博物学找到了它与环境史的最重合一致之处。今天的自然作家，仍然看重在叙述中把对自然界的细致描述、系统知识与移情及沉思结合在一起。

博物学仍频现于公众视野之中，不仅在博物学文章中，也通过大博物馆——"博物"之名就表明它们致力于搜罗自然界的事实，科学地描述并分类——现身。随着奇珍室的发展，自然史博物馆于 18 世纪出现，并在 19 世纪和 20 世纪猛增。今天，它们对西方世界的数百万参观者进行与自然界相关的教育，关于环境史的教育也越来越多。

全球研究

在全球尺度上研究环境史从未像今天这么合乎逻辑或如此重要。大气中二氧化碳的持续累积，随风飘移的二氧化硫化成酸雨落在远离来源地的地方，海洋中资源最丰富的渔场被过度捕捞，灌溉土地上盐分积聚——这些现象，以及很多像它们一样威胁生物圈的变化，在范围上都是全球性（或接近全球性）的。因此才有了善待生物圈的运动，例如 19 世纪末国家公园的建立和 20 世纪末大众环保主义的出现。

在 21 世纪，人们越来越把自己视为全球共同体的一部分，作为它的公民，他们感到必须采取行动（无论是作为一个组织、草根群体还是个体）以保护环境免受进一步破坏。环保上的公民不服从运动——这些抗议通常始于本地层面，采取坐在树上抗议森林砍伐的形式，或者如阿尔·戈尔在 2008 年提到的，在一个将要修建火力发电站的挖掘点挡住挖掘机——吸引了媒体注意力，能够激发公众讨论并成为变革的触媒。

最终，环境史很少有真正的本地主题，就如博物学者约翰·缪尔所指出的，在自然中，一切都勾连着另外的一切。在环境史中，事件展开的舞台大小不一，且常常重合。因此，世界环境史这一领域的宗旨就是，通过把人类历史置于最大的背景之下，来为生物圈保护做贡献。

谢泼德·克雷希三世（Shepard Krech III）
布朗大学

约翰·R. 麦克尼尔
乔治敦大学

卡洛琳·麦茜特（Carolyn Merchant）
加州大学伯克利分校

人新世

人类活动已无处不在且影响深远，它足以与自然之伟力相匹敌，而且正把地球推入一个飘忽难测的未知领域。一些地质学家认为，现在地球已经离开了自然地质时期——被称为"全新世"的间冰期——迅速进入生物多样性减少和森林萎缩，更温暖，大概也更湿润，而且暴风雨更多的状态——人新世。

2000 年，荷兰大气化学家和诺贝尔奖得主保罗·J. 克鲁岑（Paul J. Grutzen）提出，世界于公元 1800 年左右进入了一个新的地质时代——人新世。在 2002 年的《自然》杂志上，他更正式地重申了这一说法。这是一个我们人类虽无意为之，甚至不清楚发生了什么，却不仅成为生物圈内的重要变革力量，可能还是生物圈中**最重要的单一变革力量**的时代。

受这些论点的影响，几位地质学家提议正式承认人新世为一个新地质时期。目前，我们生活在始于 1 万年前的全新世。如果这一新的提议被采纳，那么全新世的下限将被划在公元 1800 年，而接下来的时期将被定为人新世。1800 年这一时间对人新世来说是合适的起点，它正是全球主要温室气体——二氧化碳和甲烷——浓度开始显著上升的时候。因此，这一新时期与瓦特改进型蒸汽机的发明和传播以及传统上工业革命的开始日期重合，就绝非偶然了。从生态的视角看，人新世的肇始为人类史上现代时期的发端提供了明显标识。

在 2005 年的一项有争议的研究中，古气候学家威廉·拉迪曼（William Ruddiman）提出了另一种分期。他认为，由于森林砍伐、家畜豢养以及水稻种植的扩展，人类可能早在 8000 年前就提高了大气中二氧化碳和甲烷的浓度，从而开始在全球范围塑造大气。他认为，这些变化阻止了新冰期的回归，并让人类史上的伟大农业文明得以蓬勃发展。换句话说，人类活动创造了全球气候状况，使世界各大农业文明在过去 5000 年里繁荣发展。拉迪曼的论点或许有些夸张，尽管如此，它们暗示了人新世不光是现代性的副产品，还有着数千年的渊源。

人新世概念（如其伴生概念"人类圈"一样），对世界史学家贡献良多。首先，它强调了一个明显的事实：我们这一物种（智人）是地球历史上第一个对整个生物圈产生重大影响的单一物种。在这个星球此前的历史上，大群生物（如早期会光合作用的细菌）曾创造了以氧气为主的地球大气。但就我们所知，没有任何单一物种曾对生物圈产生过如此巨大的影响。因此人新世的观点突出了人类这个物种的独特性，还有我们持续进行生态创新的能力与影响。

人新世这一概念，也为我们理解现代世界历史的某些主要特征，提供了有力工具。它突出了过去 200 年里我们和生物圈关系的变化之大，还有那些变化给当代带来的挑战之多。这么一来，它也表明，世界历史于 1800 年左右——化石能源革命之时——进入新时代这一说法有着客观依据。最后，总而言之，人新世这一概念突出了环境史对世界历史的深远意义。

大卫·克里斯蒂安
悉尼麦考瑞大学
首尔梨花女子大学

另见《人类圈》。

延伸阅读

Crutzen P. J. (2002, January 3). The Anthropocene. *Nature*, 415, 23.

Climate Change 2007—The Physical Science Basis (2007). Contribution of Working Group I to the Fourth Assessment Report of the IPCC. Retrieved January 29, 2010, from http://www.ipcc.ch/ipccreports/ar4-wg1.htm.

Ruddiman, W. (2005). *Plows, plagues, and petroleum: How humans took control of climate*. Princeton, NJ: Princeton University Press.

Will, S., Crutzen P. J. & McNeill, J. R. (2008, December). The Anthropocene: Are humans now overwhelming the great forces of nature? *Ambio*, 36(8).

Zalasiewicz, J., et al. (February 2009). Are we now living in the Anthropocene? *Geological Society of America*, 18(2), 4–8.

人类圈

人类圈——人类及其环境——强调的是我们相比于其他生物对生物圈的影响和介入程度。这一概念在 20 世纪末提出，指人类力量对历史方方面面的宰制，比如农业和工业体系，它们深深影响了人类与非人类世界的关系。

人类圈这一概念，如派生出它的生物圈一样，首先在 20 世纪 80 年代末与 90 年代初于自然科学界提出。该词指的是生物圈中受人类影响的那部分，就像大象所影响的那部分生物圈可以被称为"象圈"一样。此类说法皆基于这种观念，每种生物与其生活的环境都存在双向关系。一切生命都是生态系统的一部分，所有生态系统共同构成了生物圈——生物彼此之间、生物与无机物之间相互作用的总和。每种生物不断影响其生态系统，并受其生态系统影响——人类也不例外。

人类圈是一个开放式概念，包含着研究建议与反思性启示，它让我们意识到人类活动所介入并影响的生物圈的广度和深度。这一概念提醒我们，人类社会是被嵌在生态系统之中的，它也有助于我们在自然科学、社会科学与人文科学之间架起桥梁。此外，它可用来阐明那个简单却影响深远的论点：人类从古至今的很多趋势和事件，都可视为不断扩展的人类圈的作用或表现。

粗放型与集约型增长

人类圈是随着原始人演变成人类而出现的。最初，扩展必定非常缓慢且充满曲折。然而日久天长，人口从开始时的有限数量增长到2010年的67.9亿，并从最初的非洲东北部扩展到更多地方。迄今为止，人类在每块大陆上（除南极洲外）都是重要的存在。总的来说，人类圈的这两种增长或扩展都是粗放型增长。粗放型增长可以被定义为生物在数量上的增加和地理上的扩展。它是一种增生——同样的东西在增多，范围越来越大——如同澳大利亚的兔子或人体中的癌细胞。

在人类圈的扩展中，粗放型增长总是伴随着集约型增长，甚至多半由后者所推动。如果粗放型增长可以定义为越来越多，那么集约型增长则指的是新事物的出现。就人类圈来说，它源于人类在收集和处理新信息时发现的能量与物质利用的新方式。如果粗放型增长的关键词是"增生"，那么集约型增长的关键词就是"分化"，它的主要作用是在既有之物或全部东西外增加新东西。一旦创新被接受，接下来它就可能被复制成多种样式并大为增加。因此，集约型增长与粗放型增长不可分割。（人类圈及本文中使用的其他核心概念，如农业化、工业化、粗放型增长和集约型增长，无意表达任何价值判断。）

知识就是力量

人的生命亦如所有生命，都是信息引导并构造的特定物质和能量的组合。两个特征将人类生命与其他形式的生命区分开来，也因此对理解人类圈至关重要。首先，人类比其他物种更依赖习得性信息。其次，人类个体习得的多数信息都来自其他个体，信息是被汇集、分享、传递的——一言以蔽之，就是文化。

人类最重要的交流工具是语言，它由符号组成。因此，符号构成了人类圈的一个重要方面。符号中传达的信息可以代代相传，用于聚集和组织物质与能量，为人类群体服务，巩固人类群体在生物圈中的地位。语言的发展有可能让人类采取新的行为方式，而这也让他们与其他动物的区别越来越大。新的行为方式得以保留，必定是赋予人类优势，令其力压其他动物。

这似乎就是理解人类圈长期发展史的线索之一。一次又一次，创新出现，如生物演化中的突变；一次又一次，那些有助于增加群体自我维持力的创新被保留了下来。随着人类通过诸如语言和用火等创新增加他们的力量，其他动物的力量就不可避免地缩小了。一些物种灭绝了，而所有幸存物种都得调整自己的生活方式以适应人类群体的新晋霸权。在此后的阶段中，人类社会自身的权力关系也发生了类似变动，失败群体得适应更成功群体的统治。人类文化史上的众多创新都是对权力失落的适应。

分化：社会生态方式

火的使用最后发展成对火的垄断——由人类这个物种垄断了用火权力，并最终为世界上所有人类群体所共享。这种垄断的形成深深影响了人与非人世界的关系，我们可称之为人类造成的第一次巨大生态转型，很久之后还有两次类似转型——一般称之为农业革命和工业革命，更准确地说是由农业化和工业化长期进程所代表的转型。

三种转型皆标志着新的社会生态方式（一种与特定物质与能量控制水平相适应的社会组织形式和生活方式）的建立：用火社会、农业社会与工业社会，分别以火和简单工具的使用、农业和畜牧业的出现与传播以及大型现代工业的出现和传播为标志。后来的社会生态方式与其说淘汰了早期的，不如说吸收了前者，并在吸收过程中转化了它们。

每种新的社会生态方式，都会形成一种新的人类权力垄断，为新的控制、安全、舒适和财富创造了机会。然而，所有这些好处都有代价。当用火社会迫使人们收集燃料并照料灶台时，这一点就很明显了；当农业和工业社会的压力加诸用火社会时，它就变得更加明显了。

人类历史的四个阶段

书写历史最方便的参照无疑是年表。在涉及诸如人类圈的扩展这类长期进程时，也可用几大阶段来有效描述。以前后相继的三个主要社会生态方式为基准，我们可将人类历史划分为四个阶段：

1. 用火之前的阶段。在这一阶段，所有人类群体以采集-狩猎为生，没有群体用火、种田或开工厂。
2. 某些群体用火，但还没有农田或工厂的阶段。
3. 人类群体全都用火，一些有了农田，但都没有工厂的阶段。
4. 我们今天所到达的阶段，所有人类社会都用火，也都有农田和工厂。

当然，对采集-狩猎群体来说，生活在第一、第二、第三还是第四阶段的分别极大。因为在第一阶段，他们接触的只是其他拥有相似技能的群体，而在之后任一阶段，他们接触到的群体所拥有的技能都可以让自身更强大。为进一步说明这个简单的四阶段模型，我们可以把每个阶段分成三个子阶段：任何群体都没有典型技术（用火、农业或工业）的阶段、拥有典型技术与不拥有典型技术群体并存的阶段、全都拥有典型技术的阶段。在四阶段中做这些更细的划分，引出了一个有趣的问题，即如何解释一个子阶段到下一个子阶段的转变。一种特定社会生态方式最初是如何建立的，它是如何传播的，以及——最引人好奇的——它是如何变成普遍的社会生态方式的？

特别是最后一个问题，引出了具有世界历史意义的阶段模型问题。

除了适用于那三种主要的社会生态方式，这些问题也适用于其他创新的应用，如冶金、文字和城市的发展。

农业化

过去1万年的历史可被解读为人类圈农业化所引发的一系列事件——人类群体在世界各地扩展农业与畜牧业的过程，而这也让他们越来越依赖这种生产方式。

农业生活方式是基于一种新的人类垄断——对众多地域（田地）进行的控制性垄断，在其中，人类让植物、动物在不同程度上受制于人。结果分为两面：竞争性物种被消灭（寄生者和捕食者），资源与人口以越来越大的密度集中起来。尽管农业社会时有衰微，但它们的总趋势是在扩张。

扩张不会以同质和均匀的方式发生。事实上，发展的不平衡是农业化的一个结构性特征。从一开始，农业化的特点就是分化——最初是在那些已经采用农业的人和没有采用农业的人之间。最终，在工业化阶段，最后一批采集-狩猎者消失，而这种早期分化形式亦随之消失。

不过，各种分化形式仍然存在于农业（或农业化）世界之中。一些农业社会在利用物质和能量为人类服务方面比其他社会走得更远，如通过灌溉和犁耕的方式。在高产的农业社会中，财富的争夺通常会导致社会分层出现，并以财产、特权和声望上的巨大不平等为标志。在这一阶段，另一个密切相关的分化形式是文化多样性。在美索不达米亚、印度河流域、中国东北部[1]、埃及、地中海盆地、墨西哥、安第斯山地区及其他地方出现的农业帝国，以其独特的文化而闻名，每个

1　海外汉学界所谓的中国"东北"，指的是黄河以东、淮河以北，包括河南、河北、山东在内的地区。参见伊懋可著：《大象的退却：一部中国环境史》，梅雪芹、毛利霞、王玉山译，江苏人民出版社2014年版，第6页。——译注

国家都有自己的主流语言、文字系统、宗教、建筑、服装、食物生产方式和饮食习惯。在农业化的鼎盛时期，人类圈的特征就是文化或文明之间的巨大差异。差异在很大程度上是由某些获得权力的群体之间的相互竞争，以及其他失去权力的群体的适应造成的。

工业化

大约在 1750 年，所有生物几乎都没用过的大量能源沉积物开始被人类开发。一系列创新提供了开发这些储藏，并利用它们产生热量与机械运动的技术手段。人们不再完全依赖从太阳到地球的能量流——它们有一部分经光合作用被部分转化到植物体内。就像人类曾经通过学习控制火来巩固他们在生物圈的地位一样，他们现在学会了以用火技艺来开发煤炭、石油和天然气中蕴藏的能量。

这些创新激励了粗放型增长的飞速发展。据粗略估计，在旧石器时代的某个时间点，人类总数肯定达到了 100 万，农业化之初为 1000 万，城市化的第一阶段为 1 亿，工业化初期为 10 亿。接下来的 10 倍增长，到 100 亿，预计在几代之内实现。随着人口增加，生产、运输和通信网络世界化，人类圈现在才真正变成全球规模了。普遍采用的通用时间度量系统，是基于格林尼治标准时间，这是通用维度标准在全世界传播的生动例证。与此同时，在先进的农业生活方式中作为结构特征出现的人类社会之间及其内部的不平等，在工业社会仍旧存在。那些不平等现在也成了令人不安的全球压力，和全球变暖等迫在眉睫的生态问题一样，都是人类圈目前采取的扩张方式造成的。

合二为一

在农业化和工业化时代，人类圈造就了只与自然环境间接联系的社会生活方式。货币制度和时间尺度可以为证，二者体现了人们如何将注意力从自然环境和生态问题转向生物圈中更社会化的层面，以时钟和日历或钱包数额与银行账目为代表。这些制度支持了这样一种错觉，即人类圈是独立的。这种错觉由与其同时出现的思想倾向——把社会科学从自然科学中分出，并培育出如心理学与社会学那样分离与看似独立的社会科学门类——进一步加强。

今天，越来越多的人意识到，随着人类圈占生物圈的份额越来越大，它也吸纳了越来越多的非人元素。相互依赖这一生态观念正越来越被接受。社会科学中的一个经典主题是计划性行动和非计划性后果的交错。所有人类行动都会产生意想不到的后果，如今承认这一点就等于认可人类圈是无计划的演化过程的产物。人类已经成了一股可畏的共同演化力量，其社会文化进程正引导并操纵着生物演化的进程。

虽未使用人类圈一词，但世界史学者威廉·H.麦克尼尔和约翰·R.麦克尼尔、生态史学者艾尔弗雷德·克罗斯比（Alfred Crosby）、生物学者贾雷德·戴蒙德（Jared Diamond）及其他几位学者已经证明，书写人类圈的历史是可能的。进一步的理论灵感可以从由孔德（Auguste Comte）和斯宾塞（Herbert Spencer）开辟、诺伯特·埃利亚斯（Norbert Elias）和马文·哈里斯（Marvin Harris）等学者继承的社会学与人类学传统中获取，也不能少了20世纪初由弗拉基米尔·韦尔纳茨基（Vladimir Vernadsky）开创、20世纪70年代开始由林恩·马古利斯（Lynn Margulis）和詹姆斯·洛夫洛克（James Lovelock）继承的生物圈地质与生物研究。上面提到的名字不过是众多作者中的少数人，其研究都有助于我们理解人类圈的历史与变化。

约翰·古德斯布洛姆（Johan Goudsblom）
阿姆斯特丹大学

另见《人新世》。

延伸阅读

Baccini, P. & Brunner, P. H. (1991). *Metabolism of the Anthroposphere.* Berlin, Germany: Springer Verlag.

Bailes, K. E. (1998). *Science and Russian Culture in An Age of Revolutions: V. I. Vernadsky and His Scientific School, 1863–1945.* Bloomington: Indiana University Press.

Crosby, A. W. (1986). *Ecological imperialism. The biological expansion of Europe, 900–1900.* Cambridge, U.K.: Cambridge University Press.

Christian, D. (2004). *Maps of time: An introduction to big history.* Berkeley and Los Angeles: University of California Press.

De Vries, B. & Goudsblom, J. (Eds.) (2002). *Mappae Mundi:Humans and their habitats in a long-term socio-ecological perspective.* Amsterdam: Amsterdam University Press.

Diamond, J. (1997). *Guns, germs and steel. The fates of human societies.* New York: Random House.

Elias, N. (1991). *The symbol theory.* London: Sage.

Elvin, M. (2004). *The retreat of the elephants. An environmental history of China.* New Haven: Yale University Press.

Fischer-Kowalski, M. & Haberl, H. (2007). *Socioecological transitions and global change. Trajectories of social metabolism and land use.* Cheltenham, U.K. and Northampton, MA: Edward Elgar.

Goudsblom, J. (1992). *Fire and civilization.* London: Allen Lane.

Goudsblom, J., Jones, E. L. & Mennell, S. J. (1996). *The course of human history: Economic growth, social process, and civilization.* Armonk, NY: M. E. Sharpe.

Margulis, L., Matthews, C. & Haselton, A. (2000). *Environmental evolution: Effects of the origin and evolution of life on planet Earth.* Cambridge, MA: MIT Press.

McNeill, J. R. (2000). *Something new under the sun: An environmental history of the twentieth century.* New York: W. W. Norton & Company.

McNeill, J. R. & McNeill, W. H. (2003). *The human web. A bird's-eye view of world history.* New York: W. W. Norton & Company.

McNeill, W. H. (1976). *Plagues and peoples.* Garden City, NY: Doubleday.

Niele, F. (2005). *Energy. Engine of evolution.* Amsterdam: Elsevier.

Richards, J. F. (2003). *The unending frontier. An environmental history of the early modern world.* Berkeley: University of California Press.

Samson, P. R. & Pitt, D. (Eds.) (1999). *The biosphere and noosphere reader: Global environment, society and change.* London: Routledge.

Sieferle, R. (2001). *The subterranean forest. Energy systems and the industrial revolution.* Cambridge U.K.: The White Horse Press.

Simmons, I. G. (1996). *Changing the face of the earth: Culture, environment, history* (2nd ed.). Oxford, U.K.: Blackwell.

Smil, V. (1997). *Cycles of life: Civilization and the biosphere.* New York: Scientific American Library.

Trudgill, S. T. (2001). *The terrestrial biosphere: Environmental change, ecosystem science, attitudes and values.* Upper Saddle River, NJ: Prentice Hall.

Vernadsky, V. I. (1998). *The biosphere.* New York: Copernicus.(Original work published in Russian in 1926)

Wright, R. (2000). *Nonzero. The logic of human destiny.* New York: Random House.

生物交换

　　在地球大部分的历史里，植物、动物和疾病的扩散都受地理疆界的限制，只有少数例外。人类发展促进了生物交换，并有意或无意地携带物种跨越了自然疆界。随着人类旅行机会的增多，生物交换的概率也变大，其后果往往惊人。

　　在地球生物的大部分历史里，大洋和山脉这样的地理障碍让这个星球四分五裂并阻碍了多数生物的迁徙。只有鸟类、蝙蝠、飞虫和游泳好手能逆流而行。少数其他物种在海平面变化时借助陆桥或凑巧搭上浮木，亦能偶尔为之。尽管如此，对多数物种来说，其生物演化大都发生在相互分隔的地理区域内。

洲内生物交换

　　在人类开始长距离迁徙后，生物间的长期隔绝就结束了。在漫长的史前时期，人科动物[1]（两足直立的灵长类哺乳动物）走遍了非洲和

1　作者在此处用的是 hominids，是 Hominidae（人科）的形容词。在现代人的演化树中，人科属于人猿超科（Hominoidea），其下一级为人亚科（Homininae），再往下是人族（Hominini），接着是人属（Homo），最后是智人（Homo Sapiens）。人科动物是类人古猿，它们中的多数已灭绝，剩下的则成为人类、黑猩猩、大猩猩和红猩猩（猩猩亚科）的祖先。——译注

欧亚大陆，偶尔将植物、种子、昆虫、微生物或啮齿动物带到它们凭自身力量无法到达的地方。在 1 万—1.2 万年前，随着植物和动物的驯化，人们开始有目的且更频繁地携带这些生物往来。多数容易驯化的动植物都生活在欧亚大陆，而且那些易受气候或日照时间影响的植物（好几种开花植物在白天接收开花信息）最易沿着这块大陆的东—西轴扩散。按古代的标准，奠定欧亚和北非农业与畜牧业基础的一系列驯化动植物几乎立马就传播开来，尽管这种传播实际也花了数千年时间。在本地生物地理区遭受人类携带的外来生物入侵时，扩散过程无疑会极具生物破坏性。除此之外，生物入侵还极具历史破坏性，那些无法适应（因农民和牧民扩散及政权扩张所造成的）生物地理、疾病模式与政治情况变化的人消亡了。从非洲到欧亚大陆的这种混乱的生物交换中，诞生了从中国到地中海的几大文明古国。它们都将其社会奠基在那些有交叉重合却并不相同的动植物之上。

　　欧亚与非洲大陆内部的生物交换存在阻隔。举例来说，在公元前 500 年以前，北非与东亚之间的联系微弱。不同的地形与气候亦阻碍了物种传播。在跨地区交流频繁之际，比如帝国兴起并给商品和人员流动创造了有利条件，这一过程可能会加快。拿中国的汉朝（公元前 206—公元 220 年）与罗马帝国时期来说，当人、马在那条被称为"丝绸之路"的跨亚洲贸易路线上络绎不绝之时，就会引发生物交换的小高潮。地中海地区在这一时期得到了樱桃，可能还有天花和麻疹；高粱从东非到达印度，再到中国；葡萄、骆驼和驴则从西南亚和北非到达中国。

　　在欧亚历史上，还有两个生物交换的高峰期。第一个出现在中国的唐朝（公元 618—907 年）早期。唐朝统治者与少数民族关系密切，他们在一个半世纪里对外来事物表现出了浓厚的兴趣：贸易、技术、宗教文化（如佛教）与动植物；宫廷进口异国之物——珍奇动物、芳香植物、观赏花卉。这些舶来品对社会和经济几无影响，但有些生物（如从印度进口的棉花）除外。唐朝对珍奇动植物的接受，除了缘于文化开放，也得益于政局稳定：在公元 750 年之前，唐朝的地缘政治局势大致稳定，其政治威慑远至西部边疆，这促进了贸易、旅游和交通运输的发展，也促成了生物交换。

在约一个半世纪的时间里（公元 600—750 年），中亚众多政权多次整合后变为几个较大的国家，这种情况降低了通关费用，方便了旅行。几大帝国控制着整个中亚，使中国、印度和波斯（现在的伊朗）之间的联系比以往更安全。这些地缘政治秩序于公元 751 年后土崩瓦解，当时的穆斯林击败了唐朝军队，而在公元 755 年后，安史之乱也动摇了唐朝的根基。此后，地缘政治局势与唐朝对外来事物的接受都发生了变化，动荡多过稳定，生物交换的机会渐少。

欧亚大陆另一个生物交换的高潮时刻出现在公元 13 世纪和 14 世纪的蒙古和平时期。但在那时，多数可能发生的动植物交换都已发生了。尽管如此，跨越中亚沙漠—草原走廊的频繁往来，仍可能给中国带去了胡萝卜与另一种柠檬，给波斯带去了另一种小米。这种运输很有可能也让来自中亚的一种杆菌（腺鼠疫的致病源）迅速扩散，引发了著名的黑死病，这是有史以来欧亚大陆西部与北非地区发生过的最严重的一次疫病。在那几百年里，瘟疫可能殃及了中国，尽管证据并不确凿。

欧亚（和北非）的生物交换进程从未真正停止，但是每当政治局势动荡和地区交流稀少之时就会减缓。大约在公元 200 年后，随着促进欧亚大陆内长途旅行和贸易的两大和平——罗马和平与中国（汉朝）和平——的消失，生物交换减缓。至此，从其新几内亚家乡传播开来的甘蔗已在印度生根发芽。跟牛、猪、马、绵羊和山羊一样，小麦也在大部分能够种植它的区域得到了广泛传播。即便政治和经济条件有利，留给生物交换的空间也越来越小了。

不久之后，在其他大陆也发生了类似（或许规模较小）的生物交换和趋同化进程。在美洲，玉米从它的中美洲家园（在前哥伦布时期，北美洲的南部地区被拥有共同文化特征的居民所占据）向南北传播，但似乎对不同日照时间与纬度有适应困难，进展缓慢。在非洲，2000年前的班图人大迁徙大概将几种作物传播到了非洲东部与南部，并且可能给之前与世隔绝的非洲南部居民带来了毁灭性的传染病。这些发生在非洲和美洲的事件，必定也引起过生物与政治上的混乱，尽管这种看法缺少证据支持。

从生物上说，人类推动的生物交换过程选择的是特定物种，包括容易与人类共存的驯化生物、共生生物（生物从他者身上获取食物或其他益处而不对他者造成破坏或产生益处）及在人类扰动过的土地上繁茂生长的植物——它们中的多数被称为"杂草"。这些物种在人类迁徙与交流所形成的新的广阔天地下欣欣向荣，对它们而言，历史发生了有利的转变。的确，人类在某种意义上是为它们辛苦奔忙，将它们的基因足迹传播到遥远的大陆与未来。

生物交换与生物入侵

洲际生物交换也有漫长的历史。在 4 万—6 万年前，第一批迁移到澳大利亚的人可能无意中带去了一些物种。约 3.5 万年前，接着迁移到澳大利亚的人特意带去了丁格犬（dingo，一种大型犬），这是澳大利亚历史上第一种驯化动物。除了孤悬海外的塔斯马尼亚岛之外，丁格犬迅速扩散到所有本地种群中，并形成了野外种群。作为一种高效猎犬，它造成了一些本土哺乳动物的灭绝。在美洲，狗也是最早驯化的动物，在末次冰期，它与第一批移民中的某些人一起穿越了西伯利亚—阿拉斯加大陆桥。美洲大型哺乳动物减少的重要原因可能是狗，其中的许多动物更是在人类到达南北美洲后就迅速灭绝了。最初人类向无人岛的迁徙——从 4000 年前左右到约 700 年或 1000 年前（对新西兰的殖民）——导致西南太平洋与波利尼西亚的重大生态变迁，包括众多物种的灭绝。

这些例子都是对处女地——指之前没有与人类及其携带的物种接

触过的陆地和岛屿，或未接触过频繁用火生活方式的陆地与岛屿——的生物入侵。入侵的是处女地这一点，有助于解释生物入侵的巨大影响，其中突出的例子包括人类移民澳大利亚、新西兰和美洲后所突发的物种灭绝。

最后，人们开始跨越海洋，让动物、植物和病菌从一个人类群体传播到另一个人类群体。在许多情况下，唯一能证实这类传播发生的就是外来物种的存在。甘薯是南美特产，却不知何故于公元1000年传到了波利尼西亚中部，随后在整个大洋洲（太平洋中部和南部的土地）广泛传播。它是一种脆弱的作物，无法借助浮木在漂流中生长传播。毋庸置疑是人运送了它，尽管没人知道在什么时候，以何种方式，甚至是谁将它们运到此地。它最终在西太平洋、新几内亚高原成为当地人的主食，而且在东亚列岛和大陆上也是主食——虽然没有在前述地区那么重要。

第二次神秘的越洋作物运输发生于公元500年之前某个时间的印度洋沿岸。香蕉、亚洲山药和芋头被带到了东非，它们有很多值得夸赞的优点，并且非常适应潮湿环境。在班图人扩张过程中，被带到非洲中部和东南部的小米与高粱则能适应干旱环境。大蕉，香蕉中的一个品种，曾生长在印度到新几内亚的野外。语言和基因证据显示，它们早在3000年前就到达了东非海岸，并在约2000年前到达非洲大湖以西的森林地带——大概那会儿正逢班图人迁徙。班图人的成功，通常归功于他们对铁的使用，但很可能也要部分归功于他们对这些外来作物的成功利用。作为新来者（相对而言），他们对非洲东部和南部的主导生态模式投入不大，因此不惮于尝试新模式。香蕉、芋头和山药可能不止一次被引入东非，而且几乎可以肯定的是，在公元500年以前（离公元500年不远）向马达加斯加移民之时，它们再次被带去。这些亚洲作物帮助农民完成了对非洲中部湿热雨林史诗般的殖民（但没有记录），也在移民马达加斯加中起了作用。

在公元1400年前，还有其他几次重要的洲际生物交流，主要发生于非洲和亚洲之间，因为这条路线对航海者阻碍最小。非洲的珍珠粟源于西非稀树草原，是当今第六大谷物。它于 3000 年前被引入印度，现在约占印度谷物种植面积的 10%。东非高粱大约在同一时间进入印度，最终成为继稻米之后的印度第二大粮食作物，高粱秆还被当作印度牛的饲料。龙爪稷也来自非洲，约在 1000 年前到达印度，成为喜马拉雅山麓和印度最南部居民的主食。非洲作物传向南亚，主要为印度提供了耐旱作物，它开辟了新移民区，并让供水不稳定的地区获得了更可靠的收成。这些例子表明，在 3000—1500 年前，环印度洋地区存在着一个活跃的作物交换世界，除此之外，还有杂草、疾病与动物的交换。印度洋的规律性季风帮助该地区率先在世界上开始了海洋开发与生物交流。

南亚在从非洲获得新作物时，也向中东和地中海输出新作物。在阿拔斯王朝（公元 749/750—1258 年）统治下的相对和平时期，公元 10—13 世纪的阿拉伯贸易网把糖、棉花、大米和柑橘类水果从印度带到了埃及和地中海地区。这些植物及随之而来的栽培技术，在炎热且疟疾频发的北非海岸、土耳其安纳托利亚和南欧掀起了一场小型变革。它们让很多沿海平原成为日常劳作的农田，这大概是自罗马帝国以来的头一遭。甘蔗和棉花可以在没有技艺与干劲的奴隶劳工照料下茁壮成长；它们的引入很可能加快了掠奴活动，后者让地中海和黑海居民数百年来忧心忡忡。要想在有性命之虞的疟疾海岸——黎凡特（地中海东岸国家）、埃及、塞浦路斯、克里特、西西里、突尼斯及西班牙的安达卢西亚这几个糖料生产中心——维持一支劳作大军，须不断捉来手无寸铁的农民。这种需求让奴隶贩子和掠奴者来到黑海海岸，横穿撒哈拉沙漠，并去到非洲的大西洋海岸。萨阿德王朝治下的摩洛哥，一个最初建立在苏斯河谷和德拉河谷种植园上的国家，让糖和非洲奴隶结成了一个赚钱组合，它将很快被移植到大西洋的群岛（如加那利和马德拉等），接着就是美洲。

第二个交流渠道连接起地中海盆地与西非。虽然这不是真正的洲际交流，但几千年来撒哈拉沙漠的作用有点儿像海，正如那个指称西非沙漠边缘的阿拉伯词"萨赫勒"（sahel，意为"岸"）所暗示的一样。在哥伦布横渡大西洋的 1000 年前，一些无名之辈穿越了撒哈拉，把从公元前 3000 年起（因撒哈拉变干）就分开的地中海与萨赫勒重新连接了起来。跨撒哈拉的盐、奴隶与黄金贸易发展起来。不管怎么说，这种重新连通肯定包含生物维度。大型马匹似乎是通过跨撒哈拉的贸易才首次在西非出现。语言学证据表明，它们来自北方的马格里布地区。马最终成了萨赫勒地区军事革命的决定性因素，它创造了马上贵族，而后者于 14 世纪建立了帝国。西非的卓洛夫、马里和桑海帝国依靠他们的骑兵部队捍卫其军事政权，并凭借抢掠奴隶来维持其经济。当生态条件允许时，这些帝国培育自己的战马；当条件不允许时，他们不得不进口——通常是从摩洛哥。不管怎样，随着大型马匹的到来，西非的社会、经济和政治史掉转了方向。

这些事件表明，早在大航海时代之前，太平洋、印度洋与撒哈拉沙漠的贸易和殖民联系就促成了生物交换并极大地影响了历史进程。之后，随着哥伦布、葡萄牙航海家麦哲伦、英国船长詹姆斯·库克及其他人的航行，这一生物交换过程野蛮地扩展到了与旧大陆隔绝的新世界。

生物全球化

公元 1400 年之后，航海者几乎把地球上有人居住的每个角落和每条缝隙都连接到了一个相互影响的生物单元上。海洋和沙漠不再是孤立的生物地理范围。世界没有了生物边界，因为只要生态条件允许，植物、动物和疾病就会传播过去，尽管它们传播的速度与范围往往取决于贸易、生产和政治模式。

哥伦布开启了横跨大西洋的频繁交换，美洲获得了大批新的植物和动物及灾难性疾病，后者于公元 1500—1650 年大大减少了美洲的人口。与此同时，非洲和欧亚大陆从美洲获得了一些有用作物，最著名的是土豆、玉米和木薯。美洲的生态系统与社会随着新的生物和文化的到来被重塑。同样的事情也发生在非洲和欧亚大陆，只是带来的灾难没那么大。新的粮食作物为欧洲和中国的人口增长提供了食物，可能还有非洲（没有确凿证据存在）。玉米与土豆改变了欧洲的农业，正如玉米和甘薯在中国所做的一样，它们使更精细的耕作成为可能，并让不适合种植小麦、大麦、黑麦或水稻的土地成为粮田。在非洲，玉米、木薯和花生成了重要作物。今天，非洲有 2 亿人依靠木薯为主食。其他许多人，主要在非洲南部和东部，依靠玉米为主食。

　　这些现代生物交换具有政治意蕴和背景。欧洲在美洲、澳大利亚和新西兰的扩张，推动了欧洲（或更常见的欧亚大陆）动物、植物和疾病的传播，而欧洲生物的传播又反过来推动了欧洲的扩张。欧洲人带来了一个有利于欧洲殖民者、欧洲霸权和欧洲物种扩张的生物群（植物群和动物群），并因此创造出由研究这些过程的最重要的史家艾尔弗雷德·克罗斯比命名的"新欧洲"——包括澳大利亚、新西兰、北美大部、巴西南部、乌拉圭和阿根廷。

　　除"新欧洲"外，在美洲还出现了一个"新非洲"。超过 1000 万名非洲人乘坐奴隶船抵达美洲。随这些船而来的，还有黄热病和疟疾，它们深刻影响了美洲的殖民模式。这些船从非洲西海岸运来的稻米，成了 18 世纪南卡罗来纳和佐治亚沿海经济的基础，它们对南美洲的苏里南也很重要。其他非洲作物也来了：秋葵、芝麻和咖啡（虽然不是通过奴隶船）。非洲对美洲的生物冲击并未随奴隶贸易的结束而停止。很久之后，非洲蜜蜂被引入巴西进行杂交，产生了"非洲化"的蜂，自 20 世纪 50 年代以来，美洲大部分地区都成了它们的地盘。

　　帆船时代让各大陆前所未有地连接在一起。但事实证明，帆船并非对所有生物都一样好客。它们过滤掉的，是那些由于这样或那样的原因不能在长途旅行中生存的，或者所需条件帆船不能提供的生物。蒸汽时代及之后的航空旅行时代进一步打破了生物交换的障碍，在外来入侵者的名册上增添了新生物，还加速了新老移栖物种的传播。

比如19世纪末铁船的出现，就开启了一个囊括世界各地的港口与河口物种的生物交换新时代。19世纪80年代以后，铁船开始将水作为压舱物。很快，专用水压舱成为标配。这样，一艘来自日本横滨的船，开往加拿大的温哥华，会吸入一舱的水，极有可能吸进一些日本海岸的海洋物种，它穿越广阔的太平洋，然后在装载加拿大货物之前，将日本海水和海洋生物排放在普吉特湾。在20世纪30年代，日本蛤蜊搭乘了这种便船，在抵达后便开始把普吉特湾的海床当作地盘，并在不列颠哥伦比亚和华盛顿州创造了一个数百万美元的蛤蜊捕捞业。1980年左右，来自美国东海岸的海蜇毁掉了黑海的渔业。原产于黑海和里海的沙筛贝，于1985年或1986年在底特律附近建立了滩头阵地，然后占据了北美的大湖与河系。它让美国和加拿大耗资数十亿美元，去清理由它造成的城市水系、工厂与核电厂进水口的堵塞。

最近入侵北美五大湖的鱼钩水蚤，是一种原产于里海和黑海水域的甲壳类动物。1998年它第一次出现在安大略湖，现在遍布五大湖及纽约的芬格湖群，威胁着钓鱼运动和商业捕捞，并破坏着湖泊的食物网。20世纪70年代和80年代，苏联农业的受挫及北美粮食贸易的扩张，造就了一种新的船运模式，很快酿成了破坏性的生物交换。如今，在任一特定时间，都有3.5万艘远洋轮船及3000种海洋生物在运输途中，前所未有地将世界港口与河口生态系统联系在一起。通过压舱水进行的交换，只是令人眼花缭乱的现代生物交换中的一种。现在的运输、旅行和贸易在广泛和迅猛地发展，这让全球动植物开始了大规模的趋同过程。

观点

从奥林匹斯山鸟瞰，地球上所有生命的全部历史尽收眼底。过去1万年是地球历史的新时代，它仿佛在一瞬间就让生态系统趋同化了。

人类通过贸易和旅行将之前截然不同的生物区连在了一起，眨眼间重现了以往大陆漂移的情形。在 3 亿—2.5 亿年前，世界各大洲连接成了一个叫"盘古陆"的超级大陆。从前相互分隔的生物现在"摩肩接踵"。到 2.2 亿年前，它们开始大量灭绝，部分原因大概就是这种新的相遇（尽管存在其他假设）。爬行动物继承了地球，并遍布全球。在过去的数千年里，人类这个物种再次将各大陆——在某种程度上还有海洋——融合到一起，并且很可能（通过某种方式）引发了地球史上的第六次大灭绝。

从奥林匹斯山下来，其他景色映入眼帘。生物交换的过程受运输技术的影响很大。船只、远洋轮船、压水舱、铁路和飞机的发明，都会导致生物交换模式的变化和增加。运输技术提供了一种节律，另一种随政治而摇摆。

一些国家和社会对进口外来物种表现出了极大热情。古埃及和美索不达米亚的君主们通过保有满是异国动植物的花园与动物园来巩固其声望。据载，唐朝亦表现出类似热情。托马斯·杰斐逊竭尽全力在弗吉尼亚栽稻养蚕。后来，美国政府雇用了大批植物探子，后者满世界搜寻可能有用的物种，并将它们成千上万地带回美国。19 世纪的澳大利亚和新西兰的特点是建立了"适应协会"，把符合其标准的物种（通常来自英国）引进国内。如今，美国、澳大利亚、新西兰和很多其他国家斥巨资以防止不受欢迎的物种引入，希望阻止生物入侵。但现在生物入侵让美国承受的损失，仍然超过其他所有自然灾害——包括洪水、飓风、龙卷风、地震等——的总和。

除了任何社会都可能有的对外来物种的喜好，生物交换还受多变的地缘政治影响。贸易与旅行——可能就是生物交换——扩展于和平时期，收缩于战争、抢掠与海盗时期。帝国统一的时代大概为生物交换提供了最好的政治环境，那时由一个大国维系着天下太平。群雄逐鹿的无政府体系大概会减缓贸易和旅行，因此遏制生物交换，更不用说陆地和海上东征西讨的军队的影响了。此外，帝国主义似乎既推动又减缓了生物汇集的过程，如植物园等。在 19 世纪末，在橡胶种从巴西向马来半岛的转移中，伦敦郊外的邱园是关键一环，它让东南亚从此拥有了新的种植园经济。帝国一统与群雄逐鹿两个时期的摇摆，是控制生物交换史的另一种节律。当然，这种节律反过来也受生物交换的影响，就像非洲稀树草原上马的引入一样。

　　在生物交换史中，人们只能假定存在上述模式。证明其可信性所需的定量证据，单凭个人不可能找到。然而，我们可以肯定的是，在过去 1 万年中，生物交换已经改变了历史。接下来的 1 万年将大不相同：现有物种的交流会越来越少，因为之前已发生过许多次了。不过，新生物种偶尔会背离其创造者的脚本，创作出不可预知的生物戏剧。其中一些定会有助于塑造未来。

约翰·R. 麦克尼尔
乔治敦大学

另见《哥伦布交换》。

延伸阅读

Burney, D. (1996). Historical perspectives on human-assisted biological invasions. *Evolutionary Anthropology*, 4, 216–221.

Carlton, J. H. (1996). Marine bioinvasions: The alteration of marine ecosystems by nonindigenous species. *Oceanography*, 9, 36–43.

Carney, J. (2001). *Black rice: The African origins of rice cultivation in the Americas.* Cambridge, MA: Harvard University Press.

Cox, G. W. (1999). *Alien species in North America and Hawaii.* Washington, DC: Island Press.

Crosby, A. (1972). *The Columbian Exchange: Biological and cultural consequences of 1492.* Westport, CT: Greenwood Press.

Crosby, A. (1986). *Ecological imperialism: The biological expansion of Europe, 900–1900.* New York: Cambridge University Press.

Curtin, P. (1993). Disease exchange across the tropical Atlantic. *History and Philosophy of the Life Sciences*, 15, 169–196.

Dodson, J. (Ed.) (1992). *The naive lands: Prehistory and environmental change in Australia and the southwest Pacific.* Melbourne, Australia: Longman Cheshire.

Groves, R. H. & Burdon, J. J. (1986). *Ecology of biological invasions.*Cambridge, U.K.: Cambridge University Press.

McNeill, W. H. (1976). *Plagues and peoples.* Garden City, NJ: Anchor Press.

Mooney, H. A. & Hobbs, R. J. (Eds.) (2000). *Invasive species in a changing world.* Washington, DC: Island Press.

Watson, A. (1983). *Agricultural innovation in the early Islamic world: The diffusion of crops and farming techniques.*Cambridge, U.K.: Cambridge University Press.

承载力

从理论上说，特定环境中种群数量的增加受到资源可获得性与疾病及灾害频率的限制，因此一个地区所能支撑的最大生物数量或密度被称为承载力。人类的承载力阈限尚不可知，因为人类通过迁到新地方、获取新资源或发明新技术来应对资源匮乏，从而增加了承载力。

承载力是一定大小的环境所能支撑的任一生物种群规模的理论极限。这种极限通常表现为对食物供给的限制，但在多数历史时期，有赖密度进行传播的疾病可能才是制约众多动物与人类数量的最重要因素。其他限制因素可能包括特定的营养或水，甚至人口密度带来的心理压力、生理反应。根据"最小养分律"，任一资源处于最少的供应水平或种群密度最低之时，就是到了承载极限。

食物通常被看作限制性资源，所有食物消费者的数量都受其所获得的食物的再生能力的限制。如果动物消费者只吃再生的量（例如，狼每年只吃新生的羊，或者羊只吃新长的草），那么消费者与其所获得的食物在理论上可以永远处于平衡状态（除非环境本身改变）。这种平衡可能是静态的，也可能是两个种群之间的相互影响与波动，比如狼吃掉了大量的羊后，它自身的数目就会减少，从而让羊的种群得以恢复。如果捕食者继续吃掉更多的猎物，超过了后者的恢复能力，那么可以想象，猎物及相应的捕食者数量都会减少——乃至灭绝。超出了承载力，可能在捕食者中造成过高的死亡率，也可能通过营养不良或疾病造成捕食者的繁殖力下降，甚至对捕食者的死亡率和繁殖率都有影响。这些原则也适用于靠有限资源生存的特定孤立人群（如在北极或偏远沙漠），他们没别的地方可去，没有替代资源，转移食物的能力有限，增加资源的能力也不足。

对人类的承载力

承载力在人类历史上的重要性如何，尚无定论。马尔萨斯主义隐含着对承载力重要性的认可，它认为人口受食品相关技术的限制，事实上，在历史上一直如此。人口规模只有借助偶然的人类发明才会扩大。马尔萨斯（1766—1834 年）认为人口不能无限增长，因为它终将超出粮食供应的极限。况且人类的食物消耗总会超出（技术提升之后的）地球承载力，并带来可怕的后果。

尽管马尔萨斯的说法在长远的未来可能是正确的，但在迄今为止人类的多数历史时期及不久的将来，它显然都不对。承载力的概念明显无法适用于所有情况，从长远来看，它也不适用于我们这个物种的整体发展——虽然它大致适用于地方和短期层面。

人是杂食动物，所吃的食物范围极广，而且范围还在扩大。我们应对饥荒的方式是扩大食谱（除非为饥饿所迫，否则很少有人会吃食谱范围内的所有食物）。我们也可以扩大我们占据的环境范围，还可以将食物到处转移。最重要的是，通过在获取和加工食物方面投入额外的努力，我们展示出增加食物供应的巨大能力。

作为粮食供给的决定性因素，供与求在人类历史上的相对重要性也存在争议。众多学者认为，马尔萨斯严重低估了增长的人口自身在推动食物的选择、技术和相关行为发生改变上的能力。纵观历史，人口的调整最终造成了新技术的采用（而非发明）。如果需求能够推动

曼丹的银水牛果采集者。爱德华·S. 柯蒂斯（Edward S. Curtis，1868—1952 年）摄。任何食物消费者的数量都受其所获得的食物的再生能力的限制。美国国会图书馆。

供给，那么把承载力当作一个固定限制的观点必然受到质疑。

在人类历史上，经济需求的重要性体现在很多方面。新食物往往不太可口、营养较少，且比它们补充的那些日常食物更难获取——因此它们不太可能仅仅因为被发现了或被新技术发明出来，就被摆上餐桌。很多新开拓的环境显然不是宜居之所（沙漠、热带雨林和北极），而且筚路蓝缕并非自愿。很多改善食物供应的新技术或举措，导致食物质量下降或食物获取技术的效率下降。在很多历史时期，经济的发展似乎会导致回报递减，特别是在人类的卫生与营养质量上。

对采集-狩猎者的承载力

从 10 万年前到约 1.2 万年前，人口主要由采集-狩猎者组成，小规模的采集-狩猎者在最近几百年仍然存在，甚至到今天还有——但它们因与外界接触而今非昔比。这些群体尚未定居、人口密度低，吃的是新鲜的野生食物。在现代的采集-狩猎者中少见营养不良现象，在过去的采集-狩猎者中似乎也很罕见，但随着人口增长与新的食物资源及技术的"进步"，营养不良者的占比却越来越高。远古和历史上的采集-狩猎者相对来说疾病很少，因为人口密度低和定期迁移防止了许多传染病的传播或减少了它们的影响。随着历史发展以及人口密度的增加，疾病的负荷明显在加重。大瘟疫，诸如天花等，显然是晚近时期才出现的。在营养和卫生标准上，现代的农民和穷人对采集-狩猎者只能望尘莫及。

各种研究表明，大型猎物是可用资源中质量最高和最易利用的。但大型猎物的活动范围大，且容易杀光。早期采集-狩猎者的食谱中显然包括较高比例的大型猎物，狩猎者们可能将很多大型哺乳动物捕杀殆尽，然后才转向次等的资源。

小勃鲁盖尔，《村景与农夫》（1634 年），木板油画。人类通过搬到新地方、获取新资源或发明技术等方式来应对饥荒。

在史前时代之初，人口增长极慢，且这种增长多为人口扩散所抵消。缓慢的增长大概主要是低生育率或节育造成的（因为这些群体的预期寿命跟后来人口增长快得多的群体相同）。随着人口密度的增加，传染病在限制人口增长上的作用增大。粮食匮乏造成的马尔萨斯抑制也可能在特定时间和地点起了作用，但事实上，它们在之后的非采集-狩猎人口中的出现频率更高，影响可能更大。缓慢增长与其说是由自然资源的最大承载力这种人口机制决定，不如说是由劳动投入、食物甚至人均空间等选择偏好形塑的"承载力"造就。

随着过去 2 万年的人口增长，每个群体的生存地盘都在减小，大型哺乳动物也变少了，以致人们最后被迫扩大食谱，将更大范围和更加多样的资源（更广泛的蔬菜、鸟类、小型哺乳动物、鱼类和贝类）纳入进来，这也让土地的单位承载力增加。但新的资源显然不是理想食物，它们营养更少，也更难获取，因此人们通常只在更好的资源耗尽时才会退而求之。我们的祖先大概是新技术（如适合捕获小型猎物的鱼钩、磨刃石器和箭矢）的采用者而非发明者。这些新技术并不神秘或早已为人所知，但之前却被弃置不用，因为那时人们不需要那样的食物。也就是说，之前没使用这些技术，并非受限于发明，而是不需要。

野生的小种子，如谷物，在偏好的食品名单里明显排名靠后。它们提高了土地的单位承载力，但营养却并不丰富，并且难以收获和加工。（即使在今天，谷物和块茎主要是穷人的主食，因为它们多产且廉价。）

农业产生后的承载力

农业与植物的驯化，最早在约 1 万年前出现，它们通常被认为是重大发明，进一步提高了土地生产力并让人们定居下来。它们看上去造成了人口增长率的略微上升，尽管可能并非因为预期寿命的延长，而是由于生育率的提高和（或）节育选择的改变。不过，它们也可能是人口密度增加的产物。它们显然进一步降低了营养质量，可能还增加了劳动需求。

　　一方面，定居和储存食物的能力可能有助于缓解粮食供应的季节性波动与瓶颈；另一方面，食物储存让人们围拢在他们的粮仓附近，也许使这些人更易受作物歉收的危害，尤其是驯化作物还经历过改良，它们往往比其野生祖先更不适应自然，因此也更易遭受病虫害。储存食物是把食物范围限定在可存储的资源上，但食物在储存期间会失去营养，而储存食物的实际物质损失（如腐败变质）也危及储存事业的可靠性。人们对储存资源的依赖令其多了一份被巧取豪夺的危险，而定居亦让人们暴露于更高的疫病风险之下。

　　多数史实还原都确认，在农业社会，新工具的发明或新技术的使用——锄、犁、役畜、肥料和灌溉——提升了土地承载力与劳动效率。一种有争议的观点认为，土地供应充足且人口密度低的农业方式可能比人口密度高的集约化方式更有效率。人口密度增加，就需要通过缩短休耕期来提高土地的生产力，这反过来可能需要采用新工具。因此，不论在农业产生以前还是之后，需求和劳动投入，而非技术"进步"，可能才是经济增长的发动机。那种认为资源有上限，只有通过与需求无关的偶然发明才能改变上限的看法，就没什么解释力了。

近几百年的承载力

　　随着文明到来，人为的马尔萨斯抑制对人口的影响明显变大，因为统治阶级（文明的关键特征）可以截留下层阶级的食物，剥夺他们索取食物的合法性。在粮食供应充足的现代世界，饥饿源于穷人无力购买食物。很多人主张，解决当今世界上的饥饿问题的方法是财富分配，而非自然的马尔萨斯抑制。

　　此外，近几百年来，世界人口的增速显著加快。这种增长绝不能归因于现代医学对人类死亡率的降低，因为它在现代医学出现之前就已经开始了。有人认为，这种高增长率并非原始人群——靠高出生率来确保存活的群体——的特征，而是人口对殖民体系或世界体系劳动力的需求的自觉响应。当新成果和新技术成为养活世界人口的必要条件时，新技术的运用将取决于富人对穷人的关切程度。如果真是这样，那么粮食生产技术的提升就与人口和需求无关了。

地球对人类的承载力极限

长远来看，人口学家一般把地球的终极承载力定在 100 亿 ~700 亿人（尽管有些估计高得多）。截至 2010 年，世界人口约为 68 亿。这些估计之间的差异，部分缘于假设的不同，即人们是否能够和愿意付出更多努力来采用新技术，吃新食物并接受较低的生活水平。

地球对人类的承载力大小，最终可以不用粮食资源，而用其他一些必需资源的供应限度清楚衡量出来。淡水已经供应不足，只有付出巨大成本才能增加这种供给。承载力最终也可通过人口所能达到的最高密度（不引发不可遏止的瘟疫）来确定，在可预见的未来，瘟疫大概是制约人口增长的最重要的因素。它也可以由社会组织的能力极限来确定，即在人均空间减少的情况下，社会组织纾解社会与心理压力的能力极限。

马克·内森·科恩（Mark Nathan Cohen）
纽约州立大学普拉茨堡学院

另见《人口与环境》。

延伸阅读

Birdsall, N., Kelley, K. C. & Sinding, S. W. (Eds.) (2001). *Population matters*. New York: Oxford University Press.

Bogin, B. (2001). *The growth of humanity*. New York: Wiley-Liss.

Boserup, E. (1965). *The conditions of agricultural growth*. Chicago: Aldine de Gruyter.

Brown, L. R., Gardner, G. & Halweil, B. (1999). *Beyond Malthus*. New York: Norton.

Cohen, J. E. (1995). *How many people can the earth support?* New York: Norton.

Cohen, M. N. (1977). *The food crisis in prehistory*. New Haven, CT: Yale University Press.

Cohen, M. N. (1984). Population growth, interpersonal conflictand organizational response in human history. In N. Choucri(Ed.), *Multidisciplinary perspectives on population and conflict*(pp. 27–58). Syracuse, NY: Syracuse University Press.

Cohen, M. N. (1989). *Health and the rise of civilization*. New Haven, CT: Yale University Press.

Ellison, P. (1991). Reproductive ecology and human fertility. In G. C. N. Mascie-Taylor & G. W. Lasker (Eds.), *Applications of biological anthropology to human affairs* (pp. 185–206). Cambridge, U.K.: Cambridge Studies in Biological Anthropology.

Ellison P. (2000). *Reproductive ecology and human evolution*. New York: Aldine de Gruyter.

Harris, R. M. G. (2001). *The history of human populations, 1*. New York: Praeger.

Kiple, K. (Ed.) (1993). *The Cambridge world history of human disease*. Cambridge, U.K.: Cambridge University Press.

Kiple, K. & Ornelas, K. C. (Eds.) (2000). *The Cambridge world history of food*. Cambridge, U.K.: Cambridge University Press.

Livi-Bacci, M. (2001). *A concise history of human populations* (3rd ed). Malden, MA: Basil Blackwell.

Malthus, T. (1985). *An essay on the principle of population*. New York: Penguin. (Original work published 1798)

Russell, K. (1988). *After Eden: The behavioral ecology of early food production in the Near East and North Africa* (British Archaeological Reports International Series No. 39). Oxford,U.K.: British Archaeological Reports.

Wood, J. (1995). *Demography of human reproduction*. New York: Aldine de Gruyter.

World Watch Institute (2008). *State of the world*. New York: Norton.

气候变化

纵观历史，全球气温波动一直伴随着海平面与气候模式的变化，这两种变化也跟大规模移民、饥荒导致的瘟疫、某些文明的崩溃及其他文明的发展相关。冷暖周期则受海洋与大气的能量交换、化石燃料的燃烧排放和太阳能的影响。

众多世界史学者以气候变化来解释地球历史的变迁。科学家们则直接关注长期气候变化的原因：海洋与大气的能量交换、化石燃料的燃烧排放及太阳能。自 1860 年以来，全球气温就在上升。气候学家预计，20 世纪全球气温将继续升高 2℃。北极冰帽的融化——自 20 世纪 70 年代以来，体积每 10 年减少 3%~4%——就是全球变暖的证据。结果，海平面自 1900 年以来一直在上升；过去半个世纪，上升速度在加快。冰原萎缩，海平面上升淹没了沿海地区，影响到一些植物、动物和微生物的自然迁徙。根据联合国政府间气候变化专门委员会（IPCC）的报告（题目为《气候变化 2007》）："气候系统变暖是毋庸置疑的，从现在全球大气与海洋平均温度升高、多地冰雪融化及全球海平面上升等现象就可证实。"在北半球的温暖时期，森林会向北移动并取代北方的苔原，之前的偏远地带可能变得适宜农耕和粮食生产。随着气温升高与天气多变，生活在热带与中纬度近海地区（无论是略高、平或低于海平面）的数百万人，甚至可能是数十亿人，将付出惨重代价，或许要背井离乡。

从温暖时期、温和时期、间冰期到寒冷时期、极寒时期乃至冰川时期的气候波动，可能在一个世纪内迅速发生，且没有太多预兆。上一个冰期的最后消失发生在公元前 9500 年，它标志着持续到当下的这个全球暖期的开始。这种快速的气温上升，可能是过去 4 万年里最重要的气候事件，它导致了全球海平面的急剧升高。在公元前 7500 年左右，气温上升与冰川融化淹没了黑海盆地，《圣经》中的"洪水"可能指的就是这场自然灾难。虽然我们对气候变暖和变冷的了解存在许多空白，但关注那些引发气候变化的特殊事件，有助于揭开全球气候的复杂性。

大西洋环流与能量交换

海洋是一个热量运输系统，它吸收了很多穿过大气层的太阳热量。随着气温升高，冰雪融化的淡水增多，海洋中盐分占比减少，进而影响了洋流。高盐海水量的减少会破坏大西洋深海环流，这个环流把赤道周围的温暖海水带往北极。这些温暖海水变成了"墨西哥湾暖流"，温暖了新英格兰海岸，并给不列颠群岛带来了湿气。没有它，这些沿

径流污水是对美国近海水体的最大威胁，化石燃料的燃烧排放则是长期气候变化的主要原因之一，后者会令近海地区被淹。美国国家海洋和大气管理局（NOAA）提供。

海地区将冷上几度，令沃壤变成永冻土。

温度的突然小幅升高或冰川融水的增加会降低水的密度及其下沉能力，减缓并在一定情形下停止环流（即海洋对热量的运输）。根据某些气候模型，这股通常被叫作"大热泵"的洋流停止或减缓，会让北温带地区变冷，它是过去10万年间许多意外气候变动的原因。

厄尔尼诺

在过去40年里，北大西洋的含盐量在持续降低。但是近来的模拟发现，气候的急剧变化不光与大西洋环流有关，这让科学家们寻找另外可能导致半球或全球气候变化的气候事件。他们得出结论，热带太平洋及其厄尔尼诺事件与大西洋环流的结合可能提供了答案。

作为世界上最大的海洋，太平洋的面积约为1.81亿平方千米，最宽之处在热带，那里的太阳能大部分都转化成了热量，而这种热量又通过洋流和风来传递。在某些年份，大气和海洋的温度会异常高，原因尚不完全清楚。它们可能包括太阳黑子活动和大西洋深海环流的影响，还包括这种情况：现在的海洋吸收了大量由化石燃料燃烧排放产生的碳。

一些气候学家认为，这些反常现象可能引发厄尔尼诺海洋环境，它意味着从南美洲到太平洋暖池的寒冷洋流会减弱或完全终止。在东风无力将表层冷水推往亚洲的情况下，西风就把太平洋暖池推向美洲。暖池中的高温和潮湿空气与它一同行动，给之前干旱的赤道岛屿和秘鲁到美国西海岸的美洲沿岸地区带来强降水。随着西风加速，降水会扩展至西半球，再从美洲到达欧亚大陆的俄罗斯平原。干旱则会袭击印度、中国、印度尼西亚和非洲。

厄尔尼诺对全世界热量和降水分布的影响是众所周知的。尚不清楚的是，大西洋和太平洋海洋事件之间的关系对全球气候有何影响。海洋的温度和盐度会影响环流。实际上，某些北大西洋的深海环流可

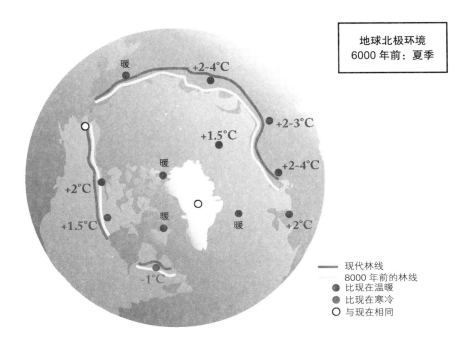

能会进入赤道太平洋，就像在大西洋那样降低当地的水温和气温，从而缓解厄尔尼诺的灾难性气候影响。然而，如果大西洋环流中的寒冷洋流减慢或停止，那么就不知道有什么能限制厄尔尼诺的有害影响了。

厄尔尼诺对世界历史的影响

在公元 1500 年西班牙征服印加以前，土著农民和渔民创造的先进文明沿着秘鲁北部沿海地区扩展。这些美洲原住民（被称为莫奇卡人）通过建金字塔、制陶器、造黄金饰品来颂扬其精神与物质成就。他们的灌溉水渠与泥砖建筑遗迹证明了其文明的先进。对河床和潟湖中沉积证据的发掘，还有对这些沉积物中化石遗存的考察，揭示了一个事实：莫奇卡文明曾屡遭厄尔尼诺事件的破坏。洪水和干旱迫使莫奇卡人放弃旧址而迁往新地。究其原因，是超级厄尔尼诺从过热的海洋里获取了更多能量，加快了水和风的循环，升高了大气温度，从而造就了多变的天气。

到公元 1100 年，暖期让位于小冰期，超级厄尔尼诺的势头减弱。由于热带海洋所吸收的能量减少，大厄尔尼诺事件在公元 700 年最后一次发生在秘鲁北部。这些在西班牙征服之前出现的厄尔尼诺事件，与世界历史上的其他重要气候事件一样，在原住民的生活中造成了巨大的政治和文化紊乱。沿海地区的洪水和安第斯山脉以东地区的干旱，让人们迁徙、重建并适应了在整个暖期造访南美的无常气候系统。

近期的厄尔尼诺

对厄尔尼诺天气现象的历史研究，源于 20 世纪 80 年代对厄尔尼诺的世界性影响的发现。因为那 10 年期间发生的干旱，巴西东北部的农民被迫离开家乡，撒哈拉沙漠以南的一些国家出现政治动荡，印度、中国和日本经常出现粮食短缺。厄尔尼诺证实了气候系统的全球联系以及它对生物、历史发展、本地及区域气候模式的具体影响。

1982—1983 年的厄尔尼诺事件进一步确证了这样的认知和说法：厄尔尼诺是寒暖海水——特别是印度洋、太平洋和大西洋的海水——通过吸收太阳能并向大气释放热量而进行的一种能量交换。厄尔尼诺事件释放出如此巨大的破坏力，说明海洋的能量负载过多，需要将其积蓄的热量进行释放。如此，这个不可预知的全球气候系统才会恢复微妙的平衡。

正如我们所知道的，科学家们找到了全球气候变化的三个基本原因——海洋和大气之间的能量交换、化石燃料的燃烧排放和太阳能。然而，就全球气候变化的原因与影响来说，仍有很多内容有待发现。太阳的能量输出具有周期性，而有时其强度模式并不规律。高强度周期每隔 11 年出现一次，而那些低强度周期则大约每三年半发生一次。尽管不能确定不同模式的相似性，但一些科学家认为厄尔尼诺是在高强度周期的间隙中回归的。最后，近几十年的太平洋海水变暖——厄

厄尔尼诺监测：卫星图像显示太平洋趋于稳定。1998年7月11日。美国国家航空航天局（NASA）。

尔尼诺的诱因——与大气污染的相关性，还缺乏坚实的证据支持。由于对厄尔尼诺所知尚少，而它又潜在影响着全球气候与人口，所以科学家和史家一直对其兴趣不减。

化石燃料燃烧排放的作用

全球气温升高致使大气中的水蒸气（属于温室气体）增加，随着世界上温暖海域的水汽蒸发，会引发更多的降水。煤炭、石油和天然气的燃烧将数百万年来封存在石化动植物中的能量释放出来，提高了大气中的另一种温室气体（二氧化碳）的浓度。这些排放大多来自三个重要领域：发电、运输、（住宅、商业及公共建筑中的）供暖与制冷。全球电力行业贡献了全部二氧化碳排放量的41%。在工业化期间，化石燃料的燃烧和森林砍伐的加剧使大气中的二氧化碳含量增加

由于气候变化，海平面自 1900 年以来就一直在上升。在过去半个世纪中，它的上升速度还在加快。美国国家海洋和大气管理局测量处的研究人员在勘测海岸线。NOAA 提供。

了约 25%。在过去 100 年里，世界上 40%~50% 的原始森林[1]和没有人烟的土地——它们通过所谓的光合作用将二氧化碳变成氧气——转变成了农业生产、商业与住宅建筑用地。另外，由于化石燃料的燃烧，其他温室气体——如吸热性比二氧化碳还高的甲烷（CH_4）和氯氟烃（CFCs）——也快速增加，影响了大气温度。从 1850 年到 2000 年，人类通过燃烧化石燃料、砍伐森林和发展农业增加了二氧化碳的浓度，其贡献量约为 1.7 万亿吨。这类二氧化碳约有 40% 留在大气中，并且它还以每年约 0.5% 的速度在增长。大气中二氧化碳分子的生命期是100 年，这意味着从 1927 年出售给消费者的第一辆 T 型汽车到此后制造的每辆汽车的尾气，都还留在今天的全球大气中。

　　全球变暖在寒冷地区比在温带和热带地区发生得更快，因为严寒

1　作者此处用词为"先锋森林"（pioneer forests），综合上下文，核查对过去 100 年世界森林的消失速度，译者认为它应为"原始森林"（primary forests, primeval forest）的笔误。——译注

的空气中缺少水蒸气。由于空气干冷，二氧化碳的温室作用更大。而在暖湿空气中，水蒸气比二氧化碳的导热性更强。由于全球冷暖分布不均，二氧化碳对全球变暖的影响究竟如何仍存争议。

在当下的暖期，二氧化碳与降雨增多、大气和海水温度升高、云层增多及风速增加等密不可分。二氧化碳对生物的影响也值得注意，在温带和热带气候下，它会带来更长的生长季节。基本无法从事农业的干旱与半干旱地区，可能会得到足够的水分来增加粮食储量——到2050 年，全球人口的增长速度将稳定下来，届时人口会在 90 亿到 120亿之间。不过，人口增长对全球气候系统的具体影响尚不可知。

太阳能的角色

还有两股力量推动全球气候系统的变化。一是在科学文献中常被提到却在近来遭受质疑的米兰科维奇周期。塞尔维亚天文学家 M. M. 米兰科维奇（M. M. Milankovitch）认为，地球的离心轨道造就了一个 10万年的全球气候大周期。在此期间，地球经历了一个间冰期 / 冰期的完整周期。在这个长周期中，还有一个由地轴倾斜引起的 4.1 万年的周期，它控制着到达地球高纬度地区的太阳能量。

地轴"进动"的周期稍短，间隔在 2.3 万年或 1.9 万年，并影响到达低纬度和赤道地区的辐射量。米兰科维奇认为，在过去的 80 万年中，地球经历了 8 个完整的冰期 / 间冰期的周期。冰川时期持续了 9万年，之后是 1 万年的暖期。因此，目前的间冰期应该即将结束。

然而，由于米兰科维奇的解释只能说明到达地球的太阳能总量中那0.1% 的变化，气候学家另辟道路来寻找气候变化背后更明显的驱动力。他们认为，太阳能随着太阳黑子的活动周期而波动。借助这种周期，他们在过去 72 万年的地球历史中找出了 8 个周期。单个周期的长度为 9万年，从冰期最盛期 –0.3% 的太阳能输出，到暖期最盛期的 +0.3%。然而，鉴于地球历史的动态变化和我们对其物理与生物特性的认识空白，即使存在这类周期，我们仍难以清楚预测未来的全球气候变化。

气候变化对世界历史的影响

最后一个大冰期的暖期（公元前 3.3 万—前 2.6 万年）可能方便了（解剖学意义上的）现代人从非洲和亚洲西南部迁到欧洲，取代了生活在那里的尼安德特人。在全球海平面上升让西伯利亚通往北美的通道消失前，猎人能够穿过结冰的白令海峡。连续的几波迁徙——可能最早到公元前 3.2 万年，但不会迟于公元前 1.1 万年——让他们追踪着猎物来到美洲繁衍生息。

末次盛冰期约在公元前 1.3 万年结束，那时格陵兰岛的气温上升到与现在相近的温度，但冰川的消退被两个小冰期打断：一个是公元前 1.21 万年的中仙女木期，另一个是公元前 1.08 万年的新仙女木期。（仙女木是一种北极开花植物，在最后一个冰期时生长于欧洲。）证据表明，在公元前 1.27 万年左右，温暖环流未能到达北半球而开启了新仙女木期。这说明，在末次盛冰期结束时，冰川融水进入了北大西洋并减缓或停止了深海环流。在接下来的 1300 年里，它让北温带地区进入了小冰期。不列颠群岛变成了永久冻土区，夏季气温降至 32℃以下，冬季则低于零下 10℃。冰山漂到伊比利亚海岸，长期干旱则影响着亚洲、非洲和北美洲的中部。大西洋环流的减慢，可能是造成半球气候改变的原因。

气候对印欧文明的影响

小冰期把处于暖期的这段世界历史切割成了几块。在寒冷的作用下，一度兴盛的撒哈拉游牧文明崩溃，迫使其居民于公元前 5500 年左右迁到尼罗河流域。这种向尼罗河沿岸的移民，与接下来几千年古埃及文明的兴起同时发生。埃及人于公元前 5000—前 4500 年建立了第一个帝国，并于几百年内在吉萨建造了巨大的金字塔。[1] 印度河流域的哈拉帕文明也蓬勃发展起来，它以泥土和烧砖建设公共建筑和私人住宅，并用几何学来规划城市。[2]

公元前4500—前3800年，"全球变冷"带来的貌似没有尽头的干旱打断了人类的发展。全球气候可能进入了自新仙女木事件之后最冷的时期。就像以前发生寒冷和干旱的情形一样，人类向南迁移，逃离了最极端的气候条件。农业人口，那些不停迁徙的印欧人后代（几千年前曾把农业技术从西南亚带到了西欧和北欧），也为寒冷气候所迫而向南迁徙。他们退到了地中海沿岸的温暖地区，还到了东南的乌克兰，以及东南亚、印度和中国的西北部。

另一漫长的寒冷期出现于公元前3250—前2750年，给底格里斯河、幼发拉底河这片靠灌溉为生的"新月沃土"及印度河流域带来了干旱。事实上，一些考古学家认为，现在伊拉克南部那片草木繁盛、天然灌溉的地区，可能就是圣经中"伊甸园"的所在。最近的考古研究证实，美索不达米亚北部的阿卡德（公元前3200—前2900年）这个伟大的农业帝国的崩溃，与一次大规模火山喷发以及随后气候从湿润凉爽到干燥炎热的转变（持续了一个多世纪）同时发生。[3] 这些同时发生的事件让原来阿卡德的居民离开北方，迁到了美索不达米亚南部（现在的伊拉克）。

1　作者对埃及历史的描述有误。公元前5000—前4500年，埃及大概处于新石器时代，阶级社会正在萌生；到公元前3100年左右，埃及才进入王朝时代；吉萨金字塔的建造是在第四王朝，即公元前2575—前2465年左右；直到公元前1550年左右，（新王国时期的）埃及才进入帝国阶段。不过，古埃及文明受气候变迁及外来移民的影响确实很大。早王朝时期，甚至法老时期的埃及文明，可能都与气候变化影响下的外来移民与本地居民的融合有关。Arie S. Issar, Mattanyah Zohar, *Climate Change: Environment and History of the Middle East*（New York: Springer, 2004）, p.86。——译注
2　哈拉帕文明的存在时间约为公元前2600—前1500年。——译注
3　文中对阿卡德帝国的存在时间描述有误，一般认为阿卡德帝国的存在时间约为公元前2334—前2193年。至于文中提到的火山喷发，发生于公元前2200年。参见 H. Weiss, M.-A. Courty, W. Wetterstrom, F. Guichard, L. Senior, R. Meadow, A. Curnow, The Genesis and Collapse of Third Millennium North Mesopotamian Civilization, *Science*, Vol. 261, Issue 5124, 1993, pp. 995-1004。——译注

玛雅文明的兴衰

另一次全球性寒冷期从公元前 2060 年持续到公元 1400 年，它所产生的利好是让热带和亚热带地区迎来了凉爽和干燥。在中美洲，玛雅文明将农业生产向北扩展到了尤卡坦半岛（现在是墨西哥的一部分），并在原先植被茂密且蚊子（携带疟疾病毒）成群的地方建起了金字塔和城市。他们在那里生活了近 1000 年。

多年无雨导致玛雅农业接连歉收。沉积记录显示，该地的干旱始于公元 1200 年，并在 500 年后再度来袭。[1] 一些城市在公元 1240 年被弃，剩下的则在 1190 年另一次严重干旱袭击该地时被弃。[2] 其他原因也可能导致玛雅文明的灭亡，但气候变迁是解释崩溃的有力学说之一。在这次特别的全球寒冷期结束后，随着气候变暖，水循环的力度增强。热带森林与蚊子一起回归，剩下的玛雅人放弃了他们的家园向南迁移。玛雅遗址在现今中美洲的茂密热带雨林中被发现这一事实，就是近来全球变暖的佐证。

随着过去 150 年来水循环的增强，拓荒者为了农业发展清理了森林，生长季节也延长了，这就能为不断增长的人口提供更多食物。但若想让全球气候变化成为解释世界历史的一种更为人所接受的动因，就需要对气候变化、人类与动物种群的迁移及文明兴衰之间的关系进行更细致的研究。

1　此处对玛雅地区干旱起始时间的描述有待商榷。学者们常以干旱来解释玛雅文明的兴衰，其中最有代表性的，莫过于以公元 800—1000 年玛雅多地出现的一场持续达 200 多年的旱灾（其间又分为几个 50 年的旱灾）来解释古典终结期玛雅的崩溃。通过对墨西哥尤卡坦半岛湖底沉积物和伯利兹洞穴石笋的取样分析，学者们指出玛雅地区出现过其他干旱期：公元前 475—前 250 年和公元 125—210 年。佛罗里达大学地质学者戴维·霍德尔（David A. Hodell）甚至推测，玛雅地区可能存在一个长达 208 年的干旱周期。参见 David A. Hodell, Mark Brenner, Jason H. Curtis, Thomas Guilderson, Solar Forcing of Drought Frequency in the Maya Lowlands, *Science*, Vol. 292, Issue 5520, 2001, pp. 1367-1370。——译注
2　原文如此，时间存疑。——译注

小冰期

来自沉积物和冰芯的证据表明，大约在公元1300—1850年，有一个长时段小冰期（比典型冰期的8万—9万年要短）席卷了北半球。维京人在格陵兰岛的边远居民点到中世纪暖期（公元1000年—1300年）才有人烟，在公元1200—1300年却为冰雪所覆盖。到工业化之前，欧洲的粮食产量一直在急剧下降。即使是这一期间的盛世，人们吃的也多是面包和土豆，每天的食物消耗量很难超过2000千卡。饥馑与瘟疫之后紧跟着的就是普遍的营养不良。

公元1400年欧洲大饥荒过后，黑死病暴发。在公元1100—1800年，法国饥荒频仍，12世纪有26次，19世纪有16次。气温的不断下降使北欧国家的生长季节至少缩短了1个月，能够种植作物的海拔也下降了约18米。然而，在这个小冰期中，人们受的苦并不相同。对那些生活在河海之滨的人来说，通过捕鱼可以获得多数人吃不到的动物蛋白。在新英格兰，公元1815年被称为"没有夏天的一年"。这一年过后，小冰期毫无预兆地结束了。太阳辐射的增强、工业化对大气中温室气体浓度的影响及大西洋深海环流的改变被视为冰期结束的原因，或单独或共同起了作用。

气候变化：未来

考察历史上的气候事件并回顾目前的科学发现，我们知道，没有一个单一原因足以解释重大的气候变动。海洋、大气和陆地众多变化的共同作用，导致了我们所认为的重大气候事件的中断与爆发。这些事件具有复杂难测的特点，迄今为止，即使最先进的计算机和全球气候模型（GCMS）都无法对未来的气候事件做出预测。

基于我们对过去的气候事件一星半点的了解，明确今后怎么做将是一个巨大的难题。人口增长到了沿海和边缘地区，加之这是一个剧烈变动的时代，这就让灾害更容易发生。物质消耗和能源利用的增加将继续给全球生态系统施加压力。发达国家的可持续增长目标，还有发展中国家同样的发展期待，都将成为空中楼阁。用瓦茨拉夫·斯米尔（Vaclav Smil, 1990, 23）的话说，"如果对全球变暖的担忧有助于富国从一贯的经济增长和个人富裕这种燕雀之志中清醒过来，并促使穷国推行控制人口增长等负责任的发展政策，那么变暖趋势实际上可能成为理想变革的一种有效催化剂"。

安东尼·N. 彭纳（Anthony N. Penna）
美国东北大学

另见《冰川时期》《海洋》。

延伸阅读

Alley, R. B. (2000). Ice-core evidence of abrupt climate changes. *Proceedings of the National Academy of Sciences of the United States of America*, 97(4), 1331–1334.

Caviedes, C. N. (2001). *El Niño in history: Storming through the ages.* Gainesville: University Press of Florida.

Congressional Budget Office (2003). *The economics of climate change: A primer.* Washington, DC: United States Government Printing Office.

Culver, S. J. & Rawson, P. F. (Eds.) (2000). *Biotic response to global change: The last 145 million years.* Cambridge, U.K.: Cambridge University Press.

DeBoer, J. Z. & Sanders, D. T. (2002). *Volcanoes in human history:The far reaching effects of major eruptions.* Princeton, NJ: Princeton University Press.

Diaz, H. F. & Markgraf, V. (2000). *El Niño and the southern oscillation:Multiscale variability and global and regional impacts.* Cambridge, U.K.: Cambridge University Press.

Durschmied, E. (2000). *The weather factor: How nature has changed history.* New York: Arcade.

Dyurgerov, M. B. & Meier, M. F. (2000). Twentieth century climate change:Evidence from small glaciers. *Proceedings of the National Academy of Sciences of the United States of America*, 97(4), 1406–1411.

Fagan, B. (1999). *Floods, famines, and emperors: El Niño and the fate of civilizations.*

New York: Basic Books.

Glantz, M. H. (2001). *Currents of change: Impacts of El Niño and La Nina on climate and society.* Cambridge, U.K.: Cambridge University Press.

Global warming: New scenarios from the Intergovernmental Panel on Climate Change (2001). *Population and Development Review*, 27(1), 203–208.

Jones, P. D., Ogilvie, A. E. J., Davies, T. D. & Briffa, K. R. (Eds.) (2001). *History and climate: Memories of the future?* New York: Kluwer Academic/Plenum.

Keys, D. (2000). *Catastrophe: A quest for the origin of the modern world.* London: Ballantine.

Ladurie, E. L. (1971). *Times of feast, times of famine: A history of climate since the year 1000.* Garden City, NY: Doubleday.

Lovvorn, M. J., Frison, G. C. & Tieszen, L. L. (2001). Paleoclimate and Amerindians: Evidence from stable isotopes and atmospheric circulation. *Proceedings of the National Academy of Sciences of the United States of America*, 98(5), 2485–2490.

Marotzke, J. (2000). Abrupt climate change and thermohaline circulation: Mechanisms and predictability. *Proceedings of the National Academy of Sciences of the United States of America*, 97(4), 1347–1350.

McIntosh, R. J., Tainter, J. A., McIntosh, S. K. (2000). *The way the wind blows: Climate, history, and human action.* New York: Columbia University Press.

National Assessment Synthesis Team (2001). *Climate change impacts on the United States.* Cambridge, U.K.: Cambridge University Press.

Novacek, M. J. & Cleland, E. E. (2001). The current biodiversity extinction event: Scenarios for mitigation and recovery. *Proceedings of the National Academy of Sciences of the United States of America*, 98(10), 5466–5470.

Perry, C. A. & Hsu, K. J. (2000). Geophysical, archaeological, and historical evidence supports a solar-output model of climate change. *Proceedings of the National Academy of Sciences of the United States of America*, 97(23), 12433–12438.

Pierrehumbert, R. T. (2000). Climate change and the tropical Pacific: The sleeping dragon wakes. *Proceedings of the National Academy of Sciences of the United States of America*, 97(4), 1355–1358.

Smil, V. (1990). Planetary warming: Realities and responses. *Population and Development Review*, 16(1), 1–29.

Smil, V. (2003). *The earth's biosphere: Evolution, dynamics, and change.* Cambridge, MA: Massachusetts Institute of Technology Press.

Webb, T., III & Bartlein, P. J. (1992). Global changes during the last 3 million years: Climatic controls and biotic responses. *Annual Review of Ecology and Systematics*, 23, 141–173.

Western, D. (2001). Human-modified ecosystems and future evolution. *Proceedings of the National Academy of Sciences of the United States of America*, 98 (10), 5458–5465.

哥伦布交换

1492 年哥伦布的航海之旅，真正开启了欧洲和美洲的早期生物交流，包括病菌、杂草、害虫，也有药物、作物和家畜。对新旧世界不同大陆上（相对）孤立发展的物种来说，这一点影响深远。

2 亿年前，地球上的各大陆紧紧聚在一起。陆上生物的迁移机会最大，因此生物的同质化远高于之后。然后各大陆分开，漂流远离，此后每个大陆的物种都是独立演化的。在极北之处，北美洲和亚洲有数次重新连接到了一起，因此它们有许多相同的物种，但两地的差异也很多。例如，旧大陆的夜莺和眼镜蛇等本地物种是新大陆所没有的，而新大陆的蜂鸟和响尾蛇则是旧大陆所没有的。南美洲和旧大陆间的差异尤为明显：前者有鼻子长得打晃的貘，而后者则有长鼻摇摆的大象。

新旧大陆：人、庄稼、牲畜

1 万年前，最近的一次冰期结束，各大陆的冰川融化，海平面上升，新旧大陆再次分隔两地。在此之前，很多物种已跨越了两地的界线，其中影响最大的是旧大陆上的智人。在此之后，旧大陆上的人就和美洲的人分别演化了。分离所造成的基因差异较小，但文化差异巨大，因为两地之人在开发其各异的环境时走上了不同的道路。

他们都发明了农业，即驯化了庄稼和牲畜，但农业体系却截然不同。美洲原住民可能是带着狗从亚洲而来，因此了解驯化动物，但他们在美洲驯化的动物却不多，可能是因为适合驯化的动物本就很少。他们驯化的有骆马、羊驼、豚鼠和几种家禽。美洲原住民是农业好手，今天世界上最重要的粮食作物约有三分之一是他们培育的：玉米、几种豆子、马铃薯、甘薯、木薯、笋瓜、西葫芦、南瓜、花生、番木瓜、番石榴、鳄梨、菠萝、西红柿、红辣椒和葵花籽等。

旧大陆的居民人数远超美洲原住民，脚下的土地更广阔，生态系统更多样，驯化的动植物种类也更多。马、驴、牛、猪、绵羊、山羊、鸡（现在这些动物是我们院落和牧场的主角，也是肉、奶、皮革与动物纤维的主要来源）都源于旧大陆。小麦、大麦、黑麦、燕麦、稻米、豌豆、萝卜、甘蔗、洋葱、莴苣、橄榄、香蕉、桃子、梨，还有我们今天餐桌上的很多常见食物也是如此。

新旧大陆的不同：疾病

在传染病方面，来自旧大陆的也比新大陆的多。旧大陆的生态系统不但多样，而且生活的人口也更多，疾病的种类不免就多，特别是他们还与家畜紧密生活在一起。旧大陆上欧、亚、非三洲人口的交流和混杂，加上与家畜的亲近，产生了众多史上最严重的传染病。一张不完全却没争议的名单包括：天花、麻疹、流感、疟疾、黄热病和斑疹伤寒。前哥伦布时期的美洲印第安人患有肺结核和螺旋体病。螺旋体病可能来自旧大陆，但在美洲成了新型传染病——与此类似的还有美洲锥虫病。与旧大陆的疾病相比，美洲本土的疾病少且温和。（梅毒常被说成是美洲特有的传染病，但尚存争议。）

1492 年，当哥伦布把新旧大陆连起来时，他也解开了相生相克的生物链条。在新旧大陆的人群混杂后，早期的最惊人后果就是东半球传染病在美洲原住民中的传播。如果不是疾病一起跟来，欧洲人对美洲的征服即使暴行累累，也不会那么残酷。在西班牙人对墨西哥和秘鲁的征服中，天花作用巨大，而这在整个美洲并非个案。有些备受尊重的人口史家声称，在人口复苏开始以前，美洲原住民的数量下降了90%。

另一方面，旧大陆的动植物极大增加了美洲的承载力，使它在之后能供养大量人口。例如，马、猪和牛先是在佛罗里达到阿根廷的草原上野化，然后在一个世纪内就繁衍到了数百万头（匹）。旧大陆的牲畜彻底改变了美洲人的生活和整个生态系统。在美洲印第安人的社会中，广大农民平常几乎吃不到肉。哥伦布交换之后，肉在很多地区成为常见食物，在其他地区即使不常见，至少比以前更易得了。[1]

除了狗和骆马外，美洲没有驮畜。美洲高等文明中的金字塔与其他历史遗迹，全凭人力提拉建造。即使外来者只把驴子一种牲口带到墨西哥，它也会让那里的原住民社群发生翻天覆地的变化。

马对美洲原住民社会的影响十分惊人。很多之前完全步行的美洲印第安人骑上了马。大约从1750年到1800年，北美大平原的原住民（黑脚族、苏族、夏延族、科曼奇族、波尼族等）和南美草原的原住民（佩文契族、蒲埃契族、特沃契族、兰奎尔族等）都很快以马代步。

旧大陆的农作物起初并未像旧大陆的牲畜（在新大陆）散播得那样快，毕竟它们自己没长腿，也因为它们多是温带植物，不适应在美洲最早建立的那些殖民地的气候（都在热带）。不过欧洲殖民者做出了改变，引入其他合适的作物（比如甘蔗）以及适合的家乡作物品种，并把它们种在跟宗主国土壤与气候相似的地方。比如他们发现，小麦在墨西哥高地生长旺盛，酿酒用的橄榄和葡萄在秘鲁长势喜人。在哥伦布之后不到一个世纪，旧大陆的重要作物大多在美洲都有种植。

1　日常饮食中肉类的供给水平，与生活方式（采集、狩猎、农耕或畜牧）及生产力水平（密集养殖技术的可行性与成本）密切相关，地域差异及物种交流在其中所起的作用不宜夸大。——译注

早在公元前 5000 年，中美洲就开发出了数种玉米作物。约 6500 年后，当玉米到达中国时，它被视为一种生长快且热量高的食物。克拉拉·纳托利（Clara Natoli）摄 (www.morguefile.com)。

　　其中最有利可图的是甘蔗，它是一种近乎令人成瘾的物质——糖——的来源。欧洲对糖的需求仿佛无穷无尽，而且数百年来一直在增加，于是甘蔗成了一种在西印度群岛、巴西和其他美洲湿热地区（大陆或岛屿）无可匹敌的作物。甘蔗的栽种、培育、收割和加工需要数百万的劳力。美洲印第安人的数量在急剧减少，欧洲移民的人数也不足，劳工就得从别处寻找。推动大西洋奴隶贸易的最强大的力量是甘蔗种植园的劳力需求。估计有 1250 万非洲人被迫在美洲土地上劳作，他们中的绝大部分——肯定是相对多数——是在新大陆种植旧大陆所吃的糖。

1492 年与旧大陆

美洲印第安人的牲畜并未对旧大陆的生活造成大的改变。在欧洲、亚洲或非洲，豚鼠和火鸡从来没被视为重要的食物来源；作为驮畜，骆马显然不如旧大陆的那几种牲口，所以在东半球，它只是被当成异兽。

不过，美洲印第安人的作物对旧大陆影响巨大。其中那些成为旧大陆日常食物的，多数是由西班牙人和葡萄牙人带回伊比利亚半岛（在 16 世纪以前都在那里培育），然后从那里向外扩散的。它们中的有些作物，能在旧大陆作物无法生长的地方长势良好。譬如在不适合大米和山药等传统主粮作物生长的地方（降雨过多或过少、土壤贫瘠、害虫肆虐），木薯却长势旺盛。美洲的几种粮食也比旧大陆的传统作物更有营养、更多产、更易种植和收获。在撒哈拉以南的非洲，玉米成为一种常见作物，甚至是一些地区最重要的作物。

马铃薯来自高海拔、湿润且凉爽的安第斯山脉，成了北欧下层民众最重要的食物来源之一。在爱尔兰，农民一天也离不开马铃薯。在 19 世纪 40 年代，一种美洲真菌——霉烂病（Phytophthora infestans）——到来并毁掉了马铃薯这种作物，造成了 100 万人死于饥饿和疾病，另有 150 万人逃离了这个国家。

哥伦布交换影响旧大陆饮食的例子不胜枚举，包括意大利菜中的西红柿，印度菜中的辣椒，撒哈拉以南非洲饮食中的玉米，等等。举例来说的话，不妨在一块常被认为不受外来影响的地方——中国——考察一下美洲粮食作物的故事。在旧大陆上，没有比中国人接纳这些外来植物更快的了。

中国人对美洲食物的热切接纳跟人口压力有关。在 1368—1644 年，明朝人口增加了一倍，而农民的传统主粮——北方的小麦和南方的大米，这时却遭遇了产量递减问题。在适宜耕作的土地上，他们利用现有技术把能产出的粮食几乎都产出了。人地问题在南方尤为严重，那里靠近市场与灌溉水源的平地（及大致平坦的土地）上种满了水稻。

西班牙人和葡萄牙人都在美洲拥有殖民地，他们把美洲印第安人的作物带到了东亚。马尼拉港是西班牙新征服之地，离中国海岸只有几天的航程，它在美洲作物向中国传播方面起了重要作用。甘薯这种高热量食物，就是在 16 世纪最后几年到达中国的。这种作物在劣质土壤中表现良好，耐旱、抗虫害，且与水稻等当时的主粮作物相比，它只需很少的照料即可蓬勃生长。到 1650 年，甘薯在广东省和福建省已随处可见，并迅速成为贫困农民的主粮（只要当地气候适宜）。

玉米甚至在 16 世纪中叶前就已到达中国。它生命力顽强，而且只需孩子般的精力和力气便可完成除草和收获。在粮食生产上，它比多数庄稼都高产，而且它提供的热量还高。它很快成为从西北（陕西）到西南（云南）地区的第二大粮食作物，并最终成为几个内陆省份的首要粮食作物。

早在 1538 年，中国就已种植花生。它在西方一直被认为是一种新奇食物，但在中餐里却是一种常见之物。花生能提供大量卡路里和油，而且它们会增加土壤中的氮含量。

根据人口史家何炳棣的说法，"在过去的 200 年里，当稻米种植逐渐接近饱和并触发了收益递减律，从美洲引入的各种旱地作物在增加全国粮食产量上贡献最大，并使人口得以持续增长"（Ho 1959，191-192）。[1] 这一说法对东半球的大多数人来说，也都适用。

艾尔弗雷德·W. 克罗斯比

美国得州大学奥斯汀分校

另见《生物交换》。

---

[1]　查何炳棣 1959 年出版的《1368—1953 年中国人口研究》（Ping-ti Ho, *Studies on the Population of China, 1368–1953*, Cambridge, MA: Harvard University Press, 1959）第 191—192 页，未找到与文中所引完全对应的文字，推测为间接引用。文中所引的 "During the last two centuries when rice culture was gradually approaching its limit" 一句，大概是指 "宋应星死后 200 年，中国的稻米栽种才达到饱和点"。由于无法一一对应，翻译只能从权。——译注

延伸阅读

Cook, N. D. (1998). *Born to die: Disease and New World conquest,1492–1650*. Cambridge, U.K.: Cambridge University Press.

Crosby, A. W. (1986). *Ecological imperialism: The biological expansion of Europe, 900–1900*. Cambridge, U.K.: Cambridge University Press.

Crosby, A. W. (1994). *Germs, seeds, and animals*. Armonk, NY:M. E. Sharpe.

Crosby, A. W. (2003). *The Columbian exchange: Biological and cultural consequences of 1492*. Westport, CT: Praeger Publishers.

Denevan, W. M. (1992). *The native population of the Americas in 1492* (2nd ed). Madison: University of Wisconsin Press.

Ho, P. (1959). *Studies on the population of China, 1368–1953*. Cambridge, MA: Harvard University Press.

Kinealy, C. (1995). *The great calamity: The Irish famine, 1845–1852*. Boulder, CO: Roberts Rinehart Publishers.

Kiple, K. F. (Ed.) (1993). *The Cambridge world history of human disease*. Cambridge, U.K.: Cambridge University Press.

Mazumdar, S. (1999). The impact of New World food crops on the diet and economy of India and China, 1600–1900. In R. Grew (Ed.), *Food in global history* (pp. 58–78). Boulder, CO: Westview Press. Mintz, S. W. (1985). *Sweetness and power: The place of sugar in modern history*. New York: Penguin Books.

森林砍伐

人类对森林的砍伐、利用和焚烧已有 50 万年左右的历史了，随着人口的增长与扩散，森林在逐渐萎缩。毁林开荒一直是森林砍伐的主因，而伐木做原料和燃料在森林砍伐活动中也扮演了重要角色。

森林砍伐一词包罗广泛，涵盖了对树林的砍伐、利用和毁坏等含义。在它之下还包括其他活动，如烧火（家用取暖与烹饪、冶金、制陶）、盖房和做工具，还有将林地变为田地和牧场。森林砍伐是人类生存的基础，它涉及人类生活和世界历史的方方面面。从 50 万年前直立人出现开始，人们就在利用（及滥用）遍布大地的森林来获取食物、温暖和遮风避雨的住所。

在过去的年月（甚至现在），我们不太清楚森林砍伐的速度与地点。这取决于我们对三个基本问题的理解：森林究竟是指什么？在过去任一时间，森林的范围和密度是多少？如何称得上森林砍伐？说白了，人们可以把密度迥异的浓密树林和疏旷林地都称为森林。森林砍伐泛指任何改变森林原初状态的过程，从皆伐到疏伐再到偶尔放火。但我们不该忘记，森林会再生，而且速度和劲头往往惊人。每当压力一松，森林就会回来。在公元 800 年左右人口崩溃后的玛雅，在 1348 年后经历大瘟疫的欧洲，在 1492 年与欧洲初次相遇的美洲，还有分别于 1910 年后和 1980 年后弃耕农地的美国东部与欧洲，森林再生都有史可鉴。

现代之前（至 1500 年）

因为农作物的驯化与人口的增加及扩散都出现在林木繁多的环境中，所以世界各地的古代社会都对森林造成了缓慢却严重的影响。在欧洲中石器时代（公元前 9000—前 5000 年），人类在林地边缘放火，以方便狩猎。继起的新石器时代的农民（公元前 4500—前 2000 年）影响更大，他们用燧石斧和其他石斧砍倒森林，以便在肥沃的黄土地上精心播种果蔬并（粗放地）种植小麦。为了使饮食多样化，他们还在林地与牧场饲养大量的猪、羊、（尤其是）牛，以便获得肉、奶和血——可能还有奶酪。只有在稳定的定居社会，众多森林产品才会得到充分利用。有人做过计算，满足一个人的燃料、畜牧、建材与食物需求，平均需要 20 公顷的林地。

在亚洲南部和东南部的森林里，兴起了复杂且高度组织化的社会。人们在林中进行砍伐、刀耕火种和弃地他往的循环，还在园中精心种植水果、香料和蔬菜，并独具匠心地发明了水稻种植（水田）——这种技术能阻止新垦地的土壤侵蚀和矿物质流失，特别是在雨水丰沛的森林地区。牲畜，尤其是牛和猪的饲养，在这种经济形态中的各个部分都不可或缺。

有证据表明，美洲也经历了类似的进程。最早在公元前 1.2 万年，赤道高地雨林中出现了刀耕火种农业。从热带的墨西哥湾低地文明——奥尔梅克和玛雅——到亚马孙河流域组织程度不高的部落，雨林都遭到了砍伐与焚烧，经受了变迁或消亡。大片亚马孙森林，因人类对有用树种的选择与培育及不同的农业轮作周期，被无可挽回地改变了。因此，茂盛的雨林也可以被视作一种巨大的文化创造。在北美，最早（公元前 1 万年）的粮食种植区位于大陆南部和东南部的肥沃河

在亚洲部分地区，人们在有水灌溉的沙土上种植本地杂交杨树 (*Populus simonigra*)，并施以肥料让它们加速成林。

滩。与欧洲新石器时代的做法类似，河漫滩与河流阶地都被开垦成了农田，而随着精耕细作农业的扩展，阶地之上的斜坡也被改变了。但与欧洲新石器时代不同，狩猎在该地经济中所占的比重大得多。在北美大陆东部，温带林地是在后期（公元 800 年后）被开发的，但留下的印迹与河滩相同，都是精耕细作的田地、荒废的农田、早期次生林及（人为造成的）稀疏森林构成的"拼盘"。美洲与欧亚大陆的最大不同是缺少大牲口，大牲口一方面会啃食枝叶，另一方面让（伐树和焚林）建牧场变得有利可图，二者一起阻止了欧亚大陆的森林再生。

关于非洲森林砍伐的信息很少，除了在热带稀树草原中的林地及毗邻的西非林带外，它可能并不广泛存在。

总而言之，早期人类对森林的影响远比想象中大，它可能是历史上的几大森林砍伐期之一——这让原始森林成了对过去的浪漫想象和对现在的环保批评，除此之外，原始森林并不存在。

地中海盆地的古典文献首次提供了在造船、城市取暖、建筑与金属冶炼等领域使用木材的丰富细节，但在毁林开荒——一直是森林砍伐的主因，在当时肯定也遍地都是——上却耐人寻味地沉默。在之后的历史时期，毁林开荒仍是一个普遍现象。在开展农耕和生产粮食之前，先砍伐树木大概太平常了，以致根本不值一提，而移民模式与粮食产量显示出它必定广泛存在。

西欧和中欧的中古时期跟之前完全不同。那时，精力充沛、富有创造力且数量快速增长的人在特许状、地租清册、法院案件、田地样式和地名上留下了大量的森林砍伐记录。强烈的宗教信仰——人是在帮助神造的天地使其更完整，还有世俗和教会贵族（通过鼓励人们在森林边上居住）扩大租金收入的愿望，都推动了毁林开荒活动。此外，还有个体层面的动机，即个人也想通过毁林开荒来打破严苛的封建束缚，获取自由、财产和解放。

三种技术创新肯定帮助提高了农业产量。首先，一田休耕的二圃制被三圃制取代，这就缩短了休耕期。新耕作体系之所以可能，是因为燕麦和豆类等新作物肥沃了土壤，并且为人畜补充了营养。其次，由犁刀和犁板组成的重型铧犁出现，让耕作既可在松软土壤上进行，亦可在黏湿土壤（通常有森林丛生其上）上进行。第三，硬马轭与马蹄铁的发明，增加了马的速度与拉力，提高了犁耕效率，使马耕在与牛耕的竞争中胜出。这些创新背后的一大驱动力是人口增长（在650—1350年增加了6倍），因此需更多的粮食来避免饥荒。

从6世纪到中古末期，耕地在土地利用中的比例从5%上升到30%~40%。法国的森林面积从公元800年的3000万公顷减少到1300年的1300万公顷。德国和中欧的森林覆盖率，从900年的约70%降到1900年的25%。

多种因素相互交织，共同造就了研究中世纪技术史的史学家林恩·怀特所称的"中世纪农业革命"（1962, 6），它宣示人终于战胜了自然。它也将欧洲的重心从南转向北，从地中海周边的少数低地转向了卢

一名林业工人在埃勒坎达（Ellakanda）种植区砍树，这里是斯里兰卡班德勒韦拉（Bandarawela）的一个索道集材试验点。

瓦尔河、塞纳河、莱茵河、易北河、多瑙河与泰晤士河流经的森林密布的大平原。在那些地方发展出的中古时代的独有特征（技术能力、自信与变化速度等方面的提升），使欧洲在公元 1500 年后得以侵略并殖民世界其他地区。在那段全球扩张的漫长征程里，森林及其创造的财富发挥了关键作用。

中国肯定也出现了大规模森林砍伐的情况，但细节尚不清楚。它的人口从 1400 年的 6500 万 ~8000 万增加到 1770 年的 2.7 亿，农业用地则增加了 4 倍。华中和华南各地的大片森林定然被北方来的大量移民吞噬。

现代世界（1500—1900 年）

在 1492—1900 年约 400 年的时间里，欧洲突破了所在大陆的限制，对全球森林产生了深远影响。它的资本主义经济把它发现的几乎所有东西都变成了商品，把自然——无论是土地、树木、动物、植物还是人——都转化成了财富。随着人口稳步增长（从 1500 年的 4 亿左右到 1900 年的 16.5 亿左右），还有城市化与工业化（先是在欧洲，随后是 19 世纪中叶后的美国），社会对原材料和粮食的需求增加，全球森林资源面临着巨大压力。在新欧洲地区（主要在温带），移民社会建立起来。但只有到 17 世纪 50 年代，即旧大陆的致命病原体（如天花、麻疹和流感）把原住民几乎全部消灭后，永久性定居才真正开始。从旧大陆引入的农作物和牲畜适应良好。在土地自由占有、分散移居、"改良"、个人自由与政治自由等共同酝酿的社会气氛下，殖民在快速且成功地扩展着（但也出现了许多破坏环境的开发行为）。在所有移民社会，树木长势都被看作土壤肥力的一个很好的指标，树越大，它们就会越快被砍倒来为农场腾地儿。美国就是一个典型例子。拓荒的农民以"汗水、技艺和力量"（Ellis 1946, 73）英勇地征服了阴郁、野性难驯的荒野。林地开垦随处可见，它是农村生活不可或缺的一部分。到 1850 年左右，约有 46.03 万平方千米的密林被砍伐，到 1910 年，又有 77.09 万平方千米的森林被砍倒。法国旅行者沙特吕侯爵（Marquis de Chastellux）在 1789 年惊叹道：

> 这是美国的方式。100 年前，美国完全是一片广袤的森林，那里居住着 300 万人……4 年前，人们可以在丛林里走上 10 英里[1]……却看不到一处住宅。（Chastellu×1789, 29）

这是有史以来森林砍伐最严重的时期之一。加拿大、新西兰、南非和澳大利亚经历了类似的进程，拓荒者在森林中为自己和家人劈砍出了一条活路。到 20 世纪初，澳大利亚东南部有近 40 万平方千米的森林和疏林被开垦出来。

1　1 英里约等于 1.6 千米。——译注

在热带和亚热带森林，欧洲的殖民开发导致当地树木（如橡胶和硬木）遭到砍伐。之后，由奴隶或契约工培育的"种植园"作物系统地取代了原来的森林。典型例子是西印度群岛的暴利型糖料作物、巴西的亚热带沿海森林里的咖啡和糖、美国南部的棉花和烟草、斯里兰卡与印度的茶，还有之后马来西亚与印度尼西亚的橡胶。巴西东部原有 78 万平方千米的大片亚热带森林，由于农业开发和采矿，这些森林到 1950 年已消失了一半以上。到 1952 年，仅在圣保罗一州，其原有的 20.45 万平方千米的森林就减少到 4.55 万平方千米。

在全球商业市场的压力下，农民沦为帮凶。突出例子是 1850—1950 年英国殖民政府所鼓动的下缅甸农业扩展，此举导致约 3.5 万平方千米壮观的赤道雨林被破坏，取而代之的是水稻田。在整个南亚次大陆，早期的铁路网延伸意味着小农种植的各种农作物面积在扩

威斯康星州的阿普尔顿造纸厂，约 1898 年。随着对纸质和木质产品的需求激增，20 世纪森林砍伐的速度更快，工厂和城市的用地需求则让森林进一步萎缩。美国国会图书馆。

大——往往以市场为导向，它造成了遍地的毁林开荒。

　　尚未被殖民的亚洲社会也同样在积极且无情地对它们的森林进行商业开发，跟欧洲社会并无不同。例如，有证据表明，16世纪之后的印度西南部与中国中南部（湖南省）也对森林进行了开发，说明此类做法源远流长。在印度，本地永久性农业开发与游耕并存，乡村委员会控制着农民的森林开发。不过，森林并不被视为集体资源，大地主掌管当地的森林利用，而像白檀、黑檀、肉桂和胡椒这样的稀缺商品，则受政府和（或）皇室掌控。在中国湖南省，高度集权的政府鼓励土地开垦，以提高地方政府收入，扩大税收基础，进而养活更多的官吏和民团。后来，国家还鼓励人们迁到华南的山林地区。简而言之，由于人口增加和社会日趋复杂，世界各地的森林都遭到了开发，森林规模不断缩小。比起后来欧洲人携其新目标、技术与洲际贸易网造成的变化，这时亚热带世界的变化只是稍慢，但同样严重。1860—1950年，虽然不知其毁林方式，但南亚和东南亚有21.6万平方千米的森林和6.2万平方千米的次生林或疏林被毁作农田。

　　在过去数百年中，森林砍伐也在欧洲本土如火如荼地进行，此时欧洲正经历内部殖民。这种情况在中欧的俄罗斯混交林区尤为明显，在1700—1914年左右，该地有6.7万平方千米的林区被毁林开荒。

　　所有社会都在不停地追逐新农田和居住区，而对森林自身产品的追求亦不在少数。例如，欧洲对战略性海军补给品（桅杆、沥青、焦油、松节油）和船用木料的追求，给15世纪之后的波罗的海沿岸林区和约1700年后的美国南部森林造成了巨大冲击。自18世纪初以来，来自热带硬木林中的柚木、桃花心木等又被用作替代性造船材料。

过去一百年

　　20世纪前50年，变革的步伐在加快。西方国家对木材的需求增加了。新的用途（纸浆、纸、包装材料、胶合板、硬纸板）和木料本身的无可替代性，使木材的使用量增加，能源生产、建筑和工业等传统行业的木材用量则在继续扩大。木材在西方经济诸方面的无可替代性，让它具备了与如今的石油相似的战略价值。在热带地区，人口在11亿人口基数上又有超过5亿的巨大增长，使为了生计而进行的毁林开荒广泛存在，同时还伴随商业型种植园农业的扩展。在1920—1949年，共有约235万平方千米的热带森林消失。在那些年里，整个世界上唯一鼓舞人心的现象就是退耕还林。它始于美国东部，新英格兰地区放弃了难耕之地，转向了易耕的开阔草地。接着，南方各州放弃了一些棉田与烟草地。北欧的"边缘"农场也出现了类似的进程。

最广为人知的森林砍伐——提到这个词时人人都会想到的现象——发生于1950年后。从那时起，温带（软木）针叶林大体满足了工业社会对木材和纸浆的需求，但森林砍伐的焦点已毅然转向热带地区。在那里，良好的健康和营养状况导致人口爆炸，该地区又增加了35亿~40亿人。新增的往往是无地之人，他们迁到森林深处，甚至迁到了森林的陡峭坡地。脚下的土地若非己有，就不会致力于可持续性管理。此外，链锯和卡车使雄心勃勃的个人也能像大公司一样去干毁林之事。自1950年以来，约有750万平方千米的热带森林消失，中美洲和拉丁美洲尤为突出。热带硬木森林正被快速砍伐用作建材，而在非洲、印度和拉丁美洲，还有树木被大量砍伐作为家庭燃料。从全球来看，目前用作燃料的木材采伐量与建材的采伐量大致相当，前者为18亿立方米/年，后者为19亿立方米/年。随着世界人口的增长，用作燃料的伐木量预计将迅速增加。

未来

漫长而复杂的森林砍伐史，是世界历史的重要组成部分。它是陆地变迁的主要原因之一，人类借此改造地表，时至今日已逼近极限。有一点是肯定的：随着世界人口的不断增加（到2020年将再增加20

亿~30亿人），很多人都希望开发资源，因而森林砍伐的进程不会终结。其他人则希望限制人类对森林的利用并保护它。开发与保护间的关系将十分紧张。

迈克尔·威廉斯（Michael Williams）
已故，生前就职于英国牛津大学奥里尔学院

另见《木材》《树》。

延伸阅读

Bechmann, R. (1990). *Trees and man: The forest in the Middle Ages* (K. Dunham, Trans.). St. Paul, MN: Paragon House.

Bogucki, P. I. (1988). *Forest farmers and stockholders: Early agriculture and its consequences in north-central Europe*. Cambridge, U.K.: Cambridge University Press.

Chastellux, F. J., marquis de. (1789). *Travels in North America in the Years 1780, 1781, and 1782* (Vol. 1). New York: White, Gallacher and White.

Darby, H. C. (1956). The clearing of the woodland in Europe. In W. L. Thomas (Ed.), *Man's role in changing the face of the Earth* (pp. 183–216). Chicago: University of Chicago Press.

Dean, W. (1995). *With broada×and firebrand: The destruction of the Brazilian Atlantic forest*. Berkeley: University of California Press.

Ellis, D. M. (1946). *Landlords and farmers in Hudson-Mohawk Region, 1790-1850*. Ithaca, NY: Cornell University Press.

Meiggs, R. (1982). *Trees and timber in the ancient Mediterranean world*. Oxford, U.K.: Oxford University Press.

Nielsen, R. (2006). *The little green handbook: Seven trends shaping the future of our planet*. New York: Picador.

White, L., Jr. (1962). *Medieval technology and social change*. Oxford, U.K.: Oxford University Press.

Williams, M. (1989). *The Americans and their forests*. Cambridge, U.K.: Cambridge University Press.

Williams, M. (2003). *Deforesting the Earth: From prehistory to global crisis*. Chicago: University of Chicago Press.

沙漠化

关于当前耕地变成沙漠的速度、人类活动在其中的作用以及沙漠化过程是否可逆等问题，专家们意见不一。然而，一些事件，如20世纪30年代美国的沙尘暴，有力证实了人类滥用土地与沙漠化之间的联系。

沙漠化是土地变成沙漠的过程，原因包括人类管理不善或气候变化。对于它的定义、性质、原因、扩张速度及是否可逆，众说纷纭。尽管如此，它仍是干旱地区土地严重退化的标志。在过去的数百万年里，沙漠在气候变化影响下不断扩张和收缩。时至今日，多重人类压力仍不断加码，使沙漠边缘的土壤和植被资源趋于耗竭。

1949年，一位名叫奥布雷维尔（Aubreville）的法国林学家第一次使用了"沙漠化"这个词，但没有正式界定它。之后许多年，沙漠化被看作是"由于人类的影响或气候变化，沙漠环境在干旱或半干旱地区的扩张"。（Rapp 1974, 3）

不同专家根据沙漠化的成因来给沙漠化下定义。有些定义强调的是人为活动的重要性。科学家哈罗德·E.德雷涅（Harold E. Dregne）说："沙漠化是陆地生态系统在人类影响下的贫瘠化。它是生态系统的退化过程，衡量因素包括：有用植物生产力的下降程度、生物量的减少程度、微观和宏观动植物群落多样性的减少程度、土壤退化速度以及不

利于人类利用土地因素的增加程度。"（Dregne 1986，6-7）

其他研究也承认人类控制（自然）气候的可能性与重要性，但认为它的作用没有那么大。在一份提交给美国内政部土地管理局的报告中，沙漠化被定义为"由于人为压力（有时与极端自然事件一起），干旱和半干旱土地的生物生产力持续下降和（或）被破坏。这种压力，如果持续下去或不加抑制，日积月累，可能导致生态退化，并最终造成沙漠环境"。（Sabadell et al. 1982, 7）

其他专家在处理人为原因与自然原因上更为平衡："'沙漠化'的意思简单而生动，它是指曾经的绿地发展成沙漠。它的实际含义……是说，随着某些自然和人为环境改变，干旱地区的有用作物产量持续下降。"（Warren and Maizels 1976, 1）

专家们无法确定沙漠化的范围或推进速度。由于对前一过程观点无法达成一致，确定后一过程也变得困难，这让一些人慨叹："对很多人来说，沙漠化将是一个暂时性概念，直到在实际测量基础上，对沙漠化的扩张范围与增长速度做出更好的评估。"（Grainger 1990, 145）

在推动沙漠化成为一个环境问题这件事上，联合国环境规划署（UNEP）发挥了关键作用，这一点在《1972—1992年世界环境》（*The World Environment 1972–1992*）的声明中表现得很清楚："沙漠化是旱地的主要环境问题，而旱地占全球土地总面积的40%以上。目前，沙漠化威胁着约36亿公顷的土地，占旱地面积的70%左右，占世界土地总面积的近四分之一（这些数据不包括自然形成的超干旱沙漠），波及世界人口的六分之一。"（Tolba and El-Kholy 1992, 134）

然而，一些学者对联合国环境规划署关于沙漠化土地面积的说法持批评态度。他们声称："此类数据的基础，说好听点儿是不准确，说不好听点儿仅仅是猜测。现在所提的沙漠化概念可能只是一种有用的宣传工具，不能反映沙漠化的实质。"（Thomas and Middleton 1994, 160）

尽管受到批评，联合国环境规划署仍在继续沿用沙漠化问题的相关说法。它帮助制定了《联合国防治荒漠化公约》（UNCCD），并将每年

这个毛里人在沙地上写的是 Arbweir，是欣盖提（Chinguetti）的古名。这座古城建于公元 10 世纪，被认为是伊斯兰教的第七大圣城，如今已被黄沙掩埋。联合国粮食及农业组织。

的 6 月 17 日定为"世界防治荒漠化和干旱日"。这些由联合国环境规划署和《联合国防治荒漠化公约》所支持的全球年度活动，旨在推广和提高人们对沙漠化问题的认识。2006 年，联合国环境规划署将世界环境日（每年 6 月 5 日）的重点放在沙漠化问题上，主题是"莫使旱地变沙漠"。

沙漠化速度

关于沙漠的推进速度，专家们的可靠研究不多。1975 年，英国生态学家休·兰普瑞（Hugh Lamprey）试图测量出苏丹植被带的变化，他得出的结论是：1958—1975 年，苏丹境内的撒哈拉沙漠推进了 90~100 千米，年均速度约为 5.5 千米。然而，其他学者通过分析遥感数据和地面观测发现，能够确证这种推进发生的证据有问题（Helldén 1984）：植被生产可能年复一年地发生大幅波动。气象卫星曾观测到，撒哈拉沙漠南端的绿色生物量生产水平，就呈现出这种波动。

在 20 世纪 80 年代末和 90 年代初，荷兰的国际土壤参比中心

（International Soil Reference Center）为联合国环境规划署进行了一次全球土壤退化评估。该中心使用地理信息系统来分析数据（它们界定清晰，但主要是通过定性方法收集）。尽管存在缺陷，但"人类活动引发的全球土壤退化评估"（GLASOD）项目提供了一个数据库。通过它，专家们可以从空间分布、引发退化的过程以及与土地利用的关系等方面来评估潜在的旱地土壤退化。

据全球土壤退化评估库估计，在 20 世纪 80 年代末和 90 年代初，约有 10 亿公顷旱地（相当于易退化旱地的 20%）因人类活动而发生了土壤退化加快现象。其中，多数退化是由水蚀和风蚀这两种物理退化造成的，占比分别为 48% 和 39%；化学退化（包括盐渍化）的地区占比为 10%，土壤板结等物理变化造成的退化仅占 4%。在这些易退化旱地中，有 4% 被全球土壤退化评估库评为严重退化或极度退化。这 4%的土地，其土壤的原有生物功能已被毁坏殆尽，除非采取重大修复措施，否则无法复耕。

沙漠化的空间特性也是争论的主题。人们普遍认为，沙漠环境的扩展就像海浪吞噬海滩那样，是齐头并进的。实则相反，它就像疹子一样，倾向于点状突破。从根本上说，"沙漠环境的扩张，往往是由外力作用累积而非沙漠内部推动造成的"。（Mabbutt 1985，2）这种差别意义重大，因为它影响到对修复或整治策略的认识。

专家们对沙漠化是否可逆说法不一。在很多情形下，由于存在深层沙质土壤等有利的生态因素，等到极端压力消失，植被就会恢复。恢复的速度取决于先前土壤退化的程度、退化面积的大小、土壤和水分及当地植被的性质。很多沙漠植被是为干旱和严酷环境而生的，这种内在适应力让它们在条件改善时能迅速恢复。

不过，对其他地区的长期监测表明：出于某些原因，沙漠化之后恢复的速度缓慢且有限，因此称之为"不可逆转的沙漠化"可能是适当的。如在突尼斯南部，二战时坦克和车辆在地面和被碾死的植被上留下的辙印，仍清晰可见。

沙漠化的成因

　　沙漠化的成因众说纷纭。专家们争论的是，到底是短时大旱，长期气候变化，还是人类行为酿成了干旱地区生物环境的退化。大旱确有发生，而且随着人口与家畜数量的增加，它们的危害愈发严重。萨赫勒（撒哈拉沙漠南端的半沙漠地区）在 20 世纪 60 年代中期以后发生的大旱，比 1910—1915 年以及 1944—1948 年的干旱造成的生态压力更大，主要原因就是人为压力的不断增加。

　　专家们已经证实，后冰期气候逐渐干燥导致气候恶化的观点是不可信的。即使研究了大量气象数据（有些可追溯 130—150 年），专家们仍无法就降雨量的系统性长期变化得出任何可靠结论，而气候恶化——无论是自然的还是人为加剧的——也就无法得到证实。实际上，在考虑了气候变化对沙漠化造成影响的证据之后，拉普得出的结论是：

一名北非男子正从自流井中汲水灌田。在这片干旱地区，获取充足用水也是养牛的必要条件。感谢联合国粮食及农业组织提供的照片。

"20 世纪气候变干的总体趋势，无法解释撒哈拉沙漠南北移动的所谓沙漠化现象。"（Rapp 1974, 29）

树木砍伐是撒哈拉以南地区植被退化的一个重要原因。许多人的家庭生活都离不开木头，在大型城市中心附近，砍树（用作木炭和木柴）现象尤其严重。同样，近期出现的钻井技术令家畜数量剧增，使水井周边 15~30 千米范围内的植被遭到大规模毁坏。考虑到这种退化为本区域所特有，在当地植树等改良方案可能部分有效，但是沿着沙漠边缘大面积植树（作为防护带）的想法无法阻止土地退化。这里的沙漠不是外部侵入的，而是内部恶化造成的。

因此，人类活动（如森林砍伐、过度放牧和犁耕）确实与偶然出现的一系列干旱年份一起，造成了如今所见的沙漠化。沙漠化最活跃的不是沙漠内部，而是沙漠四周不那么干旱的边缘地带。正是半干旱和半湿润地区所特有的几种条件——雨大且多，足以让裸露的泥土快速流失，并且人类容易将暂时有利的气候条件下的短期经济获益，误认为是长期稳定的收益——综合作用，才导致了沙漠的扩张。

这些错误的土地利用行为与趋势，部分是因为很多传统游牧社会被国家边界强行分割（从而限制了迁徙路线），部分是那些鼓励游牧走向定居的计划造成的——有些传统牧区已被从事经济作物种植的农民所占据。传统迁移方式的好处是能令牧民及其牲畜根据季节和年降雨量的变化灵活利用资源，即使长期利用致使资源枯竭，他们也可迁到他处。一旦迁移中止，定居实行，土地就会发生严重退化。

人们认为，沙漠不仅是人类活动扩大的，其本身也是人类活动造成的。有人提出，印度西北部的塔尔沙漠就是后冰期时代的产物，可能是在中世纪后才出现的。还有人提出，浩瀚的撒哈拉沙漠很大程度上是人为产物。（Ehrlich and Ehrlich 1970）后一种说法并不准确，撒哈拉的面积虽有波动，但它已有数百万年的历史，早于人类生命的出现，因此是气候造成的。

在风蚀造成的沙漠化案例中，最著名的可能是 20 世纪 30 年代的美国沙尘暴。那场沙尘暴，部分成因是一连串异常炎热和干燥的年份减少了地表植被，使土壤裸露且干燥，容易被风吹走。不过，多年来的过度放牧、耕作技术的落后以及小麦种植在大平原的迅速扩张，都加重了干旱的危害。一战期间，成千上万的拖拉机（第一次）被投入使用，耕地面积翻了一番。仅在堪萨斯一州，小麦种植面积就从1910年的不足200万公顷增加到1919年的近500万公顷。战后，联合收割机的发明和政府的援助，使小麦种植面积继续高速增长。之前让拓荒者烦恼的硬草皮，现在变成了易碎的泥土。干旱降临到破损的土地上，造成了"黑沙暴"。

在美国部分地区，沙尘暴仍是一个严重问题。例如，1977年在加利福尼亚的圣华金河谷，一场沙尘暴造成了巨大的破坏和侵蚀。在24小时内，2200多万吨土壤被从牧场吹走。尽管干旱和大风（高达300千米/小时）是这场风蚀的自然诱发条件，但过度放牧和农地普遍缺少防护林所起的作用更大。此外，在播种之前，很多土地上的植被被清除、毁掉并翻犁。其他一些次要因素还包括：城市扩张中植被清理，油田附近土地大面积剥蚀，还有自驾游造成的当地土地剥蚀。在加利福尼亚州其他地方，干湖床采矿和对干盐湖（底部平整的沙漠盆地，有时会变成浅湖）的侵扰，亦让沙尘大量增加。

苏联也发生了沙尘暴快速出现的现象，堪与美国的沙尘暴相提并论。在20世纪50年代，"处女地"农业扩张计划实施后，鄂木斯克南部地区的沙尘暴袭击频率平均增加了1.5倍，局部增加了4~5倍。

沙漠化并不局限在人口稠密的农业和畜牧业地区。美国大平原和加利福尼亚的例子表明，高科技、粗放型的土地和水资源利用也可能导致土地严重退化。

人为造成的沙漠化不是新鲜事。尽管谈到沙漠化时，人们往往关注的是20世纪30年代的沙尘暴岁月和现在萨赫勒地区的退化，但从古典时期开始，它就一直是地中海地区的一大热门话题。同样，有证据表明，4000多年前的两河流域就因为灌溉技术的使用和推广而遭遇了土壤的化学退化和农作物减产。不过，土地退化并非人口密度增加和土地使用加剧的必然后果，而且有很多技术可以让沙漠变绿洲。

安德鲁·S. 戈迭（Andrew S. Goudie）
英国牛津大学圣十字学院

另见《气候变化》《森林砍伐》《沙漠》《水》《水资源管理》。

延伸阅读

Coffey, M. (1978). *The dust storms.* Natural History, 87, 72–83.

Dregne, H. E. (1986). Desertification of arid lands. In F. El-Baz & M. H. A. Hassan (Eds.), *Physics of desertification* (pp. 4–34). Dordrecht, The Netherlands: Nijhoff.

Dregne, H. E. & Tucker, C. J. (1988). Desert encroachment. *Desertification Control Bulletin*, 16, 16–18.

Ehrlich, P. R. & Ehrlich, A. H. (1970). *Population, resources, environment: Issues in human ecology.* San Francisco: Freeman.

Gill, T. E. (1996). Eolian sediments generated by anthropogenic disturbance of playas: Human impacts on the geomorphic system and geomorphic impacts on the human system. *Geomorphology*, 17, 207–228.

Goudie, A. S. (Ed.) (1990). *Desert reclamation.* Chichester, U.K.: Wiley.

Goudie, A. S. & Middleton, N. J. (1992). *The changing frequency of dust storms through time.* Climatic Change, 20, 197–225.

Grainger, A. (1990). *The threatening desert: Controlling desertification.* London: Earthscan.

Grove, A. J. & Rackham, O. (2001). *The nature of Mediterranean Europe: An ecological history.* New Haven, CT: Yale University Press.

Helldén, V. (1984). Land degradation and land productivity monitoring—needs for an integrated approach. In A. Hjort (Ed.), *Land management and survival* (pp. 77–87). Uppsala, Sweden: Scandinavian Institute of African Studies.

Jacobsen, T. & Adams, R. M. (1958). Salt and silt in ancient Mesopotamian agriculture. *Science*, 128, 1251–1258.

Mabbutt, J. A. (1985). Desertification of the world's rangelands. *Desertification Control Bulletin*, 12, 1–11.

Marsh, G. P. (1864). *Man and nature.* New York: Scribner.

Middleton, N. J. & Thomas, D. S. G. (1997). *World atlas of desertification* (2nd ed.).

London: Arnold.

Nicholson, S. (1978). Climatic variations in the Sahel and other African regions during the past five centuries. *Journal of Arid Environments*, 1, 3–24.

Rapp, A. (1974). *A review of desertification in Africa—water, vegetation and man.* Stockholm, Sweden: Secretariat for International Ecology.

Sabadell, J. E., Risley, E. M., Jorgensen, H. T. & Thornton, B. S. (1982). *Desertification in the United States: Status and issues.* Washington, DC: Bureau of Land Management, Department of the Interior.

Thomas, D. S. G. & Middleton, N. J. (1994). *Desertification: Exploding the myth.* Chichester, U.K.: Wiley.

Tiffen, M., Mortimore, M. & Gichuki, F. (1994). *More people, less erosion: Environmental recovery in Kenya.* Chichester, U.K.: Wiley.

Tolba, M. K. & El-Kholy O. A. (Eds.) (1992). *The world environment 1972–1992: Two decades of challenge.* London: UNEP Chapman and Hall.

United Nations Environmental Programme (UNEP) (2006). *Don't desert drylands: United Nations environment programme message on world environmental day.* Retrieved December 24, 2009, from http://www.unep.org/wed/2006/downloads/PDF/UNEPWEDMessage06_eng.pdf.

Warren, A. & Maizels, J. K. (1976). *Ecological change and desertification.* London: University College Press.

沙漠

　　沙漠分为热带沙漠和温带沙漠两种类型，它们约占陆地面积的三分之一。一般认为，沙漠地方大、资源少。但在历史上，沙漠地带有用与否不光取决于气候，还取决于它与特定社会的互动。通过分析采集–狩猎社会和游牧社会，我们就会知道沙漠地区对人类的发展影响巨大。

　　沙漠大约覆盖了陆地的 30%。它们可粗略分为两大类：热带沙漠（热带和亚热带沙漠）和温带沙漠（中纬度沙漠）。热带沙漠气温全年维持在高温或极高温，位于两个半球的热带附近，南北纬 20°~30°。在温带沙漠，冬夏温差变化很大（在冬季，至少有一个月的平均温度在 5℃以下，雪也可能数天不化）。这两种沙漠主要分布在欧亚大陆内部和北美西南部。除了这两大类以外，还有其他一些类型，它们与热带沙漠有点儿像，却是受不同因素——如寒冷的沿海洋流——影响而形成的。

　　尽管类型多样，地球上的沙漠地带也有一些共同特点，主要是过度干旱——由高温、稀少和不规律的降雨导致。不规律的降雨也解释了沙漠生态系统的另一个典型特征：平均生物量极少，而且不同地区生物量差别很大。

　　除了地下深处的资源（直到 20 世纪，它们大都处于未开发状态）

外，沙漠还提供了两种重要的自然资源：稀少但四时皆有的水和食物、偶尔出现却很丰富的资源（例如有可能在大雨突降后出现的一片草场）。无论如何，必须强调的是，沙漠的某些方面到底被视为限制还是资源，取决于特定社会与干旱环境在技术和社会关系方面的互动。

采集-狩猎社会

在某些半干旱地区，采集-狩猎社会存续了下来，在美国存在到19世纪，在澳大利亚和非洲西南部存在到20世纪。总的来说，这些社会几乎没有能力改变其环境（尽管他们有时用火），而且他们赖以为生的是散落四方、自我繁衍的天然资源。他们都显示出了对自身所处的生态系统的惊人了解，并且能够利用各种各样的生态位，而这些生态位构成了他们的生产基础。他们三五成群地生活在临时水源周围。当水源干涸或离水源不远的资源耗尽时，他们只好离开去寻找另一处水源。这意味着他们一直在迁徙。缺水对他们来说几乎是一种绝对限制：如果食物在离水源过远的地方，他们便无法利用，那种食物也就算不上资源了。本地不同族群之间，一地或附近地区的相邻族群之间，

欧仁-亚力克西·吉拉尔代（Eugène-Alexis Girardet），《沙漠商队》（*Caravan in the Desert*），布面油画。流动性和居无定所一直是沙漠民族的巨大军事优势。

都结成了密切的姻亲关系或联盟。在极端干旱或食物短缺之时，这些社会关系使他们能进入其亲属和盟友占据的地盘。有人认为，一些澳大利亚原住民的亲属系统极为复杂，在不同的群体之间形成了牢固的责任纽带，这可能是适应干旱环境不确定性的一种方式。

游牧之民

数千年来，在欧亚大陆和非洲的沙漠，典型的生活方式一直都是游牧（在美洲或澳大利亚沙漠却并非如此），这种复杂精妙的生存模式在旧大陆历史上起着重要作用。多数研究者认为，在新石器时代农业和畜牧业到来后，游牧生活就出现在了农业区的边缘，即那些因干旱而无法发展定居农业和牲畜养殖的地区。

游牧生活的专长在于利用混合经济（定居农业和牲畜养殖）所无法利用的生态位。看上去，几乎所有游牧社会都直接或间接地起源于近东。该地区在夏季极端干旱（或者说它是一种明显的干旱气候），在这里栖居的野生动物（山羊、绵羊、单峰驼）有两个独有特征：它们容易驯养且多少能天然适应（或在人类的帮助下变得适应）干旱或半干旱环境。在亚洲和美洲的其他早期农业和畜牧业中心，都没有此类动物存在。有人认为，游牧生活独立发源于撒哈拉沙漠，但这一说法尚存争议。

游牧生活的第二大起源中心可能是俄罗斯南部大草原：大概是在公元前3—前2世纪，在东欧的混合经济社会中出现。在俄罗斯南部，马在约公元前3000年被驯化，这给了放牧山羊和绵羊（源自近东）的人以极大便利。这一假说认为，公元前3000—前2000年双峰驼——与单峰骆驼相似，但更能适应寒冷的冬季——的驯化，让牧民得以穿越中亚沙漠。高加索木乃伊（有些来自公元前2000年）以及在塔克拉玛干沙漠（位于中国西北部的新疆）中发现的印欧语文献，都可以证明这一穿越的范围。

　　分析游牧社会与环境的互动方式，有助于我们了解干旱和半干旱地区对欧亚与非洲文明发展所施加的巨大影响。游牧生活本质上是一种不稳定和扩张的生存方式。在干旱环境下，畜群的规模和种类变动很大。人类学研究与计算机技术都证明，单是一群绵羊或山羊都有爆炸性增长的潜力。游牧社会利用这种潜力聚拢了大量牲口。从基本生产单位角度说，这是对环境变动的一种明智和适应性应对，但从地区范围上看，它却为社会和生态灾难埋下了隐患。可以断言，游牧民族虽然并未有意识地去改变环境，却造就了适合自己的草地和沙漠。此外，骤然变动与扩张倾向的结合，造就了游牧社会的另一个著名特性：迁徙路线上快速而猛烈的转向——在历史上，这种转向有时表现为对定居文明的入侵或攻击。人们应该记住的是，流动性和居无定所一直让沙漠民族拥有巨大的军事优势。

　　游牧者以小生产单位（家庭或营地）的形式利用其资源，但与采

高大的巨柱仙人掌，位于亚利桑那州图森市外，5 月和 6 月间盛放于美国西南部的温带沙漠。简·索耶（Jane Sawyer）摄（www.morguefile.com）。

集-狩猎者一样，这些基本单位往往凭借亲属关系相互联结。正是这些联结构成了组织迁徙路线、控制牧场使用权及应对环境变化的更大单位的基础。事实上，正是作为这些更大单位的一员，才让他们有权使用领地及其资源。和许多采集-狩猎社会一样，游牧者之间的亲属关系非常重要，因为它们起着经济组织的作用。尽管如此，采集-狩猎者与游牧者跟自然的关系却大不相同。采集-狩猎者在不同的地方和季节利用各种各样的生态位，游牧者总是利用相同的基本资源，即不同环境区域或同一环境区域的牧场。采集-狩猎者的领地系统建立在迁徙之地的资源之上，而游牧者却可以带着全部生产性基础设施迁移，几乎不用考虑能否获取当地的微型资源（如小型哺乳动物与鸟类、野生坚果和水果，这些对采集-狩猎者都很重要）。对采集-狩猎者来说，沙漠中辽阔的无水之地是一种限制，让他们难以利用远离水塘与溪流的资源。对于游牧者来说，这些空间只是一种相对限制，因为他们能用牲口驮着水进行长途跋涉。

贸易线路和绿洲

从大西洋到中国西部，沙漠形成的巨大干旱带将旧世界的几大文明分隔了数百年。这些游牧者在不断寻找新牧场的旅途中，发现了可以让中国丝绸穿越中亚沙漠到达欧洲的路线，它也能使黄金、象牙和奴隶从热带非洲越过撒哈拉沙漠到达地中海地区。他们成了不同生态和文化区域的中间人，把非洲、欧洲和亚洲农业社会的剩余产品转移到干旱地带。因此，在绿洲和沙漠边缘，在极为贫乏的环境中，出现了极度富裕的城市，如帕尔米拉、佩特拉、撒马尔罕、通布图和阿尔梅里亚。在中世纪，从文化上统一亚非两洲沙漠的伊斯兰文明，其财富跟它对遥远文明之间的贸易的控制及干旱地区的灌溉系统密切相关。

绿洲，如海中之岛，在贸易路线上扮演着关键角色。如果没有农业，人类将无法在这些内陆岛屿中生活，而在沙漠里种植农作物的主要制约因素就是水。绿洲农业的特点，就是以巧妙的技术和复杂的灌溉系统来提取和利用浅层地下水。中世纪阿拉伯人的扩张，有助于水利技术和农作物扩散到不同地区。其结果是出现了几乎不受干旱气候环境制约的农业生态系统，在这个系统中，人们可以从不同地区引入物种。在发现美洲之前，史上最大规模的蔬菜品种移植出现在中世纪的伊斯兰世界，而它跨越的正是亚非两洲的沙漠和绿洲。

胡安·加西亚·拉托雷（Juan García Latorre）
干旱区域景观研究协会

另见《沙漠化》。

延伸阅读

Amin, S. (1972). Sullo svilupo desiguale delle formazioni sociali. Milan: Terzo Mondo.

Barich, B. E. (1998). *People, water and grain: The beginnings of domestication in the Sahara and the Nile Valley*. (Studia Archaeologica No. 98.) Rome: "L'Erma" di Bretschneider.

Clouldsley-Thowson, J. L. (Ed.) (1984). *Sahara desert*. Oxford, U.K.: Pergamon Press.

Cremaschi, M. & Lernia, S. (Eds.) (1998). *Wadi Teshuinat: Palaeoenviroment and prehistory in south-western Fezzan (Lybian Sahara)*. Florence, Italy: C.I.R.S.A.

Cribb, R. (1993). *Nomads in archaeology*. New York: Cambridge University Press.

Evenari, M., Schulze, E.-D., Lange, O. L. & Kappen, L. (1976). Plant production in arid and semi-arid areas. In O. L. Lange, L. Kappe & E.-D. Schulze (Eds.), *Water and plant life* (pp.439–451). Berlin: Springer-Verlag.

Godelier, M. (1984). *L' idéel et le matériel*. Paris: Librairie Arthème Fayard.

Gumilev, L. N. (1988). *Searches for an imaginary kingdom: The legend of the kingdom of Prester John*. Cambridge, U.K.: Cambridge University Press.

Harris, D. R. (Ed.) (1996). *The origins and spread of agriculture and pastoralism in Eurasia*. Washington, DC: Smithsonian Institution Press.

Howell, N. (1979). *Demography of the Dobe Arca Kung*. New York: Academic Press.

Hunter-Anderson, R. L. (1986). *Prehistoric adaptation in the American South-West*. Cambridge, U.K.: Cambridge University Press.

Jabbur, J. S. (1995). *The Bedouins and the desert*. New York: State University of New York Press.

Khazanov, A. M. (1984). *Nomads and the outside world*. Cambridge, U.K.: Cambridge University Press.

Lee, R. B. (1979). *The !Kung San: Men, women and work in a foraging society*. Cambridge, U.K.: Cambridge University Press.

McNeill, J. (2001). *Something new under the sun: An environmental history of the twentieth century*. London: Penguin History.

Renfrew, C. (1987). *Archaeology and language: The puzzle of Indo-European origins*. London: Jonathan Cape.

Schultz, J. (1995). *The ecozones of the world: The ecological divisions of the geosphere*. Berlin: Springer-Verlag.

Shmida, A., Evenari, M. & Noy-Meir, I. (1986). Hot deserts ecosystems: An integrated view. In M. Evenari, I. Noy-Meir & D.W. Goodall (Eds.), *Hot deserts and arid shrublands*(Vol. B., pp.379–387). Amsterdam: Elsevier.

Webb, J. L. (1995). *Desert frontier: Ecological and economic change along the western Sahel, 1600–1850*. Madison: University of Wisconsin Press.

West, N. E. (Ed.) (1983). *Temperate deserts and semi-deserts*. Amsterdam: Elsevier.

动物疫病

纵观人类历史，每一种改变社会信仰的瘟疫暴发都源于人类的动物亲戚。它们"跨越物种界限"，传染给了人类。在讨论疾病对人类历史的影响时，区分动物疾病与人类疾病没有意义。

必须强调的是，由于人类是哺乳动物，在其他非人类动物（尤其是其他哺乳动物）身上发现的疾病，往往很容易交叉传染给人类。呼吸传染病和接触传染性强的疾病影响最为重大，非传染性疾病对历史的影响几近于无。从定义上说，传染病是指能迅速从感染者传播到健康个体的疾病。被感染的个体要么死去，要么在短时间内完全康复，那些康复的个体会获得免疫力，不会再次感染同一种病原体。

从人数上看，人类历史上有记载的单次规模最大的传染病是第一次世界大战末期暴发的一场流感，它造成了 4000 万人死亡。有据可查的影响最大的传染病，是 14 世纪中叶那场造成西欧 25% 以上人口死亡的腺鼠疫。尽管没有记载，但对人口和历史综合影响最大的，是欧洲人及其家畜传到美洲的一系列瘟疫。它们在此前从未接触过欧亚大陆疾病的人群中传播，特别是在那些遭受殖民主义多重伤害——暴力、奴隶制、生计无着——的群体内，传播致死率一般在 90%~95%。总的来说，这些疾病在美洲造成的死亡人数可能高达 1 亿。

著名的动物传人的疾病，有天花、霍乱、结核病、腺鼠疫和流感。

虽然艾滋病是现代世界一个潜在的重大健康威胁，但它只能靠接触传染，既不能靠非接触传染，也不是急性的。近年来，其他诸如口蹄疫、汉坦病毒和被称为"疯牛病"的动物疾病也造成了恐慌，但在通常意义上讲，这些可能根本称不上疾病。与前面提到的其他疫病的影响相比，这些疾病危害很小，尽管它们得到了更多的公众关注（原因可能是媒体引发的恐慌，再加上多数人事实上并不了解各种疾病是如何传播的）。

动物传给人的多数疾病都是由细菌和病毒引起的，它们个头小，就像悬浮微粒一样具有高度挥发和传播性，更容易在个体之间传播，这是疫情蔓延的基础。有些疾病，如疟疾和昏睡病，是由原生生物——比细菌或病毒大得多的单细胞真核生物——引起的。原生生物个头大，这意味着它们无法像悬浮微粒一样传播，因此主要是通过注射的方式传播，例如昆虫叮咬，这就使它们的传染性大大降低。

引发传染病的多数微生物，是在与其他非人物种的互动中共同演化的。那些非人物种已经演化出了对这些致病生物的免疫反应，所以致病生物对原来宿主物种的健康和种群数量都不构成严重威胁。多数传染病之所以对人类如此致命，是因为我们第一次接触这些病原体，还没有演化出对它们的免疫反应。例如，天花与牛痘有关，后者对牛来说问题不大，但它在人体内的变异形式往往是致命的。同样，艾滋病毒与非洲灵长类动物身上出现的一种病毒感染关系密切，但在后者身上，它只会引起轻微的类流感症状。其他例子还包括麻疹（与牛瘟这种有蹄类动物疾病密切相关）、结核病（与牛身上的类似疾病关系密切）、流感（由猪和鸡鸭等禽类中出现的类似病原体，分几次传染给人的一系列病毒性疾病）。最近，当人们发现人体内的疟原虫与黑猩猩体内的一种不那么致命的疟原虫关系密切时，疟疾也被加进了这一名单。

能够跨越人与非人物种壁垒的传染病，一直是塑造欧亚历史的主角。与美洲和非洲相比，欧洲和亚洲的最大不同之处在于：欧亚文明

Le Marchand de Mort aux Rats（字面意思是"把死亡卖给老鼠的人"，或者更通俗地说，就是"猫贩"）。鼠在历史上一直是人类疾病（如腺鼠疫等）的携带者。马莱（Marlet）的平板印刷品。

驯化了这些疾病最初的宿主动物，并与后者紧密生活在一起。有蹄类动物（特别是牛和猪）的驯化，让人类与它们紧密相处，于是人类不断接触大量传染病（它们对有蹄类动物种群危害不大）。在饲养牛和猪、人烟稠密的社会中，这些疾病尤为猖獗。因为农民定居了下来，他们生活在自己和牲口的污物周围，还与家畜亲密共处。在很多农业社会，农民还习惯晚上把牛和猪带回家，既为了给它们御寒，也为了防止牲畜为猛兽所害。这些情形延长了接触时间，也增加了细菌与病毒性病原体传播的可能性。

　　农业维持着比它取代的采集-狩猎生活方式高得多的人口密度。城市化扩展导致人口大规模集中，为来源于其他物种的传染病的迅速传播提供了沃壤。直到19世纪，欧洲城市的人口才实现了"自给自足"，之前由于许多城市居民因病致死，它们需要农村地区人口的不断流入才能维持城市人口的规模。

黑死病

　　世界贸易路线的发展加快了传染病的传播速度。到罗马时代，欧洲、亚洲和北非的人口已成为滋生（来自家畜的）致病生物的巨大温床。天花于公元 2 世纪传入罗马，它是安东尼瘟疫的元凶之一，那场瘟疫让数百万罗马公民死亡。对欧亚历史进程影响最为深远的动物源性疾病是腺鼠疫。它由跳蚤传播，而跳蚤是在哺乳动物——通常是腺鼠疫的宿主——的毛皮上感染了腺鼠疫杆菌。腺鼠疫最早在公元 542—543 年出现于欧洲，并酿成了查士丁尼瘟疫。不过，危害最为严重的一次是在 14 世纪的欧洲大陆，它造成多达 2500 万人死亡，被称为"黑死病"。仅在不列颠群岛，瘟疫就导致近 150 万人（总人口的 25%~40%）死亡。这场瘟疫之所以大暴发，其中一种推测认为主要的传播媒介似乎是毛皮，它们是 14 世纪中叶开通了去往中国的贸易路线后，由中亚的低人口密度区输入的。

　　14 世纪的这场瘟疫有一个重要却往往被忽视的后果，那就是它对欧洲哲学与科学产生了深远影响。14 世纪中叶以前，欧洲的主流世界观是神话性和象征性的，植根于一种循环时间观。与黑死病之后出现的世界观相比，它更强调人与神之国度间的联系。

　　当鼠疫袭来并开始吞噬当地居民之时，这种古老哲学传统的知识库和技术被临时征用，它包括祷告、基于交感巫术的药物及寻找替罪羊（如烧死女巫）。所有这些方法都被证明无效，无力应对病亡、毁灭造成的大面积恐慌以及随之而来的文明的整体衰落。这种大规模的、无法解释的生命消失，对社会的影响不可小觑。传统的精神信仰和对世界如何运转的解释崩溃，人们在精神上陷入了孤寂。

　　一些历史学家将这场瘟疫描述为"历史上最大的生物-环境事件"，另一些人则称其"相当于核屠杀"，它迫使西欧发展出了一种构建和认知现实的新方式。在基督教内部，这场瘟疫让人们失去了对仁慈和关心众生的造物主的信仰，也让"异端"成为替罪羊并遭受迫害，最终让新教兴起——在其中出现了愤怒和有仇就报的上帝形象。

从学术角度看，这场瘟疫促进了一种新的知识传统的发展，这种传统将思想与身体、客观与主观、人与自然截然二分。它催生了文艺复兴并让西欧的"理性主义"科学传统发展，最终产生了笛卡儿的二元论（机器模型或隐喻成为理解非人类生命的一种方式）和培根-牛顿的世界观。可以说，腺鼠疫对哲学和精神的影响直接造成了"现代"理性主义方法的出现——实验和计量取代了观察和经验。

这种认知现实的新方式产生了诸多积极影响。比如，它使卫生设施增加，从而降低了许多传染病病菌的背景值。这种把现实分为思想和物质两个领域的二分法，为研究和理解"外部"世界提供了有力的方法论。然而，它在很大程度上还不足以理解内在经验、人类思想以及我们与其他生物的伙伴关系。因此，尽管这种二元论使得卫生条件得以改善，但它对疾病的自然周期或免疫反应的演变并无新的认识。

旧世界与新世界

动物疫病在塑造人类历史以及人类对环境的文化态度上影响巨大，这可以通过旧世界（欧亚世界和北非）与新世界（南、北美洲）的比较来说明。美洲的很多文化也都发展农业，但新世界的农业几乎全以种植业（如玉米、土豆、南瓜和豆类）为基础，而不依赖畜牧业——有蹄类动物的驯化与放牧。美洲的驯化动物仅有狗、豚鼠、原驼（羊驼和骆马）和火鸡。与旧世界的有蹄类驯化动物不同的是，这些新世界的驯化动物从未被密集饲养，人类不喝它们的奶，而且除了狗之外，这些牲口也不如旧世界的家畜与人那样亲密。

新世界的众多文明的人口密度与欧洲文明相当。阿兹特克的首都特诺奇蒂特兰在其盛期可能是世界上最大的城市之一，而且有证据表明，墨西哥中部的人口曾超过了土地的长期承载力。同样，与欧洲和亚洲文明相比，新世界的许多其他社群，如在玛雅人和印加人的城市，还有在密西西比河和俄亥俄河流域的土冢建造者文化中,人们的生存空间更小。尽管人口密度高,但在这些新世界本土文明中,流行病似乎并不存在,这多半是因为有蹄类家畜稀缺。而在欧洲、亚洲和北非,有蹄类家畜是多数流行病(除了腺鼠疫)之源。尽管新世界几乎没有发生过明显的流行病,但或许是因为糟糕的卫生条件,流行病在美洲一些大型城市群的消失中也起过作用。

新世界的动物疫病

动物疫病史上最讽刺的一点是,由于新世界的人类身上没有动物源传染病及相关免疫反应,(几乎可以肯定)这恰恰成为欧洲人及其世界观得以成功入侵新世界的主因,而这些欧洲人及其世界观,也仅仅是几百年前在与传染病接触的经历中才被戏剧性重塑的。欧洲人一度占领了非洲和亚洲的大部分地区,但由于没有外来传染病的屠灭效果,这些地区的本地人口并未显著减少。结果,随着殖民主义时代接近尾声,非洲和亚洲的本土居民重新获得了对其土地的社会与政治控制。因为在其家园中,他们在数量上仍占优势。

相比之下,外来动物疫病被引入美洲原住民这种易感人群中后,它们对原住民人口的破坏性远比瘟疫时期的欧洲严重。据估计,90%~95% 的美洲原住民死于外来疾病。

对于这场浩劫——指欧洲征服美洲的第一阶段或微生物阶段——一般人有一种迷思,认为它从 1492 年哥伦布 "发现美洲" 才开始。其实,早在哥伦布到达加勒比海,其他西班牙探险家(征服者)来到新世界的数百年前,巴斯克捕鲸者、维京移民和英格兰渔民就在美洲的大西洋海岸登陆并开始带来灾难了。有证据表明,早在 15 世纪末哥伦布来到之前,一些原本生活在大西洋沿岸的部落就退到了内陆,力图躲避大量减少其人口的传染病。

虽有如科尔特斯和皮萨罗这类征服者的成功,真正导致阿兹特克和印加帝国崩溃的却是天花。1519 年科尔特斯第一次对阿兹特克文明的突袭远不如 1520 年的第二次那么成功。原因是在第二次入侵时，天花已到达特诺奇蒂特兰。到 17 世纪初，墨西哥原住民人口的损失超过 90%，从大约 2000 万减少到不足 200 万。疾病让阿兹特克人士气低落，并摧毁了阿兹特克人抗击科尔特斯的能力。同样，天花于 1526 年传入印加，为皮萨罗 1531 年的成功"入侵"创造了机会。

　　有记载表明，90% 或更多的原住民人口被欧洲人及其共生生物带来的新传染病消灭。一个记载颇详的例子是曼丹人，他们创造了大平原最精彩的文化，其人口的 95% 以上死于天花（1837 年经密苏里河泛舟而来）。即使考虑到这些影响，如果他们的土地没被欧洲入侵者永久占据并在之后被继续殖民，新世界的人口也会恢复。

　　外来疾病的传播对美洲原住民产生了毁灭性影响。如果说瘟疫在欧洲造成了 20%~40% 的本地人死亡，让人们反思并重构人在世界上

《新疫苗的效果好极了！》，J. 吉尔雷（J. Gillray）作。当欧洲探险家带来牛痘（今天以天花更为人知）后，南北美洲的原住民大量死亡。

的地位，那么很难想象美洲在损失了 90%~95% 的本土人口之后，会对其精神、社会和哲学产生什么影响。

　　疾病是制约人口增长速度的主要因素。事实上，不受疾病影响的人口数量通常会超过那些受疾病影响的人口。相对而言，在欧洲人到来之前，美洲本地人似乎没受过传染病的影响。结果，原住民没有演化出对任何传染病的免疫力。他们并不缺少产生免疫反应的能力，相反，原住民的大量死亡似乎源于他们被感染的方式。杀死原住民的元凶是天花和流感，对年龄在 15~40 岁的人来说，它们尤为致命。而无论从文化还是人口上说，这一年龄段的人都是人口中最有价值和生殖力最强的成员。这些疾病常常"祸不单行"，几乎没有给人留下喘息之机。三四种疾病可能结队来袭，稍有停歇，新的一种或一系列疾病又接踵而至。间隔短暂且病种繁多，这种双重打击降低了免疫反应出现的概率。

　　这一模式造成了极大的心理和精神压力。无法预防疾病，无力照顾自己和所爱之人，被逃避瘟疫的亲属和其他部落成员抛弃（在逃避瘟疫的过程中，疾病往往被带到了其他族群），很多个人和群体干脆放弃了希望。许多人采取的治疗方法，比如先出汗再浸入冷水，只会让他们死得更快。他们传统的整套医疗方法无法治愈并控制这些传染病，这让他们对治疗者和配药人都失去了信心，也就抛弃了传统的信仰习惯和仪式。由于欧洲入侵者已对这些疾病产生了一定免疫力，众多原住民认为欧洲人的精神和哲学传统比他们优越，在很多情形下，这种认识导致了基督教及其教义被认可和接受。

　　本土精神传统不堪其用，加上新货品和新物质的引进，原住民放弃了数百年来与自然界打交道的传统，而这些传统建立在尊重、联系和保护的基础之上。有些人甚至把瘟疫归咎于野生动物和自然世界，因为很多原住民似乎把疾病与野生动物联系在一起，并发展出了能把疾病概率和影响降到最低的文化传统。例如，切罗基人就认为，不带着敬意处理杀死的鹿就会患病致残，比如患上让身体残疾的莱姆病。切罗基人把新疾病的出现归咎于宇宙的不平衡，这种不平衡是因为他们没有正确地举行应有的仪式。同样，阿尼什纳比人（奇珀瓦人、奥吉布瓦人）显然是为了应对野生动物引发的疾病而发展出了大药师会及相关仪式，其实那些疾病更有可能是前哥伦布时期与欧洲人接触造成的。

对动物的影响

这些外来疾病伤害的不仅是人类。原住民依靠众多野生动物（包括鹿、驯鹿、驼鹿、野牛和河狸）作为食物与衣物之源，在18世纪后半叶，从哈得孙湾以西到落基山脉，这些动物也经历了大规模灭绝。引发这些灭绝的疾病，大概是欧洲人通过其家畜带来的。值得注意的是，这些灭绝主要发生在有蹄类动物中，而它们最容易染上的就是那些欧亚特有的（源自有蹄类动物的）传染病。新大陆的食肉动物，如狼和熊，似乎受这些疾病的影响相对较小，但由于失去了有蹄类动物的食物供应，它们也受害不轻。

除了疾病的影响外，野生动物还遭受着池鱼之殃。原住民认为野生动物向人类传染疾病是违背了它们与人类的契约，因此他们会出于极度厌憎而消灭它们。这样，一个具有讽刺意味的后果是：源自非人动物的疾病传入，毁掉了那种以尊重非人动物为基础的文化传统。北美的多数（如果不是全部的话）原住民文化，都曾有将非人动物视为创世神灵的思想传统，而这种相关性的概念则建立在生态关系的基础之上。有人认为，外来疾病对这些文化产生了毁灭性影响，让他们背弃了其动物亲属，某些部落因此消灭了本地的河狸、鹿、野牛和狼，用毛皮来换取欧洲的商品和金属。

欧洲传统与自然世界

入侵的欧洲传统（主要源于英格兰和苏格兰文化）与自然世界的

关系极为不同，尤其是它在受到文艺复兴和理性主义传统（除了开发自然资源外，这两种传统都竭力想让自身脱离与自然世界的种种联系）影响之后。在文艺复兴末期和宗教改革期间，出现在西欧的基督教新教派别发展出了不同的哲学传统，它们不再鼓励探究上帝造物的方方面面。上帝赋予人类对非人类物种的"统治权"，这就为人类对自然世界的所有作为提供了充足的正当性。

欧洲人认为山区是惹人生厌和危险的，森林甚至更糟。它们都是蛮荒之地，化外之域，足以引发西欧人的恐惧和敌意。蛮荒的自然是那样令人无来由地恐惧，以至于野生动物侵入人类地盘就足以让人惊恐莫名。一只蜜蜂飞进农舍，或一只鸟拍打窗户，都能令人生怯。1604 年，英国下议院否决了一项提案，因为在提案人陈词之时，一只寒鸦飞过了议会厅。

这类对待非人（自然）世界的不同态度，在如今人们应对动物源性疾病时仍会频频现身。与实际威胁相比，这些反应往往歇斯底里。近年来最令人瞠目的反应是，人们屠杀了上百万头农场动物（尤其在不列颠群岛），只为了应对小规模暴发的口蹄疫和零星且罕见的所谓"疯牛病"。

就口蹄疫来说，它的威胁几乎完全是经济性的。没有证据表明口蹄疫会对人类健康构成任何严重威胁。即便如此，人们仍然觉得经济威胁就足以成为屠杀上百万头动物的充分理由，仅仅因为它们存在被感染的可能。如果存在传染可能性的动物是人，而不是有蹄类动物，任何有良知的生物能想出如此残酷的解决办法吗？同样，蒙大拿州的官员也草草杀掉了游荡在美国黄石国家公园边界外的野牛，理由是野牛可能是布鲁氏菌病这种牛类疾病的宿主。具有讽刺意味的是，布鲁氏菌病是一种在旧世界牛科动物中演化出来的疾病，它与牛一起被引入美洲。从没有野牛出现过布鲁氏菌病的症状，然而少量野牛被检测出感染了该病原体，这就成了人们消灭它们的充足理由。

人们对疯牛病——准确的说法为牛脑海绵状病（BSE）——的反

应更加荒唐无稽。牛脑海绵状病似乎是一系列关联性病理状况中的一种，可能是由朊病毒（似乎是能够自我复制的蛋白质分子）所引起。这类疾病还包括羊所患的瘙痒症，人所患的库鲁病和克雅氏病。此类病理状态会影响中枢神经系统（CNS），并逐渐损坏大脑。对中枢神经系统的损伤产生的症状被无礼地称为"疯牛"病。一个好得多也准确得多的叫法是"巨烦牛"症。这些朊病毒造成的外在症状无法直接传染，牛只有通过吃下病牛的中枢神经系统组织（包括大脑和脊髓）才会被感染。这些疫情似乎只在美国和英国出现，唯一的原因是：这些国家的屠宰场把屠宰后剩余的"肉骨残渣"磨碎，将其作为蛋白质添加剂加入牛饲料中。

显然，人只有吃下携带病毒的中枢神经组织才会被感染。新几内亚库鲁病的暴发，显然与其食人传统中食用人脑的文化习俗有关。在英国，脑海绵状综合征只出现在那些食用了便宜汉堡的人身上。显然，禁止在汉堡和牛饲料中使用屠宰场的下脚料，就可以避免此类病症的暴发，但商业压力延缓或阻止了这种行动。即便如此，脑海绵状综合征的患者总数不到 20 人，它暴发（或人通过吃烤肉或牛排等普通牛肉而感染脑海绵状病）的可能性很小。

汉坦病毒是一种源自啮齿类动物的病毒性病原体。实际上，各种鼠科动物身上存在着一大类与汉坦相似的病毒。被称为汉坦病毒的那种病毒，其主要宿主似乎只有一个——鹿鼠（白足鼠）。汉坦病毒似乎不会对鹿鼠造成严重的健康问题。但在人类身上，这种病毒会导致类似肺炎的症状，一度造成过约 50% 的死亡率。这种疾病为美国西南部的原住民所熟知，它可能是迪内人（纳瓦霍人）传统上会将死过人的泥顶木屋毁掉的一个原因。近年来，这种疾病在美国引发过一小波恐慌，因为鹿鼠是一种分布广泛且常见的啮齿类动物。不过，汉坦病毒似乎不会在人类中间传播，因此它绝不可能成为真正的传染病。自美国疾病控制和预防中心（CDC）建档以来，记录在案的病例尚不足 200 例。

人类面临的重大环境与健康问题，主要源自与家畜的密切联系。

这种持续接触让多种疾病跨越物种界限，离开其有蹄类动物或禽类宿主进入人体。

雷蒙·皮耶罗蒂（Raymond Pierotti）

美国堪萨斯大学

另见《生物交换》《哥伦布交换》《疾病概述》。

延伸阅读

Cockburn, A. (1967). *Infectious diseases: Their evolution and eradication*. Springfield, IL: Thomas Press.

Crosby, A. (1972). *The Columbian exchange: Biological and cultural consequences of 1492*. Westport, CT: Greenwood Press.

Diamond, J. (1997). *Guns, germs, and steel*. New York: W. W. Norton & Co.

Dobyns, H. (1983). *Their numbers become thinned*. Knoxville: University of Tennessee Press.

Gottfried, R. (1983). *The black death: Natural and human disaster in medieval Europe*. London: Robert Hale.

Martin, C. (1978). *Keepers of the game: Indian-animal relationships and the fur trade*. Berkeley: University of California Press.

Sale, K. (1991). *The conquest of paradise*. New York: Alfred Knopf.

疾病概述

　　由于人类适应和抵抗疾病的能力在不断演化，对疾病的研究和治疗就成了一种无止境的求索。研究表明，随着采集-狩猎阶段的结束，人类开始在一地定居，疾病就增加了。直到 20 世纪，流行病学家才认识到宿主和病菌之间是相互适应的，因此症状（和医学诊断）才会不断变化。

　　疾病指各种机能障碍：有些致命，有些慢性，有些只是暂时的。一些疾病如癌症和阿尔茨海默病的发病率随着年龄增长和体内系统紊乱而增加，另一些疾病则是细菌入侵引起的感染——儿童比成人更易得，因为成人早年得过，产生了免疫力。感染性疾病的症状因时因地而不同，取决于人类抵抗力和细菌自身的演变。因此，即使古时关于感染的描述非常详尽，它们与现代医生的观察也往往驴唇不对马嘴。即使存在记载，人们也常常无法确知某种特殊感染在何地第一次出现。而且，不可否认的是，在没有留下历史文献的人群中也出现过重大疾病。尽管有这么多困难，在人类疾病的历史长河中，一些界标仍然清晰可辨，而在晚近时期，疾病影响的变化和控制疾病影响的医学努力更是尽人皆知。

采集-狩猎者和早期农民的疾病

　　可以有把握地说，远古时期我们以采集-狩猎为生的祖先们遇到过多种寄生虫，其中一些如疟原虫，能让人虚弱乏力。采采蝇传播的昏睡病对人类猎手极为致命，所以东非部分地区直到最近时期仍渺无人烟，留下了今天吸引游客前来的大群动物。即便如此，我们早期的祖先可能大部分时间尚算健康和强壮。至少非洲尚存的那些采集-狩猎者，在现代人类学家看来就是这样。也许感染性生物和它们的人类宿主都很好地适应了彼此，在热带非洲共同发生了演化，而随年龄增长产生的疾病几乎无关紧要，因为那时人们的寿命比现在短得多。

由于很多非洲热带寄生虫无法在寒冷气候下生存，当人类的活动范围扩大到寒冷地区并迅速遍布全球后，传染病可能会急剧减少。而摆脱非洲传染病可能让人口数量增加，并支持了非凡的地理扩张。

当世界各地的人群开始一年到头在同一个地方莳田和定居，传染病又开始增多了。这部分是因为粮食生产能让更多人聚居一处并相互传染，更可能是因为供水易受（人类排泄物中的）细菌的污染，从而

彼得·勃鲁盖尔，《死亡的胜利》（1562 年），木板油画。这幅画反映了中世纪欧洲遭鼠疫蹂躏后的社会动荡与恐怖。

增加了消化道感染的风险。其次，只要农民进行灌溉，浅水中的钉螺就会让他们患上令人虚弱的血吸虫病。而当农民们开始依赖一种谷物来提供几乎全部食物时，就容易发生营养不良。如以玉米为日常饮食，会使人缺乏某种人类所需的氨基酸，进而引起一种名叫糙皮病的慢性病。最后，驯化动物的肉和奶虽然改善了农民的饮食，但也加剧了疾病在人与畜禽之间的交叉传染。大量的细菌和病毒就是沿着这一路径传播的。

不过，患病风险的增加并未阻止农业人口的增长。相反，人口越多，田地面积越广，就会有更多食物来养活更多孩子。随着农庄增多并向外扩展，人类很快遍布大地并打破了自然平衡。在这一点上，人类与其采集-狩猎祖先及其他顶级掠食者（如狮子和老虎）不同，后者数量稀少，并未让自然失衡。

农民的劳作还比采集-狩猎者的劳动更持久、更单调。每当风雨不调或庄稼害病，粮食就会歉收，饥馑便随之而来。但当人丁兴旺、几无闲田之时，粮仓遭劫又是另一大风险。在学会以租佃和税收来征缴部分收成后，劫掠者变成了统治者。农民们再度受到压榨，他们只好更加努力地劳作，以养活自己和他们的老爷。按我们的标准来看，当时人的寿命仍然不长，所以老年疾病依旧十分罕见。

接下来，从公元前3500年开始，统治者及其各色仆从开始在地球上少数人口稠密的农业区建立城市。于是，疾病模式再次变化，并表现出多样和不稳定等区域性特点。它们可以被称为区域性农业疾病模式，1550年后，它们被同样不稳定的全球疾病模式（我们仍置身其中）取代。为了平衡，本文将对这两种疾病环境分别进行探讨。

区域性农业疾病模式

当大量人口开始聚集于城市，垃圾处理难度就前所未有地增加了。感染风险也成倍增加，因为士兵、商贩、水手与商队的长距离往来常常会打破疾病的边界，并把传染病播散到远方。此外，当城市的禽畜数量越过重大临界点后，人类便开始患上一类源自禽畜的新疾病。这些疾病最初存在于大量野生鸟兽群，或在密集的穴居啮齿动物及其他小型动物体内。它们的一个显著特征是，若它们不致命，其动物或人类宿主就会产生抗体，因此幸存者就会免受二次感染。这意味着病菌只有在找到足够多的新宿主来寄生的情况下才能存活（寄生数周然后死去，或者复活使新感染者再度经历生死考验）。

究竟需要多大规模的宿主群体才能让感染链无限延续，取决于宿主的出生率和病菌与潜在宿主的接触程度。很多感染在从一个宿主转移到另一个宿主时，靠的是呼吸、咳嗽和打喷嚏所喷出的飞沫，因此只有近距离接触才能成功传播。例如，现代（约1750年开始的）麻疹——一种依赖飞沫传播的病毒性疾病——需要30万人左右的群体中至少有7000名易感者，才能持续传播下去。很明显，像麻疹这样的传染病，只能在城市环境以及与大型城市中心有往来的村民中才能传播。

在这些疾病中，有些疾病如天花和麻疹，是高度致命的，其他如腮腺炎和流感，则较为温和。没有人知道它们什么时候或在什么地方完成了从动物群到人类宿主的转移，但可以肯定的是，它发生于亚洲的某处，大概发生在几个不同时期和地方。同样可以肯定的是，它们只能在城市及其周边完成转移，从而变成独特的新"文明"病。

它们的到来造成了双重影响。多数城市很快变得疾病丛生，城市居民大量消亡，以致需要来自周边村庄的流动人口来维持城市的人口数量。尽管如此，这些疾病同样给得过病的人群——在他们与之前未得过该病的人群接触时——带来了新的且非常大的优势。这是因为在缺乏后天免疫力的人群中，禽畜传染病会像野火燎原一样，成人和小孩皆无法幸免。在近代，第一次接触麻疹或天花通常会在几周内让全部人口的三分之一左右死去，幸存者惶惑无措，忧急如焚，完全无法抵挡这些（携带疾病者和）新来者的下一步入侵。当后续的文明病接踵而来时，影响会成倍增加。天花、麻疹、流感甚至普通感冒都可能

（且往往）致命。

　　这种极端（城市）疾病模式的普遍建立，其前提条件是不同文明中心先经受住这些传染病（不论最早在哪里出现）的蹂躏。我们对欧、亚、非三洲最早传播的那些禽畜疾病一无所知，但对先后于公元165—180年和公元251—266年席卷罗马帝国的疫病却耳熟能详，这两场瘟疫大概就是地中海地区的天花和麻疹（由从美索不达米亚返回的士兵带来）暴发。文献记载也显示，中国于公元161—162年和公元310—312年遭受了极度致命的瘟疫侵袭。

　　由此看来，连接中国和叙利亚的丝绸之路的出现、欧亚大陆内部交流的扩大，才让欧亚大陆两端几乎同时暴发了高致命性疫情，从而对罗马帝国和中华帝国造成了严重危害。但残存文献很少或根本没有提到中间地区，猜测是无用的。相比之下，我们知道美洲在西班牙人

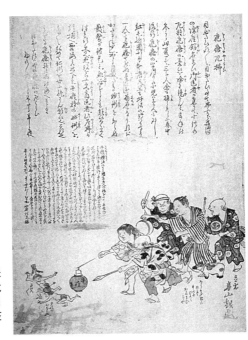

松川半山的这幅画让观者了解了天花疫苗和绪方洪庵（一位受过西式培训的医生，曾于1849年在其日本大阪的诊所为3000人接种了疫苗）工作的重要性。

到来前没遇到过这些畜禽疾病，世界上其他孤立族群也一样。因此，在 16 世纪，当欧洲水手开始遇到对这些疾病缺乏免疫力的美洲人时，经常造成美洲人大规模死亡。

到那时为止，欧亚大陆的农业人口已经历了 1200 年的疾病交换和感染。众所周知的一个瘟疫期出现在公元 534—750 年，当时零星暴发的腺鼠疫肆虐了地中海沿岸，600 年之后才消失。史家普洛科皮乌斯对那场瘟疫的暴发进行了精确描述，说它是由来自中非的船带来的。其他因素也起了作用。现代研究表明，腺鼠疫通过鼠身上的跳蚤叮咬来传播，而这种跳蚤只在平常宿主死后才会到人类身上。这里提到的（家）鼠可能原产于印度，公元 534 年，它们刚到地中海沿岸不久。

这种传染病本身只存在于非洲中部和印度北部的穴居啮齿类动物中，而且仅在幼鼠身上发作，只有当它侵入了未感染过的鼠群和人群时，才会成为致命瘟疫。在后一种情况下，它的确高度致命。

普洛科皮乌斯说，当疾病于公元 534 年第一次暴发时，君士坦丁堡每天有 1 万人死去，持续了 40 天。人口和财富的损失无疑是惨重的，而且它阻止了拜占庭皇帝查士丁尼（公元 527—565 年在位）对帝国西部最富庶省份的重新征服。

日耳曼地区和北欧躲过了这段瘟疫期，可能是因为老鼠还没有在那里安营扎寨。但在所谓的黑暗时代，其他严重流行病——包括天花、麻疹和流感——不时在北方暴发，而且随着船只开始频繁穿越北海，整个欧洲越来越紧密地跟以地中海城市网为中心的疾病库联结起来。在这几个世纪中，麻风病、结核病和白喉等传染病的传播范围更广。但它们的传播却无迹可寻，因为它们没有像天花、麻疹那样引发突然的大规模死亡，即没有酿成瘟疫。

在古代和中世纪，关于欧亚大陆和非洲的其他文明中心遭受新传染病侵袭的情况，记载多语焉不详。但有两份中国文献描述了公元 610 年腺鼠疫在南部沿海的暴发，所以看起来中国的疾病史与欧洲的十分吻合。这并不奇怪，因为所有在欧亚大陆上来往的船只和商队，都携带着传染病。在入侵的军队中，成千上万没有免疫力的士兵有时也会突然罹患新传染病。

北非和东非都参与了这一疫病的同质化过程，但非洲内陆、东南亚和欧亚大陆北部则落后于这一过程。不过，总的来说，随着整个旧大陆疾病风险增多，其对传染病的抵抗力也在增强，当地居民已习惯于背负更重的疾病负担去生活了。各地常见疾病的种类并不相同，因为许多传染病受气候限制。一般来说，病菌钟情于暖湿环境，而携带病原体在宿主之间传播的蚊子、跳蚤或其他昆虫，在那些条件下也最活跃。冬季的严寒限制了众多寄生虫的传播，沙漠的炎热和干燥亦有同样的效果。此外，各地的风俗有时会使疾病感染风险降至最低。如在中国西南部，腺鼠疫常见于穴居啮齿类动物中，19 世纪的欧洲医生嘲笑迷信的村民每当在家中发现死鼠，就逃到高地的做法。然而，半个世纪后，在欧洲人知道了这种瘟疫的传播方式后，他们才意识到这种行为是有效的预防举措。另一方面，有些习俗则会加重感染风险。宗教朝圣是一个典型例子，如在穆斯林清真寺的洗脚仪式中，圣水池的水中有时就有血吸虫。

多数疾病灾难很快就被遗忘，这就是人们对传染病的传播知道得如此之少的原因，但黑死病是个例外。公元 1346 年腺鼠疫重返欧洲所引发的大量死亡，持续萦绕在民众的记忆之中，并且存留在我们的平常言语里。三分之一的欧洲人口死于公元 1346—1350 年的那场瘟疫，但令人们难以忘怀黑死病的是这一事实：鼠疫时至今日仍不时在欧洲和北非暴发，甚至在 20 世纪 40 年代，在发现有效的抗生素疗法后，依然如此。我们知道这种情形出现的某些缘由。

首先，庞大的蒙古帝国疆域广大，让横贯欧亚大陆的快速和远程迁移达到了前所未有的规模。鼠疫只是利用这一点来扩大其地盘的几种传染病之一。具体来说，公元 1252 年，一支蒙古军队攻入中印边境，进入一个鼠疫长期流行的地区，似乎将这种传染病带回了草原老家。总之，引发鼠疫的耶尔森氏菌以某种方式在北方草原找到了新家，并在穴居啮齿类动物中传播——直到在 19 世纪 90 年代它才被俄罗斯科学家发现。
这是 1346 年出现于欧洲和穆斯林世界的鼠疫的疾病库。

　　船只迅速将鼠疫从最初暴发地——克里米亚的菲奥多西亚（或称卡法）——传播到地中海和北欧的港口。接着，这种传染病进入内陆。瘟疫所到之处，死亡接踵而至，老幼无一幸免。一半以上的感染者都会死去。在伊斯兰世界，这种疾病的致死率与欧洲相当。中国也不例外，在公元 1368 年元明鼎革完成前，其人口已因瘟疫和战争损失近半。

　　此后，瘟疫继续不定期到访所有这些地区。欧洲人口直到 1480 年左右都在持续下降，幸存者逐渐增加的免疫力最终使人口恢复了增长。在公元 1665 年，鼠疫最后一次造访伦敦，然后就从英格兰和北欧消失，欧洲人口增长随之加速。鼠疫的消失，部分原因在于对来自鼠疫传染区港口的船只的检疫，部分原因在于石板瓦屋顶——它是因防火之需而使用的——相比让老鼠做窝的茅草屋顶，它使人与饥饿的鼠蚤之间的距离变远了。在东欧和亚洲，腺鼠疫一直持续到 20 世纪，但各地对它的适应却一点一点减少了它的影响。

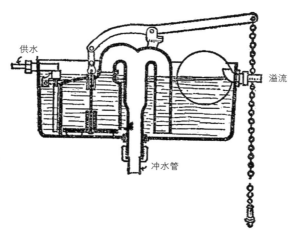

供水

溢流

冲水管

室内抽水马桶和地下污水系统帮助人口稠密的城市中心控制了疾病传播，并促进了公共卫生的发展。

总的来说，在当地牧民发现自己长期暴露于一种致命感染后，草原——蒙古人的故乡——发生了永久改变。因为人口损失惨重，游牧民族甚至退出了乌克兰肥沃的草原，让它成了无人区。从公元 1550 年左右，它开始被农业拓荒者蚕食。这使公元前 1000 年以来游牧世界向外扩张的人流——它先是让印欧语民族，后是令突厥语民族，横跨了欧洲和亚洲大部分地区——回潮。

其他的疾病模式变化，是在黑死病突然蔓延时或稍后发生的。最突出的是麻风病的消失，这让成千上万的麻风病院——欧洲人根据《圣经》训示建起来用于隔离麻风病人——空空如也。很多麻风病患者在感染瘟疫后死于第一次发病，但一定还有其他一些因素在起作用，从而制服了被中世纪欧洲人混称为"麻风病"的多种皮肤传染病。一种可能是，欧洲的人口减少，让羊毛的供给率增加，更多的人可以有衣蔽体。穿上温暖的长睡衣，减少了人与人之间的皮肤接触，从而减少了皮肤病的传播。不过，没有人能确证是否如此。

具有讽刺意味的是，另一种皮肤病，雅司病（由一种与引起梅毒的细菌难以区分的细菌引起），也几乎从欧洲人中消失了。1494 年之后暴发的梅毒传染，可能是那种细菌通过性器官黏膜找到了一条新传播途径。此说也没有人能确证。

然而，在 1500 年以前，所有横跨欧亚非的疾病的混合与转化都未能消除地方差异。最重要的是，地球上仍有广大地区没有受到在旧大陆居民中日渐汹涌的传染病浪潮的影响。当跨海越洋成为常事，一种新的全球性疾病模式开始出现，他们发现自己一击即溃。

全球性疾病模式

跨海远航的头一个且最大的影响是，它在从未接触过的人群中传播了大量致命传染病。在偏远的亚马孙丛林和北极海岸，这一过程到今天还在继续，但几乎每个人群都至少有一部分人被感染过了，最初的毁灭性影响已经过去。但是在它刚出现时，人们整批整批地消失，美洲和大洋洲广大地区的人口损失尤为严重。因此，来自欧洲和非洲的移民——还有后来的亚洲移民——能够取代原有居民，塑造了今天我们所熟知的混合人口。

美洲原住民是感染新疾病并被新疾病模式毁掉的最大人口群体。在哥伦布建立殖民地的伊斯帕尼奥拉岛，原住民在几十年内完全消失。在染上新传染病的第一个 50 年里，墨西哥和秘鲁的人口减少到 1500 年的十分之一左右。数百万人死于天花和无数其他传染病，直到幸存者血液中累积的抗体阻止了死亡。在墨西哥和秘鲁，最糟糕的情况于 1650 年结束，人口又开始逐渐增长。但在美洲的一些孤立地区，死亡仍在当地持续。战争和无组织暴力在消灭美洲原住民方面起到了一定作用，但非洲和欧亚大陆的疾病一直是主凶。

一旦携带非洲疟疾和黄热病的蚊子随奴隶船渡过了大西洋，美洲的加勒比群岛和热带沿海就成了它们的乐土。虽然疟疾到达新大陆的确切时段无法知晓，但 1648 年哈瓦那的致命瘟疫，明确宣布了黄热病的到来。当它之后成为地方病，幸存者就获得了对抗入侵军队的强力护盾，因为来自欧洲的士兵一般会在抵达后的大约 6 周内生病死去。这让西班牙人在 18 世纪抵挡住了英国人对蔗糖群岛的征服，并注定了 1801 年拿破仑重新征服海地企图的失败，还说服他在 1803 年把路易斯安那领地卖给了托马斯·杰斐逊。对来自热带非洲的病毒来说，这份政治履历真不简单！

在别处，澳大利亚、新西兰和其他孤立群体在遇见欧洲人时，几乎遭遇了与美洲原住民一样的命运。但新来者也带来了大量其他生物：谷物和杂草、家畜和害虫（如虱子、老鼠等）。当人类和无数其他生物开始跨越海洋之时，地球不断受到生态剧变的影响，这让生物圈成为一个前所未见的相互影响的整体。

疾病的交流几乎完全是单向的，从非洲和欧亚大陆传播到其他地方。反向传播难得一见，尽管一些专家认为梅毒是从美洲传入欧洲的。

在 1494 年一支法国军队围攻那不勒斯时，梅毒暴发，欧洲人才发现了这种疾病，因此它与 1493 年哥伦布的归来可能确实存在联系。但没有明确证据表明之前梅毒就在新大陆存在，所以没人能断言实情如何。

另一种疾病，斑疹伤寒，也在公元 1490 年入侵欧洲。但是它是随塞浦路斯的士兵而来，可能并非新出现，只是当时的医生刚认出这种疾病。最近也出现了个别传染病入侵地球上屡遭疫病侵袭的人群的现象。艾滋病就是其中最严重和传播最广的一种，它可能是近期才从非洲内陆某地的猴子[1]身上转移而来，或者它可能像斑疹伤寒一样是一种旧病，直到滥交增多后，它才成为一种流行病并被人们认识。

另外有三种影响现代工业人口的新疾病也值得一提。结核病，一种非常古老的传染病，在大约 1780 年（当时以煤炭和蒸汽为动力的新型工厂，开始将人们聚集到卫生条件很差的工业城镇后获得了新生。结核病在欧洲肆虐的顶峰大约在 1850 年，不久之后，德国教授罗伯特·科赫于 1882 年发现了造成这种疾病的杆菌，从而开创了预防医学的新时代。然而，尽管拥有现代医疗手段，结核病依然是世界上传播最广、最持久的人类传染病，其原因是城市的急剧扩张，到 20 世纪 50 年代，一半以上的人口涌入了拥挤的城市环境中。

霍乱是一种源自印度的古老疾病，流行于前往恒河沐浴的印度朝

1　艾滋病（AIDS，获得性免疫缺陷综合征）由人类免疫缺陷病毒（HIV）造成，HIV 源自非洲中西部的丛林，最初是由它的自然宿主——当地的灵长类动物——传播给人类。感染人类的 HIV 大致分为两型，HIV-1 在全球皆有发现，HIV-2 主要限于西非。HIV-1 源自黑猩猩，它又分 M、N、O、P 四类：M 类最早于 1959 年被发现，几乎遍及全球，感染了数百万人；O 类于 1990 年被发现，在全球 HIV-1 型患者中所占的比例不到 1%；N 类于 1998 年被发现，它比 O 类还少，到 2011 年，它只有 11 例，全部来自喀麦隆；P 类于 2009 年发现于旅居法国的一位喀麦隆妇女身上，到 2011 年，它也只在另外一位喀麦隆人身上被再次发现。所有四类 HIV-1 型病毒都来自非洲的中部黑猩猩（据 2015 年的一则报道，多国科学家发现 O 类和 P 类病毒来自喀麦隆西南部的大猩猩）。（http://gs.people.com.cn/n/2015/0305/c183342-24070210.html）HIV-2 源自西非的白颈白眉猴，它分为 A—H 等 8 类：A 类遍布西非各国，B 类主要存在于科特迪瓦，其他各类只于个别人身上被发现。参见 Paul M. Sharp, Beatrice H. Hahn, "Origins of HIV and the AIDS pandemic", *Cold Spring Harbor Perspective Medicine*, 2011; 1: a006841, pp.8-11. 据上可知，HIV 是由黑猩猩及白颈白眉猴传染给人类的。虽然黑猩猩身上的类似病毒更早也是由猴（白腹长尾猴和红顶白眉猴）身上的一种猴免疫缺陷病毒（Simian Immunodeficiency Virus，简称 SIV）演变而来，但文中说艾滋病"可能是近期才从非洲内陆某地的猴子身上转移而来"，并不准确。——译注

圣者中间。霍乱杆菌可以在淡水中独立存活相当长的时间，并在人类的消化道中迅速繁殖，然后在发病后数小时内引发腹泻、呕吐、发烧和死亡。脱水引起的身体萎缩与毛细血管破裂引起的皮肤变色，使霍乱症状尤为骇人。因此，当这种疾病在 1819 年突破了长期界限，蔓延到东南亚、中国、日本、东非和西亚时，尽管其致死率不高——比如在开罗，其致死人数仅占致病人口的 13%——却引起了强烈的害怕和恐慌。1831—1833 年，一场新的霍乱暴发，横扫了俄罗斯，并蔓延到波罗的海，然后到达英格兰、爱尔兰、加拿大、美国和墨西哥。更重要的是，霍乱于 1831 年在麦加立足，穆斯林朝圣者受到感染。然后，朝圣者带着霍乱回到故乡，使它直到 1912 年都在周期性地从棉兰老岛到摩洛哥一路传播。之后，霍乱从麦加消失，不再由穆斯林朝圣者传向四面八方。但霍乱仍在印度存在，那里的印度教朝圣者依旧是霍乱病菌的主要携带者。

在对付这种可怕的传染病方面，欧洲和美洲确实煞费苦心。英格兰的改革者们开始重建伦敦和其他城市的供水与下水道系统，以确保饮用水中没有细菌。新供水系统的建造耗时数载，但随着它们从一个城市扩展到另一个城市，多种其他传染病也随之迅速减少。加上从 18 世纪开始的天花疫苗接种，城市变得比以前更加卫生。这项卫生事业，还包括制定新法律，建立与卫生相关的医疗委员会来强制推行预防举措。这是近代医学的第一次重大突破。疫苗接种和卫生设施逐渐遍布全球大部分地区，从根本上改变了人类与传染性疾病的关系，以至于我们很难想象视婴儿死亡为理所当然、成年人死于传染病比老年人死于退化性疾病还多的时代是什么样了。

然而，这些预防措施对一些疾病却不管用。例如，引起流感的病毒每年都在变异，而人类宿主之前获得的免疫力往往对其新变种无效。1918—1919 年，一种极为致命的新流感病毒在全世界传播，造成约 2000 万人死亡，这比一战的死亡率还高。然而，跟以前经常发生的事情一样，幸存者几乎很快忘记了他们曾遭遇过这种致命流行病。

　　这种健忘应部分归因于第二次医学突破，相比 19 世纪卫生设施上的成功，它是在二战后出现的。一夜之间，滴滴涕（DDT）毒杀了蚊子幼虫，让疟疾从地球上的许多地区近乎消失，青霉素和其他抗生素则被普遍用于消灭其他感染。突然间，古老疾病的药到病除成了理所当然之事。在预防方面，世界卫生组织开展了一项成功的运动，于 1976 年消灭了天花（实验室样本除外）。然而，这些胜利并未持续很长时间。滴滴涕虽对蚊虫有效，但也毒害了很多其他生物，因此很快就被弃用了。更常见的情形是，传染性病原体开始对新抗生素产生耐药性。结果，疟疾恢复了些许曾经的"威风"，其他古老的传染病也同样如此。

　　之后，当 1981 年艾滋病被发现而化学药物对它无效的时候，一度对战胜传染病充满信心的医生们也不得不承认，他们的新技术存在未曾料想的局限。传染病正卷土重来，老年疾病也在增加。很明显，尽管我们最近创造了众多医学奇迹，但人类的身体依然容易被感染，而且它会随着年龄的增加而衰退。

　　疾病在变化，从未停止。人类的应对也在改变，但它改变的只是疾病折磨我们的方式。大约从 1750 年以来，医学知识和实践极大地改变了全球的疾病模式，延长了数十亿人的寿命。但是我们所有的技术并未改变我们仍是地球生命之网的一分子的事实，无论何时何地，我们都在吃与被吃。

威廉·H. 麦克尼尔
芝加哥大学

　另见《动物疫病》《植物病害》。

延伸阅读

Cook, N. D. (1998). *Born to die: Disease and the New World conquest, 1492–1650.* Cambridge, U.K.: Cambridge University Press.

Cunningham, A. & Williams, P. (1992). *The laboratory revolution in medicine.* Cambridge, U.K.: Cambridge University Press.

Ewald, P. W. (1994). *The evolution of infectious disease.* New York: Oxford University Press.

Grmek, M. (1989). *Diseases in the ancient Greek world* (L. Muellner & M. Muellner, Trans.). Baltimore: Johns Hopkins University Press.

Kiple, K. (1993). *The Cambridge world history of human disease.* Cambridge, U.K.: Cambridge University Press.

McNeill, W. H. (1998). *Plagues and peoples* (2nd ed). New York: Anchor Books.

植物病害

　　人与植物病害之间的纠葛贯穿了全部历史。人往往会无意间在植物中传入或散播某种病害，造成粮食短缺和饥荒。因此，关于植物病害的研究至关重要。威胁作物生长的病害，终将危及人类的健康和生存。

　　史前先民和一些进入文明社会的民族认为，是神灵带来了疾病。希腊医师否定了这种观念，认为致病原因是生理而非超自然的。在公元前 5 世纪，希腊医者希波克拉底提出体液失衡让人得病的观点，但他没有解释造成植物病害的原因。在 19 世纪，德国植物学家德巴里、德国细菌学家科赫与法国化学家巴斯德否定了希波克拉底的观念。德巴里对马铃薯的研究以及科赫与巴斯德对牛的研究证明是病原体（寄生性微生物）引发了疾病。疾病的细菌说是现代医学的基础。

　　对人类疾病的重视，不应妨碍对植物病害的关注，尽管事实并非如此。植物病害的种类比人类的多，原因显而易见：植物在 4.1 亿年前登上陆地，而现代人只有 13 万年的历史。相比侵害人类的病原体，侵害植物的病原体多了大约 4 亿年来变异新类型。

　　植物病害在引发饥荒时，才会影响人类历史，而自从人类先祖学会控制火并开始火烧干草木帮助狩猎，其行为就影响到了植物。后来，人类在田地里播种谷物和其他作物，把种子带到了新地方，最终把心爱的庄稼带到了世界各地。人们还无意中让植物病害跟杂草、害兽和害虫一起传播开来。事实上，植物与人类的关系越来越密切，所以二者开始了共同演化。早在居无定所的采集者时期，人类就依赖植物为生了。约 1 万年前，农业在西亚产生并向世界各地传播，将人类的命运与作物（驯化植物）联系在一起。那些威胁作物生长的病害，终将危及人类的健康和生存。

主粮作物的病害

数百年来，小麦、大米和黑麦等成了养活人口的主要作物。因此，跟它们有关的病害——潜在影响粮食供应和人类健康——对人类影响巨大。

小麦锈病

小麦锈病是最古老的植物病害之一。一些学者相信，《创世记》中有一段记载黎凡特发生了严重饥荒（迫使希伯来人迁到古代地中海世界的粮仓埃及），就是锈病造成的。[1] 如果这些学者说得没错，那么这段文字就是关于植物病害的最早记载了。[2]

直到公元前 4 世纪，希腊植物学家、亚里士多德的学生泰奥弗拉斯托斯才造了"锈病"（rust）一词来命名这种疾病，因为它在小麦植株的叶和茎上留下了锈红色。他写道，种在山谷和其他低地上的小麦比高地小麦更常受锈病感染，而且感染起来更严重，不过他无法解释这一现象。

这种认识传到了罗马。早在公元前 700 年，他们就把小麦植株上

1　《旧约·创世记》（12:10）：那地遭遇饥荒。因饥荒甚大，亚伯兰就下埃及去，要在那里暂居。——译注
2　亚伯兰下埃及的时间，有公元前 1943 年或公元前 1720 年等不同的推算结果。至于该事件被记载成文的时间，大约为公元前 15 世纪。——译注

的锈红色定为锈病的标志。那时他们开始崇拜罗比古斯（Robigus），史家也确认罗比古斯就是当时掌管锈病的神。不过公平地说，尽管"锈病"这个词的词根源于罗比古斯，但我们应该记住它源于希腊而非罗马。神给罗马播下锈病这种想法，让罗马人更相信锈病源于超自然因素。但与希腊城邦的贸易往来，让罗马人放弃了植物病害的超自然起源说。在公元1世纪，博物学家老普林尼发现了湿气与锈病发生和蔓延之间的重要关联。他写道，感染锈病的小麦的生长地，晨夕常伴有雾和露。老普林尼对水与锈病关系的洞察具有先见之明，因为像所有真菌疾病一样，锈病也是在潮湿环境中传播的。锈病菌需要水来产生数百万孢子，以便生成下一代锈病菌。200年后，农业作家科卢梅拉（Columella）就告诫农民，莫把生计全系于小麦之上。作物的多样化种植是预防锈病的唯一举措。科卢梅拉建议种鹰嘴豆和小扁豆，因为它们不得锈病。

小麦锈病的镜头特写，小麦锈病是最古老的植物病害之一。照片由詹姆斯·科尔默（James Kolmer）为美国农业部农业研究署拍摄。

科卢梅拉的担忧不无道理：公元 1—3 世纪，地中海沿岸地区异常湿润，这让罗马帝国的麦田都染上了锈病。

在 7—8 世纪，阿拉伯人横扫北非并进入西班牙，伏牛花也被一起带了进来。阿拉伯人和欧洲人都不知道，伏牛花丛中藏有锈病菌。锈病菌在伏牛花上生活却不会对其造成伤害，就如造成疟疾和黄热病的病原体在雌蚊肠道中生活而不伤及雌蚊一样。藏有锈病菌的伏牛花植株没有病害之象，故而直到 17 世纪，欧洲人才开始怀疑它是特洛伊木马。法国于 1660 年率先立法消灭这种灌木，其他欧洲国家纷纷效仿，连 18 世纪的美洲殖民地也如法炮制。

然而，这些措施不足以阻止锈病蔓延。19 世纪的植物育种学家开始寻找抗锈病小麦，来与高产但易感染锈病的品种杂交。随着英国、法国、德国和美国倾巨资于农学，抗锈病小麦的研究被加速推进。1900 年，美国农业部的农学家确认，一种适合制作意面的意大利硬粒小麦和一种适合做面包的俄罗斯二粒小麦，是第一批抗锈病品种。它们以及之后的无数抗性小麦，虽不能完全免疫，但对锈病的抗性最好。

水稻矮缩病

水稻栽培的最早记载出现于 4000 年前的中国，但水稻栽培始于之前的东南亚。公元前 500 年，水稻在中国、朝鲜半岛及印度支那都有种植。到公元 1 世纪，日本、印尼和菲律宾也种上了水稻。这些地区的人对大米的依赖几乎跟 19 世纪爱尔兰人对马铃薯的依赖相当。的确，朝鲜和中国的农民也会种大豆，印度河沿岸的小麦种植也通过贸易传播到了印度中部和南部，但豆与麦只是米饭的佐食。[1]

水稻的病害约有 40 种，区分它们很难，就像中国记载的 1800 次饥荒（公元前 100 年以来）和印度记录的 70 次饥荒（公元 33 年以来）

---

1   就中国粮食作物来说，时代和地区造成的差异较大，豆、麦、稻的重要性显然不尽如作者所言。——译注

中，区分出哪些是气候导致的极为困难一样。相比其他谷物，水稻需要更多的水才能存活，因此中国和印度文献往往将水稻歉收归因于干旱少雨或水质不洁。

在 6 世纪，日本的一份文献提到，水稻植株矮缩造成水稻产量大减或绝收。这种状况困扰了农民 1200 年。1733 年，矮缩病毁掉了日本的水稻，1.2 万人死于饥荒，但没有人知晓这种病害的究竟。不像欧洲，亚洲没有发展出现代科学，后者在 18—19 世纪才经西学东渐传入。然而，日本和亚洲大陆却有着格物的传统。1874 年，这种传统促使一位日本农民研究了叶蝉的食性。他不认为单靠昆虫叮咬就能让植物矮缩，提出叶蝉经刺吸把携带的病菌传给水稻植株才造成了危害。是病菌，而非叶蝉，让水稻矮缩。

这是一种新颖和正确的见解。叶蝉的肠道内携带水稻矮缩病毒，如果我们还记得的话，它就跟不同种类的蚊子携带疟疾和黄热病病菌一样。在叶蝉的整个生命周期中，水稻矮缩病毒都具有活性，而雌叶蝉会把病毒传给后代，让病毒也跟着逐代繁衍。当叶蝉数量变得庞大，如在 1733 年的日本，病毒的传播范围就会很广，即便叶蝉的传播效率不高，也足以造成水稻歉收。

对昆虫传播病菌的发现，把昆虫学与植物病理学结合了起来，从而开辟了植物病害研究的新领域。科学家们很快明白过来，如果想最大程度减少昆虫传播的病菌所造成的作物危害，关键是控制昆虫的数量。植物病理学家光明白病害已经不够了，他现在得了解昆虫的食性和交配习性及其在病害区的分布。在 20 世纪，昆虫防治的需求使杀虫剂研发迅速成为应用化学的一个分支。对昆虫传播的病毒的研究与杀虫剂的发明及使用将在美国玉米病害防治中起到关键作用。

黑麦麦角中毒

小麦和大米在欧亚食物中的重要性让人们忽略了黑麦及其病害。在 2 世纪，定居在如今法国和德国的日耳曼部落开始种植黑麦。小麦

1849 年 12 月 22 日《伦敦新闻画报》的一幅画，描绘的是一个受饥荒影响的家庭。19 世纪 40 年代中期的马铃薯枯萎病摧毁了爱尔兰的主粮作物。此后 5 年，100 万人饿死，150 万人逃离了爱尔兰。

的价格总比黑麦高，这使黑麦面包沦为穷人的主食，直到更便宜的土豆在 16—19 世纪遍及欧洲。

黑麦染病伤害的是穷人而非富人，其中尤为严重的是麦角中毒。麦角中毒是一种真菌疾病，它让黑麦籽粒充斥着毒素，量大时会使人抽搐和死亡。与多数植物病害不同，黑麦的麦角症是通过让人中毒而非造成饥荒威胁人类。麦角毒素让死亡过程充满痛苦，中世纪的欧洲人认为这一病害是神之怒，因此称之为"圣火"。中世纪编年史记载的圣火的第一次暴发是在 8 世纪。857 年，莱茵河流域有数千人死于圣火，法国和德国也有小规模的暴发。

我们可能还记得，真菌是在潮湿环境中传播的。树木学和中世纪编年史的证据显示，欧洲在公元 1000 年后气候变得湿润而凉爽，这让麦角毒素迅速在北欧和西欧传播并让其危害程度加剧。1039 年的麦角中毒，开启了 11—18 世纪一系列严重病害的序幕。麦角中毒与 14 世纪初的饥荒，可能是造成黑死病高死亡率的原因。

原产于美洲的主粮作物的病害

欧洲和亚洲的案例表明，对少数农作物的依赖可能很危险（文化和经济上），尤其在它们染上病害时。马铃薯和玉米是被病害严重影响的两种主粮作物。

马铃薯晚疫病

引起马铃薯晚疫病的真菌，是爱尔兰马铃薯饥荒这场悲剧的主角。悲剧的起源不在欧洲，而在安第斯山脉，是那里的秘鲁原住民驯化了马铃薯。西班牙人在 16 世纪征服了秘鲁，在寻找黄金的旅途上，他们发现了一种更有价值的商品——马铃薯。在 1570 年左右，马铃薯自秘鲁坐船到达西班牙，在 1650 年前到达爱尔兰。

到 1800 年，在土地匮乏和地租高昂的双重挤压下，爱尔兰人除了依赖马铃薯为生外别无选择，因为马铃薯的单位面积产量比任何粮食都多。依赖单一作物总有风险，正如科卢梅拉在公元 1 世纪强调的那样，而马铃薯带来的风险远超爱尔兰人的想象。西班牙人只不过带回了几串马铃薯，这些马铃薯是同一品种，因此基因单一。马铃薯是出芽生殖的，除非基因突变，否则新马铃薯只是亲本的基因等价物（genetic equivalents）。由于所有马铃薯几乎都是彼此的副本，因此对一个马铃薯造成威胁的病害会危及所有马铃薯。

马铃薯一病则百病，才酿成 1845 年的灾难。6 周的雨，让晚疫病菌在爱尔兰全境快速传播。马铃薯的植株枯萎，块茎烂在地里。1846年，病害卷土重来。他们的主食又化为了泡影，接下来的 5 年，100万人饿死，150 万人逃离了爱尔兰。

这场悲剧刺激了全欧洲的科学家采取行动。1861 年，德巴里分离出了罪魁祸首——被他命名为"致病疫霉"（Phytophthora infestans）的真菌。通过让健康的土豆植株染病，德巴里证实就是它引起了晚疫病。马铃薯饥荒促成了德巴里的发现，德巴里的发现则标志着植物病理学开始成为一门科学。

玉米病害

与马铃薯病害一样，科学家们在前哥伦布时期对玉米病害知之甚少。不过显而易见，玉米是异花授粉的植物，产生的是具有遗传多样性的后代，这一点与马铃薯不同。玉米的异花授粉是一种杂交，即通过重组染色体来实现基因多样性。这种多样性应该能将流行病出现的概率降到最低，因为在多样的种群内，某些个体应该会有抗病性。

玉米病毒

自 20 世纪 20 年代起，玉米育种人员通过培育出少数高产玉米植株（几乎都是同一基因型），减少了其遗传多样性，让玉米更易受流行病害影响。1945 年，密西西比河下游地区暴发玉米矮缩病，让人联想起在亚洲水稻中肆虐的矮缩病，也显示了玉米在流行病害面前的无力。和水稻矮缩病一样，引发玉米矮缩病的也是一种病毒，这种病毒由昆虫传播，而这里的昆虫是一种蚜虫。

还有更大的祸事。1963 年和 1964 年，美国俄亥俄州朴次茅斯市的一些矮株玉米突遭疫情，疫情扩展至俄亥俄河及密西西比河流域周边，让那里的玉米全军覆没。罪魁祸首并非科学家最先想到的玉米矮缩病毒，而是两种病毒：玉米矮花叶病毒和玉米褪绿矮缩病毒。最初的混淆拖慢了科学家们的应对速度，使整个美国中西部和南部面临疫情威胁。

病毒传播的途径让玉米种植者逃过一劫。蚜虫和叶蝉分别通过叮咬来传播玉米矮花叶病毒和玉米褪绿矮缩病毒。这两种昆虫主要以俄亥俄河和密西西比河沿岸生长的约翰逊草为食，两种病毒就藏于约翰逊草中，就像小麦锈病菌[1]藏身伏牛花株一样，它们也不对藏身植物构成危害。但这两类昆虫都飞不远，而且与叶蝉携带的水稻矮缩病毒不同，玉米矮花叶病毒和玉米褪绿矮缩病毒只能在蚜虫和叶蝉体内存活45分钟，这就限制了两种病毒的传播范围。

一旦科学家们明白蚜虫、叶蝉和约翰逊草是疫情的始作俑者，美国农业部就在1964年末发起了消灭蚜虫、叶蝉（用杀虫剂）和约翰逊草（用除草剂）的运动。化学品与资金的投入使病毒威胁得以解除，也让科学家们相信他们在对抗玉米病害上占了上风。它也成功地让科学家们（除寥寥数位外）对整个中西部和南部种植单一基因玉米的质疑烟消云散。

玉米小斑病

1970年，灾祸又起。一种名为玉米小斑病的真菌病害横扫美国，毁掉了7.1亿蒲式耳（约1800万吨）的玉米收成，占该年玉米产量的15%。从得克萨斯到佐治亚和佛罗里达，农民的玉米收成减半。农民因此损失了10亿美元，而农产品价格的暴跌又让投资者损失了数十亿美元。单单一个夏天，一种玉米真菌就令人们濒临破产。

植物病理学家发现，一种单亲母本玉米（雄性不育或不产生花粉的玉米）易受玉米小斑病影响。农学家把它从玉米谱系中去除，从而培育出了抗玉米小斑病的新品种，然而玉米的基因单一性仍和1970年一样。

未来的展望

未来，随着人口呈指数级增长，人们会愈加迫切地想要减少病害

1　原文为"ergot fungus"（麦角霉菌），与前文提到的"rust fungi"（小麦锈病菌）冲突，按前文修改。——译注

带来的农作物损失。在 13 万年前，现代人类刚出现，他们的数量不过数千。到 1800 年左右，人类数量达到了 10 亿。到 1940 年，全世界人口翻了一番，而到 1975 年，人口再翻一番。如今，地球上塞下了 60 多亿人，人口学家担心，2045 年的人口可能会增加到 90 亿。

为了避免发生前所未见的大饥荒，那时的农民必须将粮食生产规模增加两倍。人口学家认为，即便产量仅比预期目标少 2%，也会让 2.7 亿人饿死。只有粮食（马铃薯、玉米、大豆、小麦和水稻）中的高产品种才有望避免大规模饥荒。换句话说，能给这个饥饿世界带来足够粮食的作物，在每类作物中仅有寥寥数种。在未来，基因同质化问题只会加剧，农作物可能会更易受到流行病害的影响。

克里斯托弗·M. 库莫（Christopher M. Cumo）

独立学者，美国俄亥俄州坎顿

另见《生物交换》《哥伦布交换》《饥荒》《人口与环境》。

延伸阅读

Agrios, G. N. (1997). *Plant pathology* (4th ed). San Diego, CA: Academic Press.

Carefoot, G. L. & Sprott, E. R. (1967). *Famine on the wind: Plant diseases & human history*. London: Angus & Robertson.

Francki, R. I. B., Milne, R. G. & Hatta, T. (1985). *Atlas of plant viruses*. Boca Raton, FL: CRC Press.

Harris, K. F. & Maramorosch, K. (Eds.) (1980). *Vectors of plant pathogens*. New York: Academic Press.

Klinkowski, M. (1970). Catastrophic plant diseases. *Annual Review of Phytopathology*, 8, 37–60.

Littlefield, L. J. (1981). *Biology of the plant rusts: An introduction*. Ames: Iowa State University Press.

Matthews, R. E. F. (1991). *Plant virology* (3rd ed.). New York: Academic Press.

Schumann, G. L. (1991). *Plant diseases: Their biology & social impact*. St. Paul, MN: American Phytopathological Society.

Shurtlett, M. C. (Ed.) (1980). *A compendium of corn diseases* (2nd ed.). St. Paul, MN:

American Phytopathological Society.

Smith, K. M. (1972). *A textbook of plant virus diseases*. New York: Academic Press.

Stefferud, A. (Ed.) (1953). *Plant diseases: The yearbook of agriculture*. Washington, DC: Government Printing Office.

Tatum, L. A. (1971). The southern corn leaf blight epidemic. *Science*, 171, 1113–1116.

Thurston, H. D. (1973). Threatening plant diseases. *Annual Review of Phytopathology*, 11, 27–52.

Ullstrup, A. J. (1972). The impacts of the southern corn leaf blights epidemics of 1971–1972. *Annual Review of Phytopathology*, 10, 37–50.

Van Regenmortel, M. H. V. & Fraenkel-Conrat, H. (Eds.) (1986). *The plant viruses*. New York: Plenum.

Vanderplank, J. E. (1963). *Plant diseases: Epidemics & control*. New York: Academic Press.

Webster, R. K. & Gunnell, P. S. (Eds.) (1992). *Compendium of rice diseases*. St. Paul, MN: American Phytopathological Society.

Western, J. H. (Ed.) (1971). *Diseases of crop plants*. New York: Macmillan.

Wiese, M. V. (1987). *Compendium of wheat diseases*. St. Paul, MN: American Phytopathological Society.

Woodham-Smith, C. (1962). *The great hunger*, Ireland, 1845–1849. New York: Harper & Row.

地震

　　　地震是人们在地表上感受到的冲击波或强烈震动。它们通常是由地壳中断层线的断裂引起，致使能量以地震波的形式突然释放。地震也能由火山活动或人类行为——如工业或军事爆破——引发。

　　地震在世界任何地方几乎都可能发生，但它大多出现在活跃地带，从数十到数百英里宽不等。震中是地表位于震源正上方的点。多数地震都是小震，破坏不大或没有破坏，但大地震，伴随一系列小余震，却危害极大。根据震中位置的不同，地震可能对人口稠密地区及其基础设施（如桥梁、高速公路、公寓楼、摩天大厦和独栋住宅等）造成程度不等（甚至灾难性）的影响。

　　地震可以摧毁我们赖以生存的人居环境和重要系统。它们也可以引发山崩与海啸（指足以淹没并摧毁沿海地区的巨浪），二者都能给人和社会带来灾难。地震如果造成了严重的社会和经济后果，从中恢复可能要很多年。

早期解释

　　人类在了解地震成因上走过了漫长旅程。起初，人们用神话和传说来解释地表之下的变动。从希腊哲学家阿那克萨哥拉（公元前 500—前 428 年）到中世纪晚期的德国教士兼议员康拉德·冯·梅根伯格（Konrad von Megenberg，1309—1374 年），思想家们都认为（彼此差异不大）是困于地下洞穴中的气体造成了地震。伊奥尼亚自然哲学的创始人、米利都的泰勒斯（约公元前 625—前 547 年），第一个将地震归因于浮在水上的大地运动。米利都的阿那克西美尼（公元前 585—前 526 年）则认为干旱时大地干裂和潮湿时大地松软都会造成地震。亚里士多德（公元前 384—前 322 年）称地震是由困在地下洞穴中的压缩气体造成的，直到中世纪，这一看法还被用来解释气象与地震。在公元 62 年（或 63 年）2 月 5 日发生于庞贝和赫库兰尼姆的地震灾难触动下，罗马政治家和哲学家塞涅卡（公元前 4—公元 65 年）支持了亚里士多德的观点。罗马史家和《博物志》的作者老普林尼（23—79 年）认为地震是发生在地下的雷暴雨。

公元 1200 年左右，当基督教下的西方重新发现古典遗产后，希腊的很多思想就跟基督教观念融合了起来。德国科学家和哲学家大阿尔伯特（Albertus Magnus，1193—1280 年）支持对亚里士多德的作品及其阿拉伯与犹太注疏的研究，他自己的著作对科学的发展也有杰出贡献。德国人文主义者、医生和矿物学家格奥尔格·阿格里科拉（Georgius Agricola，1494—1555 年）认为，地震是由太阳引燃的地下火造成。希腊哲学家毕达哥拉斯（公元前 570—前 500 年）提出的地心火假说流传久远，后在德国学者阿塔纳修斯·基歇尔（Athanasius Kircher，1601—1680 年）的《地表之下的世界》（*Mundus Subterraneus*）一书中重新出现。

18 世纪的科学家们越来越确信，没有什么自然现象是无法解释的，如何解释地震就成了启蒙科学家们的难题。英国医生威廉·斯蒂克利（William Stukeley，1687—1765 年）在其《地震哲学》（*Philosophy of Earthquakes*）一书中写道，地震就像闪电，是由天地间的静电释放造成的。

18 世纪最严重的一次地震发生于 1755 年，它摧毁了葡萄牙的里斯本，造成约 6 万人死亡，并引发了关于地震成因的大讨论。次年，德国哲学家康德（1724—1804 年）提出了地震的化学成因说，他拒斥神秘主义和宗教解释，坚称原因就在我们脚下。

重大发现

英国的约翰·温斯罗普（John Winthrop，1606—1676 年）和约翰·米歇尔（John Michell，1724—1793 年）不但思考了地震成因，还开始思考地震的影响。温斯罗普是一位数学家和自然哲学家，他做出了地震是波的重大发现，这一发现将在 100 年后再次流行。1760 年，米歇尔发表了一项研究，在其中指明了地面的波状运动。他据此提出了那个将引导我们理解地震成因的观点。

另一项重要进展的出现归功于爱尔兰工程师罗伯特·马利特（Robert Mallet，1810—1881 年），当时他正着手记录世界各地发生的地震。他编撰了一份包含 6000 次地震的目录，借此于 1857 年绘制出了当时最完整的世界地震图。地震的原因仍不可知，但是马利特的研究让人们了解了山脉与陆地的起源，为回答这个问题提供了基本方法。1912 年，德国气象学家和地球物理学家阿尔弗雷德·魏格纳（Alfred Wegener，1880—1930 年）提出了大陆漂移说，认为地壳各部分在液态核上缓慢漂移。魏格纳还设想，2 亿年前存在着一整块巨大陆地（盘古陆）。

成因

地震分为天然地震和人为地震。天然地震进一步分为构造型——最常见的地震（90% 以上的地震都是该类型）、火山型（与火山活动一起发生）和塌陷型（如在有洞穴地区发生的地震）。人为地震是由人类活动——像筑坝、采矿与核爆等——引起的地面震动。例如，在1967 年 12 月，印度科伊纳的水库蓄水导致大地震，造成 177 人死亡。

　　根据魏格纳的大陆漂移学说，多数地震都是由板块运动引起的。板块是组成地球岩层（地球的外部硬壳，包括地壳、大陆和板块）的大板块。地表由九大板块组成：六个陆地板块（北美、南美、欧亚、非洲、印澳和南极板块）和三个海洋板块（太平洋、纳斯卡和科科斯板块）。板块之间相互作用，并沿着深入地壳内部的断层移动。断层是岩层上的断裂带，其两侧发生了相对位移。比如美国加州著名的圣安德烈斯断层，它分开了太平洋板块（旧金山和洛杉矶在上面）与北美板块。

　　当大洋（太平洋中部，大西洋中部）中的山脉有熔岩上涌时，岩石就会穿过地表向两边缓慢隆起。新板块不断形成，其他板块必然会在俯冲带（一个板块边缘陷入另一板块边缘之下的地方）被熔融。

　　地震、火山、造山运动与俯冲带一般被解释为各大板块稳定的水平运动的结果。大部分板块都包含陆地和海底。目前，非洲、南极洲、

位于伦敦白城的地震屋。英国人约翰·温斯罗普和约翰·米歇尔一个世纪前提出的理论是现代地震成因论的先声。J. J. 肖（J.J.Shaw）摄。

北美洲和南美洲板块在扩张，太平洋板块则在萎缩。当板块碰撞，阿尔卑斯和喜马拉雅这样的山脉就会隆起，并伴随持续的地震活动。

测震仪与里氏震级

地震由被称为测震仪的灵敏仪器记录。如今的测震仪记录的是地面震动的频段和振幅。震波图（地震仪产生的记录）显示了地震波在地表上的动态变化。地震产生了不同种类的地震波：P（primary）波交替地压缩和膨胀岩石，S（secondary）波则垂直于 P 波的传播方向做剪切运动。通过震波图，我们可以确定地震的距离和能量，至少需要三个震波图来确定地震发生的位置。岩层断裂的开始处为震源，地表位于震源正上方的点是震中，震源与震中的距离为震源深度。

地震释放的能量由震级来衡量和表示。常见的震级衡量方式是里氏震级，以美国地震学家查尔斯·弗朗西斯·里克特（Charles Francis Richter，1900—1985 年）的名字命名。里氏震级算的是地震波最大振幅的对数，意味着 7 级地震的地震能量比 5 级强 1000 倍。

地震巨灾

下面不同地区的例子清楚说明了地震能对人类造成何种危害。

1906 年：旧金山（美国加利福尼亚州）

1906 年 4 月 18 日旧金山的 7.8 级地震，是美国加州历史上危害最大的地震之一，破坏区域超过 600 平方千米。加州大部分地区、内华达州西部和俄勒冈州南部部分地区都有震感。此次地震造成了美国本土所能观察到的最长的断层破裂。观测到的圣安德烈斯断层移位，距离超过 300 千米。根据修正后的 1~12 度麦卡利地震烈度分级（基于其地质影响），这次地震的最大烈度为 11 度。

地震以及由此引发的火灾估计夺去了 3000 人的生命，并造成约 5.24 亿美元的财产损失。地震毁坏了该城和旧金山县所有地区的建筑。普通的砖木建筑损毁严重或被完全毁掉，排污和供水的干管破裂，包括一条从圣安德烈湖向旧金山供水的管道，从而中断了该市供水。这让地震发生不久就燃起的火灾无法控制，随后这些大火烧毁了旧金山的很大一部分。直到 1908 年，旧金山才开始快速复苏。

1995 年：阪神-淡路（日本神户）

1995 年 1 月 17 日，就在日本工业城市神户（人口约 150 万）的城区之下，发生了 6.9 级的阪神-淡路大地震。地震发生在淡路岛到神户的断层浅处。强烈的地面震动持续了 20 秒左右，大片区域遭到严重破坏。地震造成 5000 多人丧生，总损失超 1000 亿美元，约占日本国民生产总值的 2%。超过 15 万栋建筑被毁，高速公路、桥梁、铁路和地铁瘫痪，水、污水、煤气、电力和电话系统遭到大面积破坏。

神户被摧毁。它是当时世界六大集装箱货运港口之一，也是日本最大的集装箱货运港口。在接下来的几年里，它作为亚洲主要枢纽的地位下降，连带造成巨大的经济损失。日本在地震研究方面投入了巨资，该国人曾相信他们会为下次地震做好准备，但阪神劫难让他们的信念遭受了重创。

2003 年：巴姆（伊朗）

2003 年 12 月 26 日，伊朗东南部城市巴姆发生地震，再次显示了低劣建筑质量与受害者众多之间的悲惨关联。这次地震的震级为 6.5，震源在该城之下仅 8 千米。地震来袭时，巴姆的居民尚在睡梦中。死亡人数估计为 4.32 万，伤者超 3 万，还有 10 万人无家可归。死者众多的主要原因是建筑质量普遍较差，其中 85% 的建筑受损。尽管专家在震前就把该地划为地震高发区，但很多住宅还是传统砖房，屋顶很重。未经加固的建筑几乎无法抵御强震引起的地面晃动。

防震准备

人口密度的增大会放大地震的潜在危害，特别是在地震活动频繁的城市地区，如旧金山。为此，遵守抗震建筑标准非常重要。对新建筑进行合理规划与管控，对现有建筑进行抗震改造，可以令多种类型的建筑经受住地震冲击。遵守抗震建筑标准的障碍之一是成本高，尤其是在发展中国家的不富裕城市，成本的影响可能非常致命。

墨西哥城、中国四川省、海地

1985 年 9 月 19 日墨西哥城的地震，发生在距墨西哥城 200 千米的地方，但它对城市松软湖泥的震动比震中还强。近万人因地震死亡。随着劣质建筑倒塌，城市也遭受重创，多达 10 万个住宅单位和无数公共建筑被毁。

上亿人[1]住在不抗强震的建筑中，而强震果真发生了，这就是 2008 年中国四川省地震的情形。当时，中国多达 9 万人丧生或失踪，另有 37.4 万人受伤。

2010 年 1 月 12 日下午，一场 7 级地震摧毁了海地——这个位于加勒比海伊斯帕尼奥拉岛上的国家——部分地区，这是该地 200 多年来最强的一次地震。地震发生在加勒比与北美板块交界处的一条横贯海地的断层上，震中位于首都太子港（当时太子港人口超过 200 万）以南 16 千米。余震持续了数天，包括一周后一次标记为 5.9 级的余震。截至 2010 年 1 月底，死亡人数估计为 7 万~20 万。地震后果因两个因素而加重：震源深度浅，这意味着能量释放更接近地表，而不太可能被地壳吸收；海地几乎所有的建筑都是不合格建筑，许多建筑材料用的就是煤渣砖和灰浆。

---

1   作者在此处用词为"hundreds of millions of"，即"数亿"，按照四川省的人口总数（8100 万左右，2008 年），改为"上亿"是合理的。——译注

预计未来还会发生更多高死亡率的大地震。由于很多发展中国家快速建成的大都市都在地震高发区，即使有现代地震工程保护，悲剧的发生概率还是很大。

截至 2010 年，地震的时间、地点和震级仍无法被准确预测。但如果建设者依据所在地的地震危险程度来执行建筑标准，那么损失和伤亡就可以降到最低。

克里斯塔·哈默尔（Christa Hammerl）
奥地利中央气象及地球动力学研究所

另见《气候变化》。

延伸阅读

Bolt, B. A. (1976). *Nuclear explosions and earthquakes: The parted veil*. San Francisco: Freeman.

Bolt, B. A. (1993). *Earthquakes*. San Francisco: Freeman. Ghasbanpou, J. (2004). Bam. Iran.

Gubbins, D. (1990). *Seismology and plate tectonics*. Cambridge, U.K.: Cambridge University Press.

Hansen, G. & Condon, E. (1990). *Denial of disaster. The untold story and photographs of the San Francisco earthquake and fire of 1906*. San Francisco: Cameron and Company.

Jones, B. G. (Ed.) (1997). *Economic consequences of earthquakes: Preparing for the unexpected*. Buffalo: State University of New York.

Lay, T. & Wallace, T. C. (1995). *Modern global seismology*. San Diego, CA: Academic Press.

Richter, C. F. (1958). *Elementary seismology*. San Francisco: Freeman.

生态帝国主义

生态帝国主义是殖民者将他们家乡的植物、动物和疾病带到新地方的过程，尽管有时是无意的。将新环境变成一个更加熟悉的环境，对帝国主义者的立足和成功至关重要，最明显的就是欧洲人在美洲、非洲和大洋洲的例子。

帝国主义常被视为一种政治现象，有时也被认为是一种经济或宗教现象。但它也有生态的一面：帝国主义者有意地，多半是无意地，且总是不可避免地，将植物、动物和微生物从出发地随身带到新地方。不管是征服还是定居，帝国主义者的成功都离不开与他们一起到来的生物的帮助。最成功的帝国主义者，是有意或碰巧把新环境中的动物、植物和微生物变得跟原来环境中的非常相像的人。

外来生物常常出现水土不服，例如，曾有人尝试让欧洲夜莺在北美安家落户，却一直没有成功。不过，新环境中的生物缺乏提前适应或有效抵抗，也常常令外来物种如鱼得水。

生态帝国主义的例子

生态帝国主义始于人类迁徙。例如，澳大利亚原住民的祖先在大约 5 万年前从马来群岛来到澳大利亚，数千年后，他们引入了自己的狗，即丁格犬——澳大利亚大陆上第一种驯化动物，这对他们的成功至关重要。

最好的例子与欧洲人的扩张相关，因为欧洲人是最早对跨海越洋习以为常的人，也就是说，他们带着相差极大的动植物在各大陆间穿梭。随人类入侵者而来的生物先改变了当地的生态系统，这是随后人类在生物和经济上取得成功的关键。这个一马当先之功分属三家：农作物、牲畜和疾病。

农作物

欧洲人学会了吃美洲和大洋洲（邻近太平洋的地区）的食物，但他们通常更喜欢自己的食物，不管在哪儿落脚，只要能种，他们还是爱在殖民地种小麦、大麦、大米、芜菁、豌豆、香蕉等农作物。这些作物往往非常重要，它们使帝国主义者能在本地作物长得不好的地方大规模定居下来。欧洲农作物的成功典范是小麦，它能在美洲本地粮食作物不适应的地方茁壮成长，从而为北美、南美与澳大利亚温带草原上的大量人口提供营养和经济基础。

牲畜

在鲜有驯化动物的地方，欧洲帝国主义者最为成功。被引入美洲以后，猪在当地几乎什么都吃，它们还迅速野化，从而为帝国主义者提供了丰富的蛋白质和脂肪。引入的牛则把人类不能吃的东西——杂草与其他草本植物——变成了人类可以吃的肉和奶，在到来后不到100年，它们也在墨西哥北部与阿根廷变成了野性十足的种群。旧大陆的羊也在众多殖民地繁衍兴旺，在澳大利亚和新西兰，它们的数量增长尤为迅猛。在这些牲畜以及其他类似的牲畜——如山羊——适应良好的地方，欧洲人活得也不会差。

美国堪萨斯州杰纳西奥的谢尔曼牧场在赶拢牛群。马和牛是被人
从欧洲带到北美的。纽约公共图书馆。

马的增长速度比多数牲口都慢，但在一段时间之后，它们的数量
也出现了急剧增长。它们使入侵者在与本地步兵的战斗中变成了超人，
后者中的多数人之前从未见过这样的庞然大物，他们也从未见过驮着
人并听人差遣的动物。

这些成功背后的生物革命非常复杂，远不是把农作物和牲口带上
岸那么简单。整个生态系统，或者至少是它的几个组成部分，也得引
入进来。例如，在北美的 13 个殖民地和后来美国最早的那些州，大
批欧洲牲畜立足的困难之一，是本地杂草与其他草本植物几千年来没
有受过家畜的踩踏与啃食，因此无法承受过度放牧的压力。欧洲牧
草——例如，白花三叶草与美国人错叫的肯塔基蓝草——的引入以及
随后的快速扩展，为外来牲畜铺开了一张裹着食物的地毯。在阿根廷、
澳大利亚和新西兰的湿润地区，类似剧情也在上演。

疾病

欧洲帝国主义在美洲和大洋洲的第一阶段，入侵者似乎不可能战胜原住民。新移民始终寡不敌众。他们被海洋隔绝在母国之外，甚至对如何在新的陌生环境下生存都不知道。他们需要强大的盟友，比如前面提到的牲畜，还有他们自身及其牲畜的血液与呼吸中所携带的细菌。旧大陆入侵者的优势在于，他们的微生物演化和人类史与新大陆不同。

大量人口以农业为生，这种情况在旧大陆出现得比其他地区都要早。其中最重要的要数那些在拥挤和肮脏的城市里生活的人，他们为病原体提供了食物、藏身处和传播机会。同样，大量家畜也最早出现在那里，它们既为病原体提供了更多藏身之所，也为病原体从一个物种转移到另一个物种（包括人类）提供了便利。旧大陆的人喜欢长途贸易，这让瘟疫发生的可能性成倍增加。

当欧洲帝国主义者横渡大洋时，他们携带着美洲和大洋洲民众闻所未闻的传染病，后者的人口（及城市人口）密度较低，或者才刚开始增加。家畜成群的现象很少或从未出现，长距离贸易的频率也较低。因此，原住民不熟悉天花、麻疹、斑疹伤寒、流感、黄热病和疟疾等诸如此类的传染病。

在这些生态帝国主义传染病中，影响最大（或至少最惊人）的是天花。它最早在 1518 年底到达西印度群岛，迅速传遍了大安的列斯群岛，然后到达墨西哥——在那里，埃尔南·科尔特斯和他的西班牙征服者们刚刚被赶出阿兹特克首都。全部（或几乎所有）西班牙人都已在大西洋的另一边患过这种疾病，因此毫发无伤。墨西哥人全都没有抗体，故而成批死去。

同样的事件和进程也在美洲和大洋洲等其他地方发生。例如，在1616 年暴发的某种可怕传染病，就为 1620 年到达马萨诸塞的普利茅斯殖民地的清教徒扫清了道路。另一个例子发生在 1789 年，在殖民者到达植物湾（Botany Bay）之后不久，天花就袭击了新南威尔士的原住民。

生态帝国主义的失败

　　在随欧洲人到来的动植物与微生物取胜的地方，如美洲和西南太平洋的温带地区，欧洲人在人口上也占支配地位。在胜败参半的地方，如热带美洲和南非，欧洲人虽在军事上征服了那里，但在人口上却不占优势。在随行生物影响微弱的地方，如热带非洲和亚洲，欧洲人无法建立定居型殖民地，并在 20 世纪被赶走。

艾尔弗雷德·W. 克罗斯比

美国得州大学奥斯汀分校

另见《生物交换》《疾病概述》《绿色革命》。

延伸阅读

Campbell, Judy. (2002). *Invisible invaders: Smallpox and other diseases in aboriginal Australia, 1780–1880*. Victoria, Australia: Melbourne University Press.

Cook, N. D. (1998). *Born to die: Disease and New World conquest, 1493–1650*. Cambridge, U.K.: Cambridge University Press.

Cronon, W. (1994). *Changes in the land: Indians, colonists, and the ecology of New England*. New York: Hill and Wang.

Crosby, A. W. (1972). *The Columbian exchange: Biological and cultural consequences of 1492*. Westport, CT: Greenwood Press.

Crosby, A. W. (1986). *Ecological imperialism: The biological expansion of Europe, 900–1900*. Cambridge, U.K.: Cambridge University Press.

Diamond, J. (1996). *Guns, germs, and steel*. New York: W. W. Norton & Company.

Melville, E. G. K. (1994). *A plague of sheep: Environmental consequences of the conquest of Mexico*. Cambridge, U.K.: Cambridge University Press.

Merchant, C. (1989). *Ecological revolutions: Nature, gender, and science in New England*. Chapel Hill: University of Carolina Press.

Thornton, R. (1987). *American Indian holocaust and survival: A population history since 1492*. Norman: University of Oklahoma Press.

Todd, K. (2001). *Tinkering with Eden: A natural history of exotics in America*. New York: W. W. Norton & Company.

能量

从简单的肌肉机械能到放射性物质释放的能量，能源利用在历史上消长有时。它的变化造成了巨大的经济、社会和政治影响，涉及帝国兴衰和时势变迁。能源利用将继续与人类一起演变，并决定未来发展策略的可行性。

从最基本的物理学角度看，所有的过程——自然或社会的、地质或历史的、渐进或突发的——都是一种能量转换，因此必须符合热力学定律，而这样的转换都增加了宇宙中熵（无序或不确定性的量度）的总量。这一角度使得对能源的占有和掌控及其明智利用成为决定人类事务的关键因素。同样，考虑到各大文明的能源利用量越来越大，我们可以推理出一种线性进步观——历史被简化为一个复杂性不断增加的过程，而它只有通过更多能量的注入才能实现。那些能够控制且能密集和高效地利用大量（或优质）能源的人（与社会及文明），显然将成为能量赢家，而那些低效和转换能量少的人则会从根本上处于劣势。

这种能源决定论，在基本物理学方面可能是一个完美无缺的命题，但在历史上是站不住脚的，它相当于对复杂现实的一种简化（用物理、化学规律来解释复杂的生命科学过程与现象）。能源及其转换并不决定一个社会的追求、精神（独特的品格、情感、德行或主流信仰）、凝聚力、根本的文化成就和长久的恢复力或脆弱性。

尼古拉斯·杰奥尔杰斯库–罗根（Nicholas Georgescu-Roegen），一位用热力学来研究经济和环境的先驱，在 1980 年提出了类似观点，强调这些物理基础类似于正方形中对对角线长短的几何约束——但它们不能确定对角线的颜色，也没法告诉我们与颜色如何产生相关的任何东西。同样，由于能源种类、发动机种类及发动机效率的限制，所有社会的活动、技术和经济能力以及社会成就都有其阈限。但是，这些限制并不能解释诸如创造天赋或宗教热情等文化要素，而且仅凭它们几乎无法预知一个社会的治理形式和效率，或者该社会对公民福利的投入。因此，说明能源在历史上的作用是一项艰巨的任务，最好取道中庸——努力寻求解释，并兼顾与之相反的论点。

按社会所利用的主要初级能源来分期，可将世界历史分成极不对称的两个阶段：可再生燃料时代与不可再生燃料时代。所有前现代社会几乎完全依赖太阳能，也就是说，依赖永恒的（用文明的时间尺度来衡量的）可再生能源。它们从生物质——由光合作用转换而来，多表现为木柴与庄稼残茬，最重要的是秸秆，还有用于照明的植物和动物脂肪——中获取光和热。社会的动能来自人与动物的新陈代谢（很明显，是通过吃掉生物质而获取能量），只有极少部分来自风和水流——这两种动能是由（地球生物圈吸收之后的）太阳辐射转换而来，而太阳辐射是全球水和大气循环的动力。

化石燃料也源自光合作用，但其中的生物质在之后 100 万到 1 亿多年的时间里，被地壳最上层的高温和高压转换成了新物质。因此，化石燃料——按质量的升序排列，即泥炭到各类煤（褐煤到无烟煤），再到各种碳氢化合物（原油和天然气）——在历史时期的尺度上都是不可再生的。这意味着，前现代太阳能社会能源基础的潜在寿命与生物圈本身的寿命（仍有数亿年之久）相一致，而现代社会若想再存活几百年，就必须改变其能源基础。

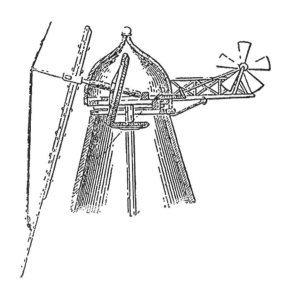

这张图显示了风车上部的主要机械部件。

生物质燃料

生物质燃料有两个天然缺陷：低功率密度（以每平方米多少瓦表示——瓦／米^2）和低能量密度（以每千克多少焦耳表示——焦／千克）。即使在茂密的森林里，可采伐的生物质燃料功率密度也不超过 1 瓦／米^2，而多数人并无砍伐大树树干的工具，只能依靠功率密度更小的小树、树枝和树叶。同样，作为饲料和原料收集的庄稼残茬，其功率密度也很难超过 0.1 瓦／米^2。因此，大型居住区需要广大森林地区来满足其能源需求。在温带气候条件下，一个前工业化的大城市每平方米建筑面积至少需要 20~30 瓦能量来取暖、做饭和做活。而且，按照这样的城市所使用的燃料类型，它将需要附近300 倍规模的腹地来供应燃料。这样限制就一目了然了：在以木材作为主要能源的时代，温带气候条件下不可能存在人口在 1000 万及以上的特大城市。

表 1   常见燃料的能量密度

燃料	密度（兆焦／千克）
干粪	10~12
风干秸秆	14~16
风干木柴	15~17
木炭	28~29
褐煤	10~20
烟煤	20~26
无烟煤	27~30
原油	41~42
汽油	44~45
天然气	33~37

资料来源：Smil(1991)。

在木炭被大规模使用后，这种功率密度的限制就变得更大了。把木柴变成木炭是为了提高木柴的能量密度：风干形式（约有 20% 的水分）下，该燃料的密度约为 18 兆焦／千克，而木炭则为 29 兆焦／千克，提高了约 60%。好燃料的优点也很明显：单位体积质量小且利于运输和储存、用的炉（或火盆）小、添加燃料的次数少、空气污染少。但是，传统的烧炭方式效率低，烧炭所用木柴的 80% 左右在烧制过程中被浪费。即使只用木炭来取暖和做饭，这种浪费也会给木材资源带来很大压力，而木炭在各门手艺及冶金中的广泛使用更让这种浪费成为严重的限制因素。举例来说，在 1810 年，冶金对木炭的需求让美国每年要拿出面积约 2500 平方千米的森林；一个世纪后，其面积达到 17 万平方千米，相当于以费城与波士顿之间的距离为一条边的正方形的面积。这种局限性不言自明：没有哪个全球性钢铁文明是靠木炭建起来的，因此源自煤炭的焦炭取而代之。

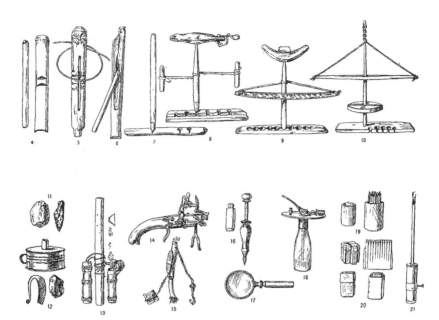

这一系列图画展示了不同时期和不同文化中多样的取火手段：（4）火锯（婆罗洲）；(5)绳火锯（婆罗洲）；(6)火犁（波利尼西亚）；(7)钻火器（美洲原住民）；(8)钻火器（阿拉斯加因纽特人）；(9)钻火器（阿拉斯加因纽特人）；(10)钻火器（加拿大易洛魁人）；(11)打火器（阿拉斯加因纽特人）;(12)打火器（英格兰）;(13)打火器（马来西亚）;(14)火绒枪型火机（英格兰）；(15)打火器（西班牙）(16)空气压缩引火仪（泰国和马来西亚）;(17)透镜（古希腊）；(18)氢气灯（德国）;(19)小盒火柴（奥地利）;(20)火柴;(21)燃气电子点火枪（美国）。

人和牲畜的肌肉

同样，人和牲畜的肌肉力量有限，这就制约了所有传统社会的生产力与侵略性。健康的成年人可以在其最大有氧代谢能力40%~50%的水平下工作，对男性（假设肌肉效率为20%）而言，这意味着转化成70~100瓦的有用功。小型牛（黄牛和水牛）可以保持在约300瓦，小型马约为500瓦，大型牲畜为800~900瓦（1马力等于745瓦[1]）。将

1　原文如此。1马力≈735瓦。——译注

拉塞尔·李（Russel Lee），《新墨西哥州派镇的加油站和车库》，1940年，彩色幻灯片。这张照片是美国联邦农业安全管理局（Farm Security Administration）委托拍摄的系列图像的一部分，目的是记录大萧条后美国的生活。国会图书馆。

这些功率进行换算，一头公牛至少等于 4 个男人，一匹大马相当于 8 到 10 个男人。同样重要的是，大型役畜的最大功率可以短时达到 3 千瓦以上，从而完成男人无法完成的差事（犁耕黏硬土地和拔除树桩）。众多大型役畜会极大提高传统农业的生产力：即使是缓慢犁耕也比锄地快 3 到 5 倍。

然而有得则有失，这些优势的获得需要人们付出更多时间来照顾牲畜，并用更多土地喂养它们。例如，美国农场里马匹和骡子数量最多的时候是在 1919 年（约 2500 万头），喂养它们需要全国农田的20%。很明显，只有拥有大量农田的国家才能承受这一负担：日本、中国或印度不在此列。大型役畜和优良工具最终会减少在主粮生产上花费的时间。如在中古的新英格兰，种植 1 公顷小麦总计需在地里工作 180 小时，在 19 世纪初的荷兰需要 120 小时，在 1900 年的美国大平原需要 60 小时。但是，在任何一个只靠人和牲畜的肌肉来从事粮食生产的社会，大部分劳力都得务农，其比例从中华帝国的 90% 以上到内战后美国的 66% 以上——而且在所有传统农业社会里，儿童通常要给成人打下手。

这种限制对战争来说也显而易见，因为即使训练有素的人赋予兵器的破坏力也有限，这一点可以通过对比前工业社会常见武器的动能看出。从中古的大炮中射出一发石弹，其动能相当于用重十字弓射出 500 支箭或者用重剑刺 1000 下。因此，火药使用前的战争耗费的肌肉能量有限，这也解释了人们对围城或用计的偏好。随着火药的使用——在中国是 10 世纪，在欧洲是 14 世纪初——战争变得更具破坏性。

生物代谢和风能转化的低效也对行进速度带来了明显制约。疾速奔跑和策马奔腾只被用在紧急信息传递上，它们在一天内就能越过千山万水：在罗马时代的路上最远可达 380 千米。不过，推着独轮车（帝制时期中国常见的一种出行方式）的人的正常行进速度只有 10~15 千米 / 天，牛车的速度也快不了多少，重型马车为 30~40 千米 / 天，客运

特兰奎尔米尔斯（Tranquille Mills）的水车，位于不列颠哥伦比亚省坎卢普斯湖，1871 年。本雅明·F. 巴尔茨利（Benjamin F. Baltzly）摄，麦考德博物馆。

马车（路况良好的情况下）为 50~70 千米 / 天。陆路运输价格高昂，这在罗马皇帝戴克里先著名的《物价敕令》（*edictum de pretiis*）中可以充分地体现出来：公元 301 年，在陆上运粮仅 120 千米，其花费就比从埃及到罗马奥斯蒂亚港的航运运费还高。

前工业时代的机械发动机

工业化之前的多数旧大陆社会，最后都引入了简单的机械装置把两种来自太阳的间接能量流（流水和风）转化为旋转力，它们也利用风帆作为船的推动力。帆的演变缓慢，从古埃及和古典时期地中海文化中低效的方形帆，到穆斯林世界的三角帆，再到中古时期中国的硬帆（batten sails），最后才发展出复合帆（三角帆、前帆、主帆、后帆、上桅帆和后桅纵帆），近代的欧洲正是乘着复合帆式大帆船才开始了18 世纪和 19 世纪的全球征服。虽然海运是当时最便宜的运输方式，但它既难预测，也不牢靠。

最好的帆船——19 世纪下半叶英国和美国的"中国飞剪"（China clippers）——平均时速超过 30 千米，在整个洲际航程中时速接近 20 千米，而罗马时代最好的货船时速还不到 10 千米。但是，当迎风而行时，所有帆船都得戗风行驶，否则会因无风而停航。因此，在奥斯蒂亚和埃及之间航行的粮船，其用时少则 1 周，多则 3 个月或更长；两千年后，返航的英国船有时要 3 个月才能等到好风进入普利茅斯湾。

水车的起源仍难确定，尽管法国南部的巴贝格（Barbegal）有非常壮观的成列罗马水车，但在所有古典社会，由于奴隶为粮食碾磨和手工制作等差事提供了廉价劳力，水车的重要性并不大。在一些中古社会里，水车确实变得特别重要，它们首先被用于食品加工、木材切削和金属冶炼。然而，过了 800 年，水车的最大功率才增加了 10 倍。到18 世纪初，虽然它们是当时能找到的最大发动机，但欧洲水车的平均功率还不到 4 千瓦——只相当于 5 匹大型马。风车在公元 1000 年末才出现，跟水车很像，它们最终在一些中东和地中海沿岸国家及大西洋沿岸的欧洲部分地区变得重要。同样，即使是 18 世纪相对先进的荷兰风车，其平均功率也不到 5 千瓦。

表 2　移动式发动机的持续功率

发动机	持续功率（瓦）
童工	30
瘦弱女子	60
强壮男性	100
毛驴	150
小型牛	300
普通马	600
大型马	800
早期小型拖拉机 (1920 年)	10 000
福特 T 型车（1908 年）	15 000
普通拖拉机 (1950 年)	30 000
本田思域 (2000 年)	79 000
大型拖拉机 (2000 年)	22 5000
大型柴油机 (1917 年)	400 000
大型船用柴油机 (1960 年)	30 000 000
波音 747 的四台燃气涡轮机 (1970 年)	60 000 000

来源：据 Smil(1994 年和 2003 年) 的数据整理。

　　因此，几乎完全或绝大部分靠生物来获取动能的社会（即使在某些地方和一定区域有小型水车和风车作为补充），既无法保证充足的食物供应，也不能确保大部分居民的物质享受。即使喜获丰收（粮食产出数百年都保持稳定），营养不足的情况仍然存在，甚至饥馑频仍；小型手工制作（除了少量奢侈品行业外）效率低下，且局限于有限的粗加工产品；一般人财产微薄，文盲是普遍现象，休闲和旅行也不常见。

化石燃料、发动机、电

随着化石燃料的使用，所有这些情况都改变了。尽管欧洲和亚洲部分地区的人们几百年来对煤炭进行了有限利用，但西方（显然，英国除外）从生物质向煤炭的过渡到 19 世纪才发生（例如，直到 19 世纪 80 年代，美国初级能源的一半以上仍由木材提供），而在人口众多的亚洲国家，这种过渡在 20 世纪下半叶才完成。最古老的化石燃料（无烟煤）有 1 亿年的历史，最年轻的（泥炭）则只有 1000 年的历史。固体燃料（各种煤）和碳氢化合物（原油与天然气）通常只存在于高浓缩的沉积物中，在被提取出来后，它们会具有超高的功率密度：多层煤矿和储藏丰富的油气田可以产生的功率密度是 $1000\sim10\,000$ 瓦 / 米^2，比生物质燃料高 1 万 ~10 万倍。

此外，除了劣质且不重要的褐煤和泥炭外，化石燃料的能量密度更高：锅炉煤（目前主要用于发电）能量密度为 $22\sim26$ 兆焦 / 千克，原油和成品油为 $42\sim44$ 兆焦 / 千克。这样，化石燃料的提炼和分配就创造了与以生物质燃料为基础的社会截然相反的能源体系：高能量密度的燃料从少量的高浓缩沉积物中生产出来，然后被运送到其他地区、国家，甚至越来越多地在全球进行分配。随着大型油轮或大口径管道的出现，液态碳氢化合物的配送任务变得非常容易。液体燃料在 20 世纪后半叶成为世界的主要能源，就不足为奇了。

化石燃料的优良品性被两次根本性技术革命大大提升：一是新型机械发动机的发明和迅速的商业应用，二是电力生产和分配这个全新能源体系的建立。按时间顺序，先后出现的新型机械发动机是蒸汽机、内燃机、蒸汽轮机和燃气涡轮机，它们的发展不但增加了总功率，还提高了热效率。英国发明家托马斯·纽科门（Thomas Newcomen）的蒸汽机（1700 年之后）极其浪费，它只将煤炭中 0.5% 的能量转换为往复运动。苏格兰发明家瓦特对蒸汽机进行了彻底的重新设计（分离式冷凝器），到 1800 年，他把蒸汽机的热效率提升至 5%，瓦特蒸汽机的平均功率约为 20 千瓦，顶得上 24 匹好马。在 19 世纪结束前，逐步的改进使蒸汽机的最大功率增加到相当于 4000 匹马，其热效率超过 10%。

表 3　固定式发动机的持续功率

发动机	持续功率（瓦）
大型罗马水车（200 年）	2000
普通欧洲水车（1700 年）	4000
大型荷兰风车（1720 年）	5000
纽科门蒸汽机（1730 年）	10 000
最大瓦特蒸汽机（1800 年）	100 000
大型蒸汽发动机（1850 年）	250 000
帕森斯蒸汽涡轮机（1900 年）	1 000 000
最大蒸汽发动机（1900 年）	3 500 000
普通蒸汽涡轮机（1950 年）	100 000 000
最大蒸汽涡轮机（2000 年）	1 500 000 000

来源：据 Smil(1994 年和 2003 年) 的数据整理。

这些机器为 19 世纪工业化提供了主要动力，它们使许多工业流程机械化，扩大了生产能力，并让越来越多的基本消费品价格下降，从而进入平民百姓家。它们给煤矿开采业、钢铁业和机械制造业带来了巨大冲击。它们也为陆上和水上交通提供了前所未见的动力。到 1900 年，铁路以比四轮马车快一个量级的速度提供定点服务，大型汽船则将横渡大西洋的时间缩短至 6 天以内（相比之下，19 世纪 30 年代之前的出行方式耗时近 4 周）。

然而，这些蒸汽机的辉煌很短暂：在 19 世纪最后 20 年里，小型蒸汽机开始被内燃机取代，大型蒸汽机则被蒸汽涡轮机代替。德国工程师尼古拉斯·奥托为摩托车设计的内燃机最终达到了 20% 以上的热效率。1866 年后，它成为一款商用固定式发动机。从 19 世纪 80 年代起，德国工程师戈特利布·戴姆勒、卡尔·本茨和威廉·迈巴赫将其用于轮式交通工具。德国工程师鲁道夫·狄塞尔的高效发动机（1900 年之后发明）则出手不凡，它的热效率达到了 30% 以上。19 世纪 80 年代是发明最扎堆的 10 年，有美国发明家托马斯·爱迪生设计的一种全新能源体系（这比他在白炽灯上长期投入的工作更为重要），还有美国发明家尼古拉·特斯拉的电动机和爱尔兰工程师查尔斯·帕森斯发明的汽轮机，这一时期也为电力工业的发展奠定了长久基础。

电提供了最优质的能源，它使用起来清洁、方便且灵活（可用来照明、供暖和驱动），而且能够精准控制。能精准控制这一点让工业生产发生了革命性变化，因为电动机（热效率最终可超过 90%）取代了笨重且浪费的蒸汽驱动轴承和皮带。最后一种现代发动机——燃气涡轮机——在 20 世纪 30 年代问世，用于飞机的喷气推进，后来它也成为一种常用的发电方式。所有这些机器的单位安装功率都比蒸汽机小得多，因此体积更小，也（除了大型蒸汽涡轮发电机）更适合移动使用。

在破坏力方面，瑞典制造商阿尔弗雷德·诺贝尔发明了炸药，这种爆炸物的爆速几乎是火药的 4 倍，之后很快出现了威力更大的混合炸药。到 1945 年，随着核裂变武器的出现，破坏力被提高到一个全新水平，而仅仅数年之后，核聚变炸弹就出现了。到 1990 年（苏联解体）冷战结束前，两个超级大国将其总能源的很大一部分用于装配破坏力惊人的军火库——几乎相当于 2.5 万个战略核弹头，总功率接近 50 万枚广岛原子弹。

现代能源体系

化石燃料能源体系的方方面面都在总功率和热效率上取得了引人注目的进步，它们共同促成了人均能源消耗的大幅增加。虽然 1900—2000 年的世界人口几乎翻了两番（从 16 亿到 61 亿），但人均商业能

19 世纪 90 年代左右，比利时布鲁塞尔的牛奶小贩。数百年来，风力就被用来碾磨粮食。

源的年供应量却翻了不止两番，加上热效率更高，这意味着 2000 年世界上可支配的商业能源大约是 1900 年的 25 倍多。如今，富裕经济体的人均能源（供暖、照明、驱动）供给水平经历了 8 到 10 倍的提高，相应地，其可支配的商业能源增加了 20 倍甚至 30 倍还多。像中国或巴西这样正在进行工业化的国家，历史上从来没有出现过能源增长幅度不大，生活质量却可以极大提高的现象。

　　增加的能量流直接由个人随意控制，这同样是一种惊人现象。在 1900 年，即使是一位富裕的美国农民，手里牵着 6 匹大马，他所控制的牲畜的功率也不会超过 5 千瓦；一个世纪后，他的曾孙坐在有舒适空调的驾驶舱内，开着一辆功率超过 250 千瓦的大型拖拉机。1900 年，在时速 100 千米的洲际火车上，添煤工在费力保持着大约 1 兆瓦的蒸汽功率；2000 年，沿着同样路线且在地表之上 11 千米的一架波音 747 上的飞行员，只是在边上看着电脑，飞机就能以 60 兆瓦的功率和 900 千米的巡航时速飞行。

即使到了 2000 年，这些惊人能量流所带来的好处也未得到公平分配。按吨油当量（TOE）计算，2000 年能源的人均年消耗量从美国和加拿大的约 8 吨，到德国和日本的 4 吨，而南非不到 3 吨，巴西不足 1 吨，中国约 0.75 吨，撒哈拉以南非洲的很多国家则少于 0.25 吨。然而，仔细观察高能耗带来的回报就会发现，所有的生活质量指标（预期寿命、粮食供应、个人收入、文化水平、政治自由度）与人均可用能源之间都呈明显的非线性关系：当能源的人均年消耗量增加到 1~2 吨以上，所有这些指标的收益都开始出现明显递减，当增加到大约 2.5 吨以上时，就几乎不会再增加任何收益了。在问出这样一个简单问题后，这一点就更清楚了：美国过去这两代公民的生活水准（寿命、健康、生产力、文化水平、知情权或自由度）真比西欧和日本的人民好一倍吗？

对一个国家而言，能源丰富会带来什么？在美国，它显然为这个国家崛起成为经济、军事和技术上的超级大国做出了贡献。但它却未能阻止苏联的解体，而 1989 年的苏联是世界上最大的化石燃料生产国。未能利用丰富能源建成现代富裕社会的突出例子还包括伊朗、尼日利亚、苏丹和印度尼西亚等国：它们的社会形式不同，但丰富的能源既没能振兴经济，也没有给人民带来富裕。相比之下，三个能源匮乏的东亚国家和地区（日本、韩国、中国台湾）却成为经济快速发展且人民生活质量显著提升的典范。

最后，能源使用无法解释各大文明与强大社会的兴衰。一些著名的统一和扩张，如埃及古王国的崛起、罗马共和国的建立、汉代中国的统一、伊斯兰教的传播、蒙古征服欧亚大陆与沙皇俄国的急剧东扩，都与任何新发动机、新的或更高效的燃料使用无关。至于衰落，在西罗马帝国（东罗马帝国在同样的基础设施上又存在了 1000 年）长期衰落期间，燃料的基础和供应（木柴、木炭）或原动力（奴隶、公牛、马、帆船、水车）都没发生重大变化；对于近现代世界的巨大变动——法国大革命、沙皇俄国的崩溃、中华民国的失败和苏联的解

古老的丝绸之路沿线的风力发电机，中国新疆维吾尔自治区库尔勒附近，1993 年。柯珠恩（Joan Lebold Cohen）摄。

体——能量也无法给出令人信服的（或任何）解释。

　　不可否认，能源、能源的使用及其特定与多变的组合，是决定社会命运的关键因素之一。它们推动、限制或复杂化了许多经济和个人选择，一旦选择完成，它们就会对生活节奏与公共福利水平产生重要影响。热力学定律的支配地位无法改变，这意味着社会经济越复杂，就需要越多的能量输入。然而，这种不可否认的联系不代表存在一种连续的线性进步，而是指在社会或历史发展初期存在一种能源禀赋或限制。此外，能源丰富或高能耗不能确保经济运行良好、生活体面、个人幸福或国家安全。能源及其使用会限制我们的行为，但并不决定我们的选择，不能保证经济成功，也不会令文明衰落。在现代世界，能源消耗增加的唯一不可避免的后果，是对地球生物圈的冲击更大：现代文明的命运最终可能取决于我们应对这一挑战的能力。

表 4 武器的能量

发射物	发射物的动能（焦）
弓箭	20
重型十字弓的箭矢	100
南北战争时的火枪子弹	1×10^3
突击步枪的子弹（M16）	2×10^3
中古大炮的石球	50×10^3
18 世纪大炮的铁球	300×10^3
一战时大炮的榴霰弹	1×10^6
二战时重型高射炮的榴弹	6×10^6
M1A1 艾布拉姆斯坦克的贫铀弹	6×10^6
被劫持的波音 767（2001 年 9 月 11 日）	4×10^9

爆炸物	释放的能量（焦）
手榴弹	2×10^6
自杀式人肉炸弹	100×10^6
二战时大炮的榴霰弹	600×10^6
硝酸铵-燃油（ANO） 卡车炸弹（500 千克）	2×10^9
广岛原子弹（1945 年）	52×10^{12}
美国洲际弹道导弹的弹头	1×10^{15}
试爆的新地岛氢弹（1961 年）	240×10^{15}

资料来源：作者用不同来源的原始数据计算所得。

瓦茨拉夫·斯米尔

加拿大曼尼托巴大学

另见《天然气》《水能》《水资源管理》《风能》。

延伸阅读

Adams, R. N. (1982). *Paradoxical harvest.* Cambridge, U.K.: Cambridge University Press.

Basalla, G. (1988). *The evolution of technology.* Cambridge, U.K.: Cambridge University Press.

Chaisson, E. (2001). *Cosmic Evolution: The Rise of Complexity in Nature.* Cambridge, MA: Harvard University Press.

Cleveland, C. (Ed.) (2004). *Encyclopedia of energy.* Amsterdam: Elsevier.

Finniston, M., Williams, T. & Biseell, C. (Eds.) (1992). *Oxford illustrated encyclopedia: Vol. 6. Invention and technology.* Oxford, U.K.: Oxford University Press.

Jones, H. M. (1970). *The age of energy.* New York: Viking.

MacKay, D. J. C. (2009). *Sustainable energy—without the hot air.* Cambridge, U.K.: Cambridge University Press.

Smil, V. (1991). *General energetics.* Cambridge, MA: MIT Press.

Smil, V. (1994). *Energy in world history.* Boulder, CO: Westview.

环保运动

虽然环保主义这个词很晚之后才被使用，但环保运动可以追溯到 19 世纪，当时人们普遍呼吁，要有清洁的水和空气，还要保护荒野。工业化和殖民主义激发了最早的环保主义吁求。尽管无数组织在目标和意图上各不相同，但作为一个整体，环保运动仍是现代社会的一个重要组成部分。

环保或绿色运动，是由于人们对本地问题的不满而于 20 世纪下半叶在世界各地出现的现象，它影响到了各国政府的政策与组织（包括在几乎每个国家都出现的环保部），并有助于国家和国际性法律的制定、国际机构的建立及重要公约的签订。还没有其他民众活动影响如此之广、后果如此复杂、持续时间如此之长并将继续在未来发挥作用。

将当下的绿色或环保运动看作二战后出现的一种新现象，有误导之嫌。实际上，它起源于一个世纪前的资源保护运动，当时很多人呼吁要有清洁的水和空气、公园和空地，并呼吁人道对待动物，保护鸟类和荒野，以及提供户外休闲之地。很多地方的社区开始认为，它们的福利与土地、森林、水的健康及空气的清洁密不可分。虽然人们还没有使用"环保主义"这个词，但人们保护他们珍视的生活环境，抗议危及它们的开发活动，寻找与自然和谐相处的方式，这些共同构成了一种后来被称作"环保主义"的行为。

在 18 世纪末和 19 世纪，当工业革命污染并破坏了西方世界的景观，而殖民主义又在世界其他地方毁坏自然资源之时，人们就表达出了这样的关切。例如，砍伐森林迅速改变了大西洋和印度洋的小岛，而欧洲殖民机构派出的科学家注意到了木材的耗竭与气候的干燥，并呼吁采取修复性举措。法国植物学家皮埃尔·普瓦夫尔于 1763 年警告说，森林的消失会造成降雨减少，因此建议在岛屿殖民地植树造林。法国和英国都很快在其殖民地建立了森林保护区，其中包括英国治下的印度。不幸的是，保护区往往意味着当地人被排除在自己的森林之外，而这种排斥导致了 19 世纪抵抗运动的爆发。一些欧洲环保主义者强烈抗议对原住民的不公正对待。这些环保主义者中有一些是女权主义者，还有一些人，比如外科医生爱德华·格林·鲍尔弗，不仅提醒其上级实行资源保护，而且提出了反殖民主义的主张。

迅速遍及北美大陆的资源开发引出了一些反对声音。1832 年，艺术家乔治·卡特林倡议在大平原上划出一块地方建立国家公园，以保护野牛群及在当地狩猎它们的印第安猎手。英国作家威廉·华兹华斯和美国作家亨利·大卫·梭罗断言，实现人类真我的最好方式就是接触大自然。苏格兰裔美国作家约翰·缪尔为荒野鼓与呼，发现同道者不在少数。1872 年，美国第一个国家公园——黄石公园——建立，开启了一场遍及世界的保护自然之地的运动。1879 年，澳大利亚宣布在悉尼郊外建立国家公园；1885 年，加拿大建立了班夫国家公园；1898 年，南非划出了一片区域，后来变成了克鲁格国家公园。最终，超过 110 个国家建立了 1200 个国家公园。

得益于诸多作家（包括缪尔在内）的公共关系，资源保护运动发展迅速并催生了众多组织。缪尔等人（塞拉俱乐部）支持了多种类型的自然保护行动，并成功推动了国家公园的建立，还为成员们在其中远足和宿营提供了机会。紧随其后的是 1905 年成立的奥杜邦协会（Audubon Society），它为鸟类赢得了保护，其女性领导者还说服了女性同胞把不在帽子上插羽毛视为一种更好的时尚。斯蒂芬·廷·马瑟，美国国家公园管理局第一任局长，在 1919 年组建了国家公园协会来支持他所在的机构的工作。国际性组织也出现了，世界自然基金会就支持了许多国家保护野生动植物及其栖息地的项目。

可持续利用的呼声

　　并不是所有资源保护主义者都赞成保持自然区域的原初状态。一些资源保护主义者——通常与政府有关系——指出将保护区（特别是森林）作为木材等资源的持续来源地的重要性。早在 1801 年，法国就建立了水和森林管理局，普鲁士也在不久之后成立了森林管理局。1864 年，美国驻意大利大使乔治·帕金斯·马什出版了《人与自然》，该书警告说：人类对森林、土壤和其他资源造成的破坏可能令世界各地陷入贫困。马什认为，人类在自然环境中造成的诸多改变，或者是出于好心，或者是不计后果，都减少了环境对人类的益处。马什的影响遍及美国、欧洲和世界其他地区，也促进了自然资源保护运动的推广。在美国，这一运动的代表性事件是 1875 年美国林业协会的成立。吉福德·平肖在 1905 年（当时西奥多·罗斯福任总统，西奥多本人也是一位资源保护主义者）成为美国林业局的首任局长，是倡导森林可持续管理的领军人物。平肖受到他在法国林业学校的学习经历、迪特里希·布兰迪斯（Dietrich Brandis）的研究以及英属印度林业部的工作的启发。

　　20 世纪初的资源保护，主要是坚定的个人、活跃的小型组织及几个国家的政府土地管理部门的工作。它涉及对森林、土壤、水、野生动物与壮丽景观的保护，还有对局部地区（特别是城市中心）污染的预防。然而，在二战后的那些年，更严重且更普遍的环境问题出现并引起了全世界人民的关注，甚至可以说酿成了环境危机。这些问题很难通过一国（或一地）之力得到解决：核武器试验与核电设施事故所产生的放射物的扩散、跨国界并造成酸雨的空气污染、农药的残留

角马在肯尼亚建立的一个野生动物保护区（马赛马拉）中吃草。

（在南极企鹅的脂肪中已检测到农药残留，尽管农药的使用范围越来越大，但其效力却大不如前）、已被证实会对臭氧层造成破坏的所谓的惰性化学物质及数不清的人类活动所产生的温室气体（它们让地球温度明显升高）。在这些问题及其所唤醒的广泛的公众意识影响下，资源保护运动转变成了环境保护运动。联合国支持成立的第一个环保组织国际自然保护联盟（International Union for the Protection of Nature）于 1949 年将其宗旨定为保护整个世界的生物群落。1956 年，该组织变成了国际自然与自然资源保护联盟（International Union for the Conservation of Nature and Natural Resources，缩写 IUCN）。

环保主义的诞生

　　环保主义作为一种大众参与的社会运动，始于 20 世纪 60 年代。通常认为，它的肇始是受美国生物学家蕾切尔·卡逊 1962 年的著作

《寂静的春天》的影响，该书提醒人们注意滴滴涕等农药残留的危害。这本书针对的只是单一的环境问题，却在国际上赢得了比以往任何一本环保主题的书都大的读者群。环保主义在第一个地球日（1970 年 4 月 22 日）上被明确表述出来，该活动最初发起于美国，后来成为国际性活动。到 2000 年，美国环保组织的成员数量达到了 1400 万，英国和德国为 500 万，荷兰有 100 万。

第一次专门讨论环境问题的重大国际会议在 1972 年举办——在瑞典斯德哥尔摩召开的联合国人类环境会议。本次会议囊括了 113 个国家、19 个政府间机构与 134 个非政府组织的代表。它标志着各国达成了一种新共识，即很多环境问题是世界范围的。在出席会议并讨论问题时，工业化国家和发展中国家的代表分成了两大集团。与 1992 年在里约热内卢召开的后续会议不同，1972 年的斯德哥尔摩会议并非"地球峰会"。出席会议的国家元首只有东道主瑞典的首相奥拉夫·帕尔梅与印度总理英迪拉·甘地，后者作为发展中国家的代言人清楚地表达了它们共同的看法。一些发展中国家的代表指出，工业化世界对环保主义理念倡导最力，而正是那些利用全世界资源攀上经济顶峰的国家，给地球造成的环境污染最多。保护资源与减少污染的举措是否会限制贫穷国家的发展，而让富裕国家保持相对富裕？甘地认为，贫穷和需求是最大的污染源，因此基本的冲突与其说是环保与发展，不如说是环境与以经济扩张为名对人和自然进行的不计后果的剥削。她坚称，讨论环境问题，不应脱离人类需求问题。斯德哥尔摩会议批准成立总部位于肯尼亚内罗毕的联合国环境规划署，负责协调联合国在世界范围内的环保工作。例如，联合国环境规划署在推动 1987 年《蒙特利尔议定书》（旨在保护地球臭氧层）的谈判和签订方面起到了作用。

环保运动在很多国家赢得了立法层面的胜利，使得限制空气和水污染并保护荒野与濒危物种的法律得以出台。多数国家都在政府内设立了环保机构。在美国，1969 年的《国家环境政策法》要求政府和商业机构的发展规划接受环保审查。

2008 年美国民主党召开全国代表大会时，丹佛麦尔海（Mile High）的英维思科球场（Invesco Field）外的一块牌子，用熟悉的口号和标识来倡导回收利用。

　　从 20 世纪 70 年代开始，环保主义政治运动（常常打着"绿"党的旗号）在欧洲和其他地方出现。德国绿党通过的党纲强调环保价值、激进反核、工人的经济权利和共享民主，获得了环保人士及其他群体的支持，还在议会中赢得了足够的代表席位；它能在左派和右派之间发挥关键少数的作用，并加入了联合政府。而其他欧洲国家的类似政党在选举中的得票率一般不到 10%。在美国，绿党在 2000 年的总统选举中获得了全国性关注，当时它的候选人拉尔夫·纳德——消费者权益的代言人——可能在一些州获得了很多选民票，而让民主党候选人阿尔·戈尔（温和的环保主义者，《平衡的地球》一书作者）失去了在选举中战胜乔治·W. 布什所需的选票差额。

　　在商业、投资和贸易中推行环保责任制获得了关注，不过效果却喜忧参半。赫尔曼·戴利和保罗·霍肯等经济学家敦促开展负责任的

雅典一辆公交车上贴的海报，写着"环境是我们的家园"。

商业行为，他们提出"自然资本主义"，倡导从社会和环境正义、资源利用的可持续性，而不仅仅是财政"底线"出发，来全面考量商业与工业的影响。很多公司采取了绿色举措，尽管很难辨别它们是真心在行动，还是仅仅出于广告策略——目的是吸引那些环境友好型消费者。

有些环保运动不满足于寻求政府行动或国际协定上的改革，因为后者对它们而言缓慢且力度不够。环境正义运动针对许多环境危害行为，如有毒废物的倾倒或者污染行业都位于穷人和（有色）少数族群的居住地周边等问题，组织了抗议活动。抗议者还对破坏环境的开发行为采取了直接行动，比如对老林的皆伐。拿 1993 年来说，加拿大公民就封锁了麦克米伦·布勒德尔公司伐木卡车所用的道路，不让它运送从温哥华岛克拉阔特湾周边森林中砍伐的巨大老树。警察逮捕了 932 名抗议者，他们因违反法庭禁止示威的命令而被定罪并罚款 250~3000

1992 年俄罗斯新济布科夫（离 1986 年切尔诺贝利事故地点不远）一名儿童的画作，画中操场的牌子写着："关闭：核辐射。"

美元。然而，在最终达成的协议上，大部分森林获得了保护。尽管如此，麦克米伦·布勒德尔的后继者魏尔霍伊泽公司继续在保护区外进行皆伐，因此它面临着新的环保抗议。

最著名的环保抗议之一是抱树（chipko）运动，这场运动 1973 年 3 月始于印度北部喜马拉雅山的村庄附近。当时村民为了阻止伐木者砍树，就威胁要抱树并把身体护在斧头落下的地方——这是受印度民族主义者莫汉达斯·甘地的非暴力方式启发的公民不服从运动。这些树对村民来说是宝贵的燃料、饲料、小木料，还能防范洪水。很多抗议者是妇女，她们经常在林中捡拾木头。印度其他地方也发生过类似的抗议活动，并取得了一些成功。在马来西亚，沙捞越的本南族人采取了封路等一系列直接行动，来抗议商业伐木者毁坏他们的雨林家园。

那些关心人与自然关系的人，常常因为表现出这种关切而遭受迫害。万加丽·马阿萨伊在肯尼亚发起了绿带运动，让妇女和儿童种植并照料树木，却遭到殴打和监禁。之后，她因其环保贡献得到了1994年的诺贝尔奖。诗人兼剧作家肯·萨洛·维瓦于1995年被尼日利亚独裁政府处决，原因是他组织了一场反对在奥戈尼族土地上进行石油钻探的活动——石油钻探会造成空气和水污染，而他的部落并未得到补偿。茱迪·巴里在1990年领导了"红杉之夏"（Red wood Summer）活动，抗议对加州巨大红杉树的砍伐，她因一枚安在车座下的炸弹而致残。奇科·门德斯曾组织巴西亚马孙雨林中的割胶工反对非法伐木以保护森林及割胶业，这威胁到了富有土地所有者的利益（他们想清除森林），因此1988年他被后者的代理人杀害。美国天主教修女多萝西·梅·斯唐（后归化为巴西公民），为亚马孙流域的农村穷苦人和环境工作了30年，在2005年被土地所有者下令枪杀。她常穿的一件短袖衫上有一句箴言"森林的死亡就是我们生命的终结"，一语成谶。

21世纪初，最引人注目的现象之一是气候变化，特别是全球变暖，它是环保运动议程上最突出的问题。这得益于气候学家们不断取得的共识：地球大气和海洋的平均温度已经升到到前所未有的高度（在近期历史上），而这很大程度上是由于人类活动引起的二氧化碳与其他温室气体的排放，并且种种迹象显示排放还在继续增加。这一共识已被政府间气候变化专门委员会（IPCC）的一系列报告证实，后者是联合国的下属机构，由一大群负责评估的科学家组成。这种增加可能导致极地和冰川等地的冰雪融化，海平面上升和沿海地区被淹，某些地区出现干旱和洪水，风暴（包括飓风在内）的破坏力增大，农业受影响，以及动植物分布和数量发生变化。2007年的诺贝尔和平奖颁发给了IPCC和美国前副总统阿尔·戈尔，因为二者传播了人类引起气候变化的知识，奠定了采取必要应对措施的基础。环保团体提倡的措施包括限制来自工业和交通等领域的二氧化碳排放，以及支持国际协定来实现这一目标。

近期历史上的环保运动非常复杂，囊括了无数组织，正式和非正式的都有。它们的目标多种多样，但其总目标一致，就是让地球成为一个对人类和非人类居民来说都更好、更安全和更干净的地方。环保运动取得了很多成功，也遭遇了许多失败，其最终影响仍难判定。但它们无疑是现代世界影响最深远且意义最重大的运动之一。

J. 唐纳德·休斯（J. Donald Hughes）
美国丹佛大学

另见《气候变化》《森林砍伐》《荒漠化》《土壤侵蚀》《自然》《河流》《土壤盐渍化》《木材》《水》《风能》。

延伸阅读

Bolin, B. (2007). *A history of the science and politics of climate change: The role of the Intergovernmental Panel on Climate Change.* Cambridge, U.K.: Cambridge University Press.

Brenton, T. (1994). *The greening of Machiavelli: The evolution of international environmental politics.* London: Earthscan Publications.

Carson, R. (1962). *Silent spring.* Boston: Houghton Mifflin.

Finger, M. (Ed.) (1992). *Research in social movements, conflicts and change, supplement 2: The Green movement worldwide.* Greenwich, CT: Jai Press.

Gore, A. (1992). *Earth in the balance: Ecology and the human spirit.* Boston: Houghton Mifflin.

Gore, A. (2006). *An inconvenient truth: The planetary emergence of global warming and what we can do about it.* Emmaus, PA: Rodale.

Grove, R. H. (1995). *Green imperialism: Colonial expansion, tropical island Edens, and the origins of environmentalism, 1600–1860.* Cambridge, U.K.: Cambridge University Press.

Guha, R. (1999). *The unquiet woods: Ecological change and peasant resistance in the Himalaya.* New Delhi, India: Oxford University Press.

Guha, R. (2000). *Environmentalism: A global history.* New York: Longman.

Hawken, P. (2007). *Blessed unrest: How the largest movement in the world came into being and why no one saw it coming.* New York: Viking.

Hays, S. P. (1982). From conservation to environment: Environmental politics in the United States since World War II. *Environmental Review*, 6(2), 14–41.

Hughes, J. D. (Ed.) (2000). *The face of the Earth: Environment and world history.*

Armonk, NY: M. E. Sharpe.

Hughes, J. D. (2001). *An environmental history of the world: Humankind's changing role in the community of life*. London: Routledge.

Hughes, J. D. (2006). *What is environmental history?* Cambridge, U.K.: Polity.

Jamison, A., Eyerman, R., Cramer, J. & Lessoe, J. (1990). *The making of the new environmental consciousness: A comparative study of environmental movements in Sweden, Denmark, and the Netherlands*. Edinburgh, U.K.: Edinburgh University Press.

McCormick, J. (1989). *Reclaiming paradise: The global environmental movement*. Bloomington: Indiana University Press.

McNeill, J. R. (2000). *Something new under the sun: An environmental history of the twentieth-century world*. New York: W. W. Norton.

Merchant, C. (1992). *Radical ecology: The search for a livable world*. New York: Routledge.

Pepper, D. (1984). *The roots of modern environmentalism*. London: Croom Helm.

Prugh, T. Costanza, R., Cumberland, J. H., Daly, H. E., Goodland, R. & Norgaard, R. B. (1999). *Natural capital and human economic survival*. Boca Raton, FL: Lewis Publishers.

Rothman, H. K. (1998). *The greening of a nation? Environmentalism in the United States since 1945*. Fort Worth, TX: Harcourt Brace.

Shabecoff, P. (1996). *A new name for peace: International environmentalism, sustainable development, and democracy*. Hanover, NH: University Press of New England.

Shabecoff, P. (2003). *A fierce green fire: The American environmental movement*. Washington, DC: Island Press.

Szasz, A. (1994). *Ecopopulism: Toxic waste and the movement for environmental justice*. Minneapolis: University of Minnesota Press.

Weiner, D. (1988). *Models of nature: Ecology, conservation, and cultural revolution in Soviet Russia*. Bloomington: Indiana University Press.

Young, J. (1990). *Sustaining the Earth*. Cambridge, MA: Harvard University Press.

土壤侵蚀

土壤侵蚀影响农作物的生产率，它还是地球水污染的最大来源，使养分、泥沙、农药和化肥沉积并进入供水系统。土壤侵蚀有两类：自然的和人为引起的。在罗斯福总统的新政下，土壤侵蚀预测和土壤保护吁求成为 20 世纪的焦点，这让土壤侵蚀的威胁尽人皆知。

在世界历史上，土壤侵蚀是一个常见现象，却往往被人们忽视。因为在粮食生产率下降之前，可能没有人注意到它的影响。它主要在两个地方造成危害：土壤侵蚀之处和泥沙沉积之地。在发生土壤侵蚀的地方，颗粒、有机物和重要的营养物质会被带走，因为它们大都溶解于水。这样，土壤侵蚀就会造成（本地植物生长介质的）物质损失和养分消耗，并使撂荒或保护与复垦的成本增加。严重的土壤侵蚀可从土地表面带走深达 50 米（或更多）的土壤或泥沙，几十年后，农田成峡谷。土壤侵蚀的异地影响至少同样严重，包括水污染和泥沙沉积，甚至能把土地和房屋埋于地下。事实上，通过将营养物质、化肥、泥沙与农药带入河道，土壤侵蚀造成了地球上最严重的水体污染。淤塞河道的泥沙必须清理，否则河道容量会减小，进而增加水灾风险。泥沙沉积也会将整座城镇埋于地下，并在江河流经之地盖上几米厚的泥沙（往往不太肥沃）。

历史

我们可以把土壤侵蚀的历史分作几个时期。远在人类诞生之前就有地质或"自然"的土壤侵蚀，它通常是一个缓慢的过程。但假以时日，它也会雕刻出 1 英里深的壮观峡谷。这种土壤侵蚀发生在几个时期，在数百万年的时间里，它通常缓慢而稳定，尽管偶尔也可能快速发展或中断。当人类的技术进步到足以利用火和环剥树皮来破坏地表植被时，就造成或加速了第二波土壤侵蚀。烧火做饭的出现可追溯到 100 万年前，但利用火来控制植被从而引发土壤侵蚀，则明显是更新世（公元前 6 万年左右）的采集–狩猎时期才出现的一种现象，地点位于今天的坦桑尼亚。

当人类驯化动植物，大面积清除植被并定居，从而加强了土地利用之时，严重的土壤侵蚀就出现了。它大概于 1 万年前出现在近东，随后是其他地方。第三个土壤侵蚀期，可能源于道路修建、定居、植被清理以及苗圃修整。有证据表明，最早出现的土壤侵蚀比最早出现的农业晚一大截。在希腊某些地区，土壤侵蚀最早出现于公元前 5000 年，它比农业出现的时间大约滞后了 1000 年。这种滞后也发生在中美洲，有证据表明，那里由农业引起的土地利用变化出现于公元前 3600 年，但第一波土壤侵蚀导致的泥沙沉积则出现在公元前 1400 年。一般来说，这种早期的土壤侵蚀随着欧亚大陆青铜文明时期和美洲前古典时期（公元 1000 年以前）的农业拓荒者从河谷和低地向高处发展并砍伐（在美索不达米亚、中美洲、地中海、中国和印度河流域陡坡上的）森林而加速。这个时期之后，古典文明中的土壤侵蚀有增有减，它取决于土壤保护、气候变化和土地利用强度。在美洲古典时期（公元 1000 年左右），中美洲和安第斯山的一些人口众多且土地利用强度大的地区存在土壤保护行为。尽管如此，有些研究认为，这种对土地的高度需求和不充分保护一定程度上引发了文明的衰退与崩溃。地中海地区的证据并不一致：一些证据显示土壤稳定，一些却表明在人口稠密且集约经营的希腊化时期与罗马时代,存在土壤侵蚀和泥沙沉积。

世界土壤侵蚀的第四阶段,随着16—20世纪殖民定居导致的大面积处女地开垦而出现。美洲、大洋洲、西伯利亚、亚洲和非洲大片从未开垦过的土地,历史上第一次被犁开。此外,习惯了西欧温和气候和缓坡的农民,开始在陡坡且降水极多的地区或在干旱且更易遭受风蚀的条件下劳作。这些农民是拓荒者,是对所处环境知之甚少的外来户,而且他们忽略了原住民的环保实践。这种无知和忽略导致了快速的土壤侵蚀和土地生产力的耗竭。

世界土壤侵蚀的最后一个时段是在二战后,由机械化的扩展、食物和药品改善引起的人口增长推动。曾经偏僻或贫瘠的土地,如大草原和热带森林的土地,由于大量的人口及市场对咖啡和香蕉等热带作物需求的增长而变成了耕地。人口规模的不断扩大和多次的背井离乡,让农民来到极易导致土壤侵蚀的地方,如中南美洲、非洲、南亚与东亚等地的山区。近年来,海地、卢旺达、马达加斯加和尼泊尔在陡坡和山区的农业扩展与木材砍伐,让人为引起的土壤侵蚀成为今天地球上影响地貌变化的最大因素。之所以如此,单从力学上就能解释。

不幸的是,即使是近期的美国,虽然它在土壤保护上力度很大且科技能力出众,但它仍有近三分之一的耕地土壤侵蚀速度大大快于土壤形成速度。美国的土地继续保持着生产力,但付出的代价却是几个短期和长期问题:泥沙沉积(水体污染的最大来源)及其带来的生态影响、化肥及更多化石燃料的使用。

土壤侵蚀过程

如果不了解土壤侵蚀过程,我们就无法理解土壤侵蚀的历史。土壤侵蚀是指土壤颗粒随水流和气流进行的移动。除了自身的形成与发展外,其他影响地貌的因素——包括冰川、化学溶解、块体移动或山体滑坡,当然还有地壳构造和火山活动——也在雕塑着地球表面。多

罗西尼亚贫民窟，像里约和巴西其他城市的很多贫民窟一样，它坐落于陡峭的山坡之上。在雨季，一条沿着山脚的排水沟，会把径流从邻近地区引开。

半而言，是人类加快了地表的碎裂和沉积，并且影响了山体滑坡、天坑形成、土壤侵蚀、河流侵蚀、海滩侵蚀等过程。土壤侵蚀可能始于降落时速约 32 千米的雨滴撞击土壤表面，把矿物和有机物颗粒溅起。这些颗粒会随风轻轻落下，如果植被覆盖密集或雨水未在地表形成径流，那么它们只会缓慢移动。

径流或坡面漫流是土壤侵蚀的第二个重要步骤，它只会在降雨或水流速度快于土壤孔隙对水分吸收（下渗）的速度时才会发生。径流也可能因雪融或冰融而出现，并在人类垦荒或耕作的地表上造成土壤侵蚀。一开始，借助雨滴拍出的颗粒与水流施加的力，径流通过地表并冲走了薄土层。它首先表现为片状侵蚀，平面水流会将颗粒均匀地从地表移走，但更有抵抗力的底层土壤通常会被留下。在山坡的无沟槽地带出现的是细沟间土壤侵蚀，它可能暗中为害（难被发现，却可造成大量土壤颗粒与养分的流失）。

细沟里的水在往下流动时会汇合并形成小水流，接着便开始在三个方位侵蚀细沟：沟头、沟沿和沟底。细沟侵蚀能移走大量土壤（包括整个表土层），但是农民可以将这些细沟填平——填平过程本身会让土壤蓬松，使它容易再次遭到侵蚀。随着水流增大和流速加快，细沟扩大并在同一个斜坡的水流汇集处形成新的细沟。即便这些大细沟可被犁平，它们会在斜坡的同一位置再次出现，这样的侵蚀被称为"浅沟侵蚀"。对付浅沟侵蚀，可以将地面犁平，也可抛荒了之。

另一方面，沟谷侵蚀是指通过长期存在的沟谷而在巨大空间上形成沟头侵蚀、下蚀和侧蚀，而侵蚀造成的沟壑无法由普通拖拉机填平。此外，跌水侵蚀（径流从一个地表落到另一地表并对端墙表面造成下切）或者管状侵蚀（地下水横切地表形成排水沟，在侵蚀地表大面积土壤的同时，也对沟内土壤造成下切）也能形成这样的沟壑。这种沟壑一开始很窄，因沟中水流下切其两侧而扩大。水在这些沟壑中流动，携带底沙向下游翻滚、滑移和跃移。

人类对景观的改变，增加了山体滑坡、河岸侵蚀、海岸侵蚀和风蚀的规模与频率。风对土壤的侵蚀天然存在，而且会加快侵蚀速度，它存在于地球大部分地方，特别是平坦、干燥、多沙且植被少的地区。影响风蚀的主要因素是地表植被、土壤粘结性、风的强度和持续时间。满足所有这些条件的许多地区，如中国的黄土高原，数千年来一直是风蚀率最高的地区之一（它的水蚀率也很高）。风蚀过程始于疾风卷扬起沙土颗粒，然后风一路上悬移着它们，它们也可能沿着地面滚移或跃移——90%以上的沙土被带离地表的高度不到1米。所有类型的土壤（黏土、粉砂、沙甚至砂砾）都可以通过风来运输，这取决于它们的聚合度、形状和密度。风倾向于带着像沙一样的大颗粒土壤进行短距离蠕移和跃移。风能够且确曾带着黏土飞跃过数千千米，但黏土也会粘结成足够大的土块，从而避免风蚀。如果是一般的风，风蚀、悬移、搬运并落到沉降点的往往是粉砂和细沙状的土壤，而从风蚀点到沉积地的距离也可以预知。久而久之，这些沉积区会扩大成辽阔的黄土（风积土、壤土）沉积，如在中国、中欧、密西西比河流域和华盛顿州的帕鲁斯地区，形成的就是土地肥沃却极易遭受侵蚀的地貌。

土壤侵蚀的测量和预测

早在数千年前，人们就认识到了土壤侵蚀造成的本地与异地问题。梯田至少在 5000 年前就出现了，很多古代社会也普遍都有转移径流的体系。然而直到 20 世纪初，政策制定者和科学家们才认识到有必要对土壤侵蚀进行预测。1908 年，西奥多·罗斯福总统认识到土壤侵蚀是最严峻的环境挑战之一。但美国对土壤侵蚀的有效应对，只有到 20 世纪 30 年代土壤保持局（SCS）——之前是 1933 年的土壤侵蚀局，现在是自然资源保护局——出现后才到来。土壤保持局是美国土壤保护的最重要推手，而富兰克林·D. 罗斯福总统的新政与该局第一位（也是最杰出的）局长 H. H. 贝内特的热情支持，则使土壤保护成为现实。通过资助农村的发展、技艺与科学，"新政"传播了土壤侵蚀和保护的信息。例如，它组织了资源保护示范与民间资源保护队项目，并通过这些项目在美国各地建立了谷坊和梯田。新政还利用科学技术和科学管理，并通过收集美国各地 1.1 万多份所谓的测绘年（plot year）土壤侵蚀数据（它们的土地利用方式不同，但斜坡长度与距离固定），建立了预测模型。科学家可以利用很多技术——这些技术帮助他们了解自然与加速的土壤侵蚀——来测量土壤侵蚀。测量的重点是对天然斜坡的确证研究（pin study），即对不同土地用途、降雨强度、物理及数学模拟条件下的土壤剥蚀进行记录。

由普渡大学的瓦尔特·维施迈尔（Walter Wischmeier）领导的科学家们，用这些制图数据制成了通用土壤流失方程（USLE，一种可供农民和科学家使用的预测方程），用来评估和比较不同作物类型与保护措施下的土壤侵蚀。这个公式非常适用于美国各地——该方程正

大约在 20 世纪初，南非采金工人群像。数百年来，采矿一直是土壤侵蚀的主要原因。

是从美国经验中推导出来的，但很多研究将其应用于世界其他许多地区，也取得了不同程度的成功。该方程基于降雨强度、土壤可蚀度、坡长、坡度、作物类型和保护措施（RKLSCP）这六个变量来预测片状侵蚀和细沟侵蚀。科学家们还进一步修订了这个土壤流失方程，制成了修正版土壤流失方程（RUSLE），不过两者都基于同一套因子。这些方程式已成为法定的政策指导工具，并成为众多土地利用保护规划的重要基础，全世界现在都可以通过美国农业部的农业研究局来使用它（2006）。很多科学家还研究了各种以物理为基础或以过程为导向的模型，试图模拟如剥蚀这类土壤侵蚀的自然与物理过程。这类新一代模型，如水蚀预测过程（WEPP）模型，应该能够更准确地预测片状侵蚀、细沟侵蚀及沟谷侵蚀对不同地貌的影响。

正确看待土壤侵蚀

土壤侵蚀在世界历史上经历了五大阶段的起伏。尽管 20 世纪以来，美国和其他发达国家在了解土壤侵蚀并进行土壤保护上取得了进步，但在过去半个世纪，很多发展中国家的土壤侵蚀速度却并未真正下降。事实上，今日的人类因土壤侵蚀而成为地球上主要的地貌营力。土壤侵蚀加剧期的出现，是技术突破和人口扩张的结果，它们——火的使用、驯化牲畜、集中居住和农业集约化、向陡峭山坡的扩展及对热带作物更大需求的出现——令人类改变了地貌。在很多严重土壤侵蚀的案例中，拓荒农民在尚不了解新土地的情况下就破坏了它们。土壤保护在不同历史时期都出现过，即使在人口增长期间，也存在土壤流失减少、土地利用稳定这类现象。问题始终是如何维持和保护土壤，同时让拓荒移民在土壤保护的学习曲线上加快前进。

蒂莫西·比奇（Timothy Beach）

乔治敦大学

另见《气候变化》《森林砍伐》《水》。

延伸阅读

Beach, T. (1994). The fate of eroded soil: Sediment sinks and sediment budgets of agrarian landscapes in southern Minnesota, 1851–1988. *Annals of the Association of American Geographers*, 84, 5–28.

Beach, T. & Gersmehl, P. (1993). Soil erosion, T values, and sustainability: A review and exercise. *Journal of Geography*, 92, 16–22.

Beach, T., Dunning, N., Luzzadder-Beach, S. & Scarborough, V. (2003). Depression soils in the lowland tropics of north-western Belize: Anthropogenic and natural origins. In A. Gomez-Pompa, M. Allen, S. Fedick & J. Jiménez-Osornio(Eds.), *Lowland Maya area: Three millennia at the human-wildland interface* (pp.139–174). Binghamton, NY: Haworth Press.

Brenner, M., Hodell, D., Curtis, J. H., Rosenmeier, M., Anselmetti, F. & Ariztegui,

D. (2003). Paleolimnological approaches for inferring past climate in the Maya region: Recent advances and methodological limitations. In A. Gomez-Pompa, M. Allen, S. Fedick & J. Jiménez-Osornio (Eds.), *Lowland Maya area: Three millennia at the human-wildland interface* (pp. 45–76). Binghamton, NY: Haworth Press.

Grove, R. H. (1995). *Green imperialism: Colonial expansion, tropical island Edens and the origins of environmentalism, 1600 --1860.* Cambridge, U.K.: Cambridge University Press.

Harbough, W. (1993). Twentieth-century tenancy and soil conservation: Some comparisons and questions. In D. Helms & D. Bowers (Eds.), *The history of agriculture and the environment* (pp. 95–119). The Agriculture History Society. Berkeley: University of California Press.

Hooke, R. (2000). On the history of humans as geomorphic agents. *Geology*, 28, 843–846.

McNeill, J. (2001). *Something new under the sun: An environmental history of the twentieth-century world.* New York: W. W. Norton.

Olson, G. W. (1981). Archaeology: Lessons on future soil use. *Journal of Soil and Water Conservation*, 36(5), 261–64.

Sims, D. H. (1970). *The soil conservation service.* New York: Praeger.

U.S. Department of Agriculture / Agricultural Research Service (n.d.). Revised Universal Soil Loss Equation. Retrieved April 21, 2010 from http://www.ars.usda.gov/ Research/docs. htm?docid=5971.

U.S. Department of Agriculture / Agricultural Research Service (n.d.). Water Erosion Prediction Project (WEPP). Retrieved April 21, 2010 from http://www.ars.usda. gov/Research/docs. htm?docid=10621.

Van Andel, T. H. (1998). Paleosols, red sediments, and the old stone age in Greece. *Geoarchaeology*, 13, 361–390.

Yaalon, D. H. (2000). Why soil—and soil science—matters? *Nature*, 407, 301.

民族植物学

民族植物学考察植物与人——通常是组成社会或语言群体的人——之间的文化和生物关系。民族植物学家研究人们如何利用植物,如何改变生境以造福植物,如何改造整个景观,如何通过遗传选择(驯化)来创造新植物并在田园中种植。

缺乏金属或先进技术的人,被认为没有能力改变环境,使其脱离"原始"的、与欧洲人接触前的状态。民族植物学家却通过广泛的实地研究证实,世界各地的居民都拥有改变环境并建立人工植物群落的手段和知识。在北美,原住民对环境的改变就很大,可以说创造出了一个"驯化"的植物环境:在那里,植物的实际存在、它们的分布、联系、数量和生理状态皆由原住民的行为、实际需要和世界观决定。

植物品种管理

很多技术针对的是个别植物品种,使其增产、易收割或能在田园中培植。(未定居的)采集者、小农和农学家都有自己的技术。烧掉一些灌丛,会促进别的(适合做篮子或木器的)植物生长。美国加利福尼亚州的原住民就是通过这种方式来管理紫荆、榛树和橡树的。有些植物会被季节性焚烧,以促进供人畜食用的种子或蔬菜的生长。

季节性除去杂树杂草，有利于减少竞争并提高光照度；摇晃籽实累累的植株利于增加秧苗；单一种植利于植物生长：这些都是选择性采集与培植的方法。另一种干预植物生命周期的方式是，用挖掘棒采集植物的根、块茎或鳞茎。这一技术偶尔会被用于移植根插植物（如耶路撒冷洋蓟和白菖）与鳞茎植物（如洋葱和卡马夏）。通过耕作，人们将种子播入土中，让土壤透气，使化感物质氧化，并使养分被循环利用。犁地松土，也可让编篮用的莎草茎和芦苇秆长得更长。另一种确保重要植物——特别是深山老林才有的稀有药物——用时即有的方法，是将它们移植到园中或（围护起来的）路旁。最后一种常用技术是剪掉多年生乔木或灌木的枝杈来做篮子、绳索和薪柴。折断挂果的花楸和越橘的枝条，可以让它们恢复活力，并刺激它们生长、开花和结果。美国西南部印第安部落中的普韦布洛人会除去矮松的枯枝用来当木柴，还会敲断树枝来让树长出更多坚果。

人工生态系统

人类通过对广大地区实施管理，创造出了不同的环境。人们根据植物的品种与生长地点对它们进行了多年培育，最终形成了马赛克般的人类植物群落。只有在本地管理者失去土地、死于战争或疾病以及被外来殖民者取代之时，才会出现荒野。

火是全世界通用的改变植物群落的手段。在橡树、山核桃和其他坚果树周围放火，清除了灌木，方便了收获，并间接使不耐阴的树苗长出来。火烧草地和浆果丛，会刺激新的牧草与浆果生长并消灭其竞争对手。通过火，养分得到循环利用，害虫被杀死，植物也进行着简单的演替。总之，物种多样、生机勃勃的混合群落得以形成。

人们对整个景观并不是按照同样的节律管理。各区块会在不同的年份被焚烧，而收获的时间和地点则由生物因素、人类居住方式、社会分布甚至仪式规则确定。

从历史之初到今天，人类一直
在促进有益植物的生长，并抑
制杂草。

　　园圃是最具人类特色的地方。它们不是对其他植物群落的复制，
而是由人类（通常是妇女）把特定植物汇集起来并加以培植，形成别
处都没有的植物群落。由于它们高产且品种繁多，因此四时可得。园
圃中可能只有本地物种或驯化植物，或是两者的混合。

野生与驯化植物

　　野生还是驯化很难区分。大多数植物都经多种栽培技术拣选过。少
数没有被人类改变生命周期的植物，才能真正被称为"野生"植物。相
比之下，农作物是因其特征有益于人类才被选育。它们的新遗传表达是
"人工产物"，在自然界中并不存在，没有人类帮助和对其生境的维护，
它们很可能无法繁衍。除澳大利亚外，驯化植物在所有温带和热带大陆
都有发现。它们包括一年生的种子食品（小麦、大麦、大米、小米、玉
米）、蔬菜（番茄、土豆、洋葱、南瓜、菠菜、卷心菜）、草本香料（辣
椒、香菜、欧芹）、多年生树木的果实（苹果、桃、芒果、椰子）和坚果
（核桃）及饮料（咖啡与茶）。人们还驯化了其他有用植物（葫芦、棉花、

大麻）。它们都需要有利的环境来生长，而这些环境则由人决定。在干旱地区，灌溉水渠与石头覆盖的田地有利于保存植物所需的水分，这在美国亚利桑那州、以色列、印度和中国都有实例。添加动物粪便和厨余垃圾，土壤会得到改良。将耐阴植物与茶树、咖啡和水果套种，可以减轻热量与阳光直射的影响。石坎梯田造就了更多耕地，改变了秘鲁、墨西哥和中国的地貌。妇女管理园圃，往往是为了让菜色多样，补充日常饮食，或仅仅是花色怡人。小块地被用来糊口，（对当地人）无用的植物都会被除去；大块农田被用来种植主粮作物，若有盈余则向市场出售。

民族植物学与环境史

民族植物学追踪人们的行为，并根据其信仰体系来了解不同的管理技术，理解不同文化是如何控制植物世界的。人们用了许多技术来确保获得有用植物，也以众多管理原则来规范植物的利用：安排收获时间，轮换采集区域，并以社会和宗教约束来限制使用人数。这些做

一名男子从峨眉山中采集中草药。柯珠恩摄。

法让个别物种受惠，也增加了植物生境的多样性。多样性来自两方面：
一是人类让植物群落处于不同演替阶段，二是使高产群落处于不同景
观之中。

　　玉米的驯化及其生产方式，体现了民族植物学中的环境变化。
玉米是一种人工产物，诞生于人类对其表型性状的选择。没有人类
的协助，它就无法繁殖。要种玉米，人类必须清理土地以消除植物
竞争，并保证其生长所需的环境质量——主要是控制水和温度。得
益于土地清理，猪草或藜等杂草获得了栖息地，它们的叶子和种子
都可供农民食用（或在其他文化习俗中被当作杂草除去）。田地被弃
耕后，新的自生植物（可能也有用途）会出现并造就不同的动植物演
替群落。如果不是人类出于文明目的而控制环境，这些在自然中都
不会发生。

理查德·福特（Richard Ford）

美国密歇根大学

延伸阅读

Anderson, E. N. (1996). *Ecologies of the heart: Emotion, belief, and the environment*. New York: Oxford University Press.

Blackburn, T. C. & Anderson, K. (Eds.) (1993). *Before the wilderness: Environmental management by native Californians*. Menlo Park, CA: Ballena Press.

Boyd, R. (1999). *Indians, fire and the land in the Pacific Northwest*. Corvallis: Oregon State University Press.

Day, G. M. (1953). The Indian as an ecological factor in the northeastern forest. *Ecology*, 34(2), 329–346.

Doolittle, W. E. (2000). *Cultivated landscapes of native North America*. Oxford, U.K.: Oxford University Press.

Ford, R. I. (Ed.) (1985). *Prehistoric food production in North America* (Museum of Anthropology, Anthropological Papers No. 75). Ann Arbor: University of Michigan.

Harris, D. R. & Hillman, G. C. (Eds.) (1989). *Foraging and farming: The evolution of plant exploitation*. London: Unwin, Hyman.

Minnis, P. E. (Ed.) (2000). *Ethnobotany, a reader*. Norman: University of Oklahoma Press.

Minnis, P. E. & Elisens, W. J. (Eds.) (2000). *Biodiversity and Native America*. Norman: University of Oklahoma Press.

Peacock, S. L. (1998). *Putting down roots: The emergence of wild plant food production on the Canadian Plateau*. Unpublished doctoral dissertation, University of Victoria.

Soule, M. E. & Lease, G. (Eds.) (1995). *Reinventing nature: Responses to postmodern deconstruction*. Washington, DC: Island Press.

物种灭绝

一部地球史，就是一部物种灭绝史。实际上，物种灭绝是演化论的关键，其肇因是自然选择、偶然因素或灾难事件。地球经历了五次物种大灭绝——其中一次让恐龙消失——它们塑造了今天我们所知的世界。

化石记录显示，生物的历史既是物种出现（或生物分化成新物种）的历史，也是物种灭绝（或现有物种消失）的历史。物种的出现与灭绝在演化中相伴相生，不相伯仲。在新达尔文理论中，遗传变异和自然选择是演化中最重要的推手。自然选择青睐那些能提高生物在自身所处的环境中的生存和繁殖机会的遗传变异，成功的变异因此被传到下一代。此类变异在种群中代代增加，最终取代了之前的不利性状。而新性状的获取，有时会让生物占据新的生境。按照新达尔文主义的说法，选择主要由环境来执行。因此，环境本身的变化，或占据新栖息地后的环境变化，被认为是物种演化的主要原因。新的环境状况改变了施加于生物种群之上的选择压力。它们必须适应新的环境，否则就会绝后。除了自然选择之外，偶然因素和罕见的灾难事件似乎也在物种灭绝中起到了作用。

地球约有 46 亿年的历史。地质学家把这段时间划分为代、纪、世（见表 5）。生命最早出现于 35 亿年前的前寒武纪。那些最早出现的物种如今已多半灭绝，它们一般是以"常规灭绝"的方式逐个消亡的。

但至少在五次大灭绝事件中，巨量物种在（地质上的）短期内一起灭绝（见表 6）。通过消灭之前的某些成功物种，让其他的、以前较小的群体壮大并分化，每一次大灭绝都重构了生物圈。

表 5　地质年代表

代	纪	世
新生代 （6500 万年前至今）	第四纪	全新世
		更新世
	第三纪	中新世
		渐新世
		始新世
		古新世
中生代 （2.48 亿—6500 万年前）	白垩纪	——
	侏罗纪	——
	三叠纪	——
古生代 （5.4 亿—2.48 亿年前）	二叠纪	——
	石炭纪	——
	泥盆纪	——
	志留纪	——
	奥陶纪	——
	寒武纪	——
前寒武纪 （46 亿—5.4 亿年前）	——	——

表 6　地质时代"五大"物种灭绝事件

白垩纪末期	约 6500 万年前
晚三叠纪	约 2.1 亿—2.06 亿年前
晚二叠纪-早三叠纪	约 2.52 亿—2.45 亿年前
晚泥盆纪	约 3.64 亿—3.54 亿年前
晚奥陶纪	约 4.49 亿—4.43 亿年前

白垩纪末期的物种灭绝

白垩纪（1.14亿—6500万年前）是恐龙存活的最后一个纪。在它的末期，几乎所有这些巨兽——连同地球上的过半物种——突然全部消失。很多学者将其灭绝归因于气候变化，但这种消失并非是渐进过程，而且恐龙直到最后都在演变分化。物理学家路易斯·阿尔瓦雷茨（Luis Alvarez）及其同事于1980年指出，白垩纪内的岩层通常都有一个含铱（一种稀有金属，看起来像铂）、球粒或玻璃陨石（熔化的硅酸盐滴液形成的小球状玻璃质岩石）的薄黏土层。他们认为这是约6500万年前一颗或多颗巨型小行星或彗星撞击地球的证据。他们设想，撞击会产生巨大的蒸气云（球粒从中凝结而出），让冲击产生的碎屑扩散至全球。它还制造出巨大的火球，并使大量烟尘飘散到大气中。当这股烟尘上升时，气流把它吹散成一片环绕整个地球的云层，遮天蔽日达一年或更久。在这个假说里，最初的撞击和随后发生的食物链中断都造成了物种灭绝。或许撞击还引发了全球性的燎原大火，把巨量的烟尘送往遮天蔽日的尘霾（风吹起的撞击碎屑）之中。墨西哥尤卡坦半岛的地下，有一个直径200~300千米的天坑，可能就是撞击点（时间和方位都符合）。小行星的撞击可能导致晚泥盆纪、二叠纪-三叠纪及晚三叠纪的早期物种大灭绝。不管是什么原因，白垩纪的物种灭绝终结了恐龙的统治，空出的生态空间最终由哺乳动物——当时，哺乳动物只是脊椎动物中微不足道的一纲——填补。

更新世／全新世的物种灭绝

上新世之后，全新世（公元前8000年至今）之前，为更新世（180万年前—公元前8000年）。这一时段被称为冰期，是因为大洲规模的冰原在这段时间内周期性地扩张与收缩。在冰期快结束时，解剖学意义上的现代人（晚期智人）演化完成，大概是在非洲，然后扩散到地球大部分地区。尽管更新世自始至终都有常规灭绝发生，但这一时期动物物种仍很丰富。之后，在公元前 1 万年—前 6000 年，地球发生了大规模物种灭绝。"巨型动物"，即那些成年后体型庞大、体重超过45 千克的物种，受到的影响最为严重。

所有大陆都曾发生过物种灭绝，但程度大小不一。在新大陆，巨型动物消失的数量远高于其他大陆。公元前 1 万年后的 4000 年里，南北美洲失去了哥伦比亚猛犸象、乳齿象、马、拟驼、沙斯塔地懒、剑齿虎以及其他 70 个属的动物。欧洲和亚洲的物种灭绝速率较低。然而，长毛象、披毛犀、爱尔兰麋及其他耐寒动物也在公元前 1.4 万年后消失了。麝牛、草原狮和鬣狗在欧亚大陆消失，但在其他地方幸存了下来。马和草原野牛的分布范围缩小。在更新世晚期的物种灭绝中，非洲的灭绝速率最低。那里的巨型动物灭绝事件，往往发生在更新世初期，晚期倒为数不多。

原因是什么？

更新世晚期的急剧气候变化可能是一个原因。在更新世的后 12.8万年里，北半球经历了漫长的大陆冰川扩张期，其间穿插着短暂的冰川收缩或间冰期。在公元前 1 万年左右，冰川活动突然停止，之后冰川迅速消融，气候变得温暖湿润。在这个间冰期里，欧洲、亚洲和北美洲的森林向北扩展，严重压缩了草原类巨型动物（如马、猛犸、野牛和披毛犀等）的活动范围和种群数量。大约在公元前 9000 年，这段间冰期结束，冰期又存在了 1000 年。然而，物种灭绝并不完全与这次冰川消融同时发生。进一步可以说，更新世期间经常出现急剧的气候变化，但并未引发类似的灭绝潮。想必更新世时的多数物种已经演化出了对气候变化的生理耐受性，或者能用迁徙来应对。此外，一些物种（尤其是马）在北美洲已灭绝，却在欧亚大陆存活下来，在不同的

F. 约翰（F. John），《渡渡鸟》（1890 年），彩色插图。科学家公认渡渡鸟是物种灭绝的"宣传大使"。

历史时期它们又被重新引入新大陆。如果更新世晚期北美洲的环境对马来说是致命的，那么西班牙马的野化后裔如何能像今天这样成功地在美国西部漫游呢？

　　如果气候变化无法解释"更新世大灭绝"，那么原因可能就是"人类的过度杀戮"、人类无限制规模的捕杀。支持证据有两种：（1）物种灭绝在世界范围内发生的不对称性，（2）人类石器工具与灭绝物种的骨骼在地层上存在联系。非洲、欧亚大陆和新大陆物种灭绝速率的差异可能反映的是完全意义上的现代人类到达每块大陆的时间的不同。在最近的 400 万—600 万年里，巨型动物与人科动物一起演化，晚期智人（解剖学意义上完全的现代人）于 15 万年前在非洲出现。有人认为，在更新世晚期，非洲巨型动物的灭绝速率低，是因为这些物种在那时已经演化出应对人类捕杀的行为方式了。晚期智人（解剖学意义上完全的现代人）直到大约 3.5 万年前才在欧洲出现。欧洲被捕杀的动物与这些新的人类猎手之间接触时间短，这可能是欧洲巨型动物的灭绝速率比非洲高的原因。

在更新世晚期的考古遗址中，石器工具与已灭绝的巨型动物骨骼之间的地层联系也被视为人类"过度捕杀"的证据。在乌克兰著名的捕猎遗址发现的巨量猛犸象骨表明，这些动物在那里遭到了欧亚猎人的大肆屠戮。此类证据以北美的发现最为有力，在那里，古印第安人独特的披针形石镞与巨型动物之间的直接和重要关联都被很好地保存了下来。在公元前 1 万—前 8000 年，更新世灭绝的巨型动物，包括地懒、拟驼、貘、乳齿象、多种野牛、猛犸象和马等，与公元前 9500—前 9000 年古印第安人的突然出现有明显关联。假如这些老练的古印第安猎手是第一批到达新大陆的人，那么他们将发现那里是猎人的天堂：猎物遍地，却没有其他人争抢。这个天堂与旧大陆完全不同，因为里面的动物还没有演化出对付狡猾的两腿猎人的行为。随着古印第安人数量的增加，他们会波浪式向南推进并遍及整个大陆。通过使用驱赶式捕猎及其他浪费型狩猎策略——大量猎物被不加区分地杀死，这些早期猎人可能以不断扩大战线的方式灭绝了巨型动物。似乎合理的是，解剖学意义上的现代人看上去很可能——索吕特雷（Solutré）、下维斯特尼采（Dolni Vestonice）和奥尔森–查伯克（Olson-Chubbuck）等捕杀遗址显示，当时的狩猎规模大且浪费——打破了因气候变化变得很紧张的环境与巨型动物之间的平衡。如果这些遗址确实反映出人类进行过"过度猎杀"，那么它们就是一个警示案例：一旦被消灭，物种就不会再回来。

巨型动物的灭绝必然迫使狩猎大型猎物的人重新调整他们的生存方式。考古学家马克·科恩（1977 年）声称，这种物种灭绝让猎物数量减少，并在大约公元前 8000 年后引发了一场"食物危机"，迫使在欧洲、亚洲、非洲和美洲的人扩大了他们的生存基础——利用起更大范围的栖息地和更多的物种。鱼、蟹、海龟、软体动物、陆生蜗牛、迁徙的水禽和兔子等之前不被看作食物的物种，开始成为日常饮食的一部分；植物产出的水果、块茎、坚果和种子也被系统地利用起来。最终，这场食物危机可能刺激了农业的发展。

史前时代末期与历史时期

在史前时代末期和历史时期，人类持续造成物种灭绝，通过（1）栖息地的碎片化和破坏，（2）天敌或外来竞争者的引入（尤其是在岛上），（3）过度狩猎，（4）再往后则狩猎或采集野生生物向市场出售。到史前时代末期，世界各地几乎没有不受人类影响的生境了，只是受影响的程度不尽相同。采集-狩猎者对景观的改变并不算大，可农业系统造成的改变却翻天覆地。栖息地消失（导致物种灭绝）的主因是农业的扩展及本地动物与家畜之间的竞争。然而，驯化动植物并非造成物种灭绝的唯一外来客。在岛屿上，在人类带来老鼠、獴或蛇之后，许多鸟类消失了。棕树蛇在1950年左右被带到关岛，它消灭了岛上13种本地林鸟中的9种。物种灭绝也可能是人类有意为之的结果，在新西兰的考古记录中就有一个令人印象深刻的例子。由于长期孤悬于亚洲大陆之外，新西兰岛上生活着一群独特的大型鸟类——在地面栖息且不会飞行的恐鸟。恐鸟有好几种，体型从火鸡大小到巨型鸵鸟（10英尺[1]或更高）大小不等。它们在演化过程中没有天敌，大概也不害怕波利尼西亚殖民者（可能于13世纪的某个时候登陆该岛）。不到100年，11种恐鸟全部被猎杀至绝种。

当市场出售有利可图时，尤能造成物种灭绝。曾经有不计其数的旅鸽生活在北美洲东部，当它们迁徙时，会昏天黑地好几天。在19世纪，这些鸟被有组织地捕杀用来向市场出售，结果它到1914年就灭绝了。类似的命运也降临在大海雀、渡渡鸟和其他许多鸟类头上。黑猩猩和大猩猩也面临着同样冷酷的命运，目前在非洲部分地区，它们被当作"丛林肉"售卖。犀牛几近灭绝，因为犀牛角粉在亚洲被视为壮阳药。全世界的海洋渔业都受到有计划的商业捕捞与竞技型海钓的威胁。未来灭绝的物种可能包括鳕鱼、金枪鱼、蓝枪鱼、剑鱼和几种鲸鱼。令人忧伤的名单还有很长很长。

1　1英尺等于0.3048米。——译注

灭绝的影响

物种灭绝极大地影响了世界历史。第一，白垩纪末期的恐龙大灭绝让哺乳动物中的一目发展得更加多元，最终演变成了人。遥远的灭绝事件竟然标志着人类历史的新发端。其次，更新世晚期的物种灭绝造成了生存方式的巨大变迁，可能引发了一场"食物危机"，这让农业得以出现。第三，更新世晚期的物种灭绝使新大陆的动物（种类和数量）大为减少。在缺乏重要的可驯化动物的情况下，新世界逐渐发展出了以植物为基础的农业。物种灭绝对旧大陆环境的影响不那么大，生活在那里的人驯化了很多动物品种，也因此遭受了人畜共患疾病的祸害，如天花和流感等就是兽传人的疫病。只要与旧大陆保持隔绝，美洲原住民就不会患上这类疾病。然而，在欧洲人和非洲人到来后，由于之前没有接触过这类疾病，他们的身体缺乏免疫力，深受"处女地感染病"之害。这种

美国国家动物园的袋狼，华盛顿特区，约 1906 年。科学家们认为，袋狼于 20 世纪灭绝。E. J. 凯勒（E. J.Keller）摄，史密森学会档案馆。

情况直接导致他们抵抗失败，并在基因上被来自旧大陆的人取代。因此，更新世晚期动物灭绝的美欧差异，决定了美洲的人口结构。

第六次大灭绝？

目前物种灭绝的速率似乎是多数地质时期的 1000~10 000 倍。可能出现的全球变暖让情况更糟，因为气候模式的变化可能会打乱物种的分布并减少其数量，从而造成物种灭绝。世界正处于第六次大灭绝的边缘吗？如果是这样的话，还能做些什么来避免它吗？在近期，必须加强国际合作以拯救世界森林和海洋等重要的物种栖息地。必须限制外来物种的引入，并加强对濒危物种的保护。这种保护从来都代价不菲且困难重重，但保护加州秃鹫、海獭、美洲野牛、美洲鹤和其他物种的经验表明，这是可以做到的。同时，动物园和水族馆必须果断行动起来繁衍园馆内的濒危物种。生殖生物学和发育生物学可助一臂之力。将濒危物种的精子存入基因银行，以及体细胞克隆等更多实验性手段，都会带来希望。中国生物学家正在寻求利用细胞核移植技术来增加大熊猫的数量，包括让熊成为卵子的捐献者和代孕妈妈。用基因技术来恢复如袋狼和猛犸象等消失物种的尝试即将进行。

无论我们做什么，我们都必须认识到，如今这个时代的物种灭绝是由人类自身超乎寻常的成功造成的。因此，控制人口并抑制人类的破坏性冲动至关重要。全球经济的欠发达让这两个问题雪上加霜。穷人不会出于恶意去杀死犀牛或猎杀濒危的猿类，他们这样做是为了减轻贫困。要遏止这些做法，就需要消除它背后的经济不平等。任务不轻，但如果我们失败，物种灭绝对世界历史的最后影响可能就是人类自身的毁灭。

D. 布鲁斯·迪克森（D. Bruce Dickson）

美国得克萨斯农工大学

另见《人新世》《生物交换》《气候变化》《哥伦布交换》《森林砍伐》《动物疫病》《疾病概述》《植物病害》《冰期》。

延伸阅读

Alvarez, L. W., Alvarez, W., Asaro, F. & Michel, H. V. (1980). Extraterrestrial cause for the Cretaceous-Tertiary extinction. *Science, 208,* 1095–1108.

Anderson, P. K. (2001). Marine mammals in the next one hundred years: Twilight for a Pleistocene megafauna? *Journal of Mammalogy,* 82(3), 623–629.

Brook, B. W. & Bowman, D. M. J. S. (2002). Explaining the Pleistocene megafaunal extinctions: Models, chronologies, and assumptions. *Proceeding of the National Academy of Sciences,* 99(23), 14624–14627.

Cohen, M. N. (1977). *The food crises in prehistory.* New Haven, CT: Yale University Press.

Corley-Smith, G. E. & Brandhorst, B. P. (1999). Preservation of endangered species and populations: A role for genome banking, somatic cell cloning, and androgenesis? *Molecular Reproduction and Development, 53,* 363–367.

Fritts, T. H. & Rodda, G. H. (1998). The role of introduced species in the degradation of island ecosystems: A case history of Guam. *Annual Review of Ecology and Systematics*, 29, 113–140.

Grieve, R. & Therriault, A. (2000). Vredefort, Sudbury, Chicxulub: Three of a kind? *Annual Review of Earth and Planetary Sciences*, 28, 305–338.

Kerr, R. A. (2002). No "darkness at noon" to do in the dinosaurs? *Science*, 295, 1445–1447.

Myers, R. A. & Worm, B. (2003). Rapid worldwide depletion of predatory fish communities. *Nature*, 423,280–283.

Olsen, P. E., Shubin, N. H. & Anders, M. H. (1987). New early Jurassic tetrapod assemblages constrain Triassic-Jurassic extinction event. *Science*, 237,1025–1029.

Purvis, A., Jones, K. E. & Mace, G. A. (2000). Extinction. *Bioessays*, 22, 1123–1133.

Saegusa, A. (1998). Mother bears could help save giant panda. *Nature*, 394, 409.

Serjeantson, D. (2001). The great auk and the gannet: A prehistoric perspective on the extinction of the great auk. *International Journal of Osteoarchaeology*, 11, 43–55.

Vangelova, L.(2003).True or false? Extinction is forever. *Smith- sonian*, 34(3),22–24.

Walsh, P. D., Abernethy, K. A., Bermejos, M., Beyers, R., de Wachter, P., etal.(2003). Catastrophic ape decline in western equatorial Africa. *Nature,* 422, 611–614.

饥荒

过去，缺粮和饥荒经常出现。只有到晚近时期农业产量提高，人类才有了充足的粮食储备，能够消除全世界的饥荒。饥荒实际上仍未消失，但这不是粮食短缺造成的，而是一个政治和社会问题（如各地的粮食分配问题）。

饥荒是一种复杂的社会现象，它与饥饿的区别在于社会影响。粮食供应减少，个别人会饿死，但社会的反应则复杂得多。粮食短缺对社会成员的影响不尽相同，如阿玛蒂亚·森（Amartya Sen）所指出的，社会中贫穷与下等阶层的食物权益最得不到保障，因此他们比富有和特权阶层受害更重。饥荒的历史，不光是造成粮食供应减少的各要素的历史，或粮食生产与人口增长不平衡的历史，它还包括应对这些问题的社会政治史，与食物权利相关的社会结构史及社会分化史。虽然传统上人们会区分自然与政治引发的饥荒，但这种区分实际并不成立。每一次死亡人数众多的饥荒，都是饥荒预防和救济措施的失败。多数饥荒，成因也不止一个。

以前的所有社会形态都经历过食物短缺和饥荒。只有到晚近时期农业产量提高，才有了充足的粮食储备，能够消除全世界的饥荒。事实上饥荒仍未消失，但这不是粮食短缺造成的，而是一个政治和社会问题（如各地的粮食分配问题）。

早期社会的饥荒

　　早期，社会并未朝着消除饥饿的方向发展。从采集-狩猎变成农业定居社会，营养上并无提升。人类学家马克·内森·科恩收集的人体测量数据表明，早期定居社会比之前更易遭受食物短缺困扰。并且，他认为，那时候的饥饿与其说是农业问题，不如说是政治和经济问题。有证据表明，在埃及、中国、印度、中东的早期文明和古典时代的欧洲，粮食供给都受到高度重视，国家建立了大型粮仓、饥荒救济和粮食运输系统。

　　在中国，仓储制度（常平仓）可追溯至上古时期，漕运体系则在公元 611 年大运河（连通了北方的黄河和南方的长江）开通之前的很早时期就发展完善了。13 世纪的蒙古入侵一定程度上摧毁了这个粮食供给体系，但在忽必烈和明代皇帝定都北京（既非黄河流域的西安或洛阳，也非长江流域的南京）之后，帝国的食物供应问题就变得复杂起来。1325 年，中国发生了一场大饥荒，据称死亡人数在 400 万~800万。为了应对这次危机，统治者恢复了漕运、仓储制度和救荒举措，

1921 年左右，饥荒来袭。在俄国伏尔加地区，一群遭父母遗弃的孩子跟着照顾他们的人在排队。美国国会图书馆。

并将其提升至一个新水准。1740—1743年大旱，当时的欧洲饿殍遍野、死者众多，而中国的救济规模庞大，大量民众幸免于难。19世纪初，每年约40万吨粮食通过漕运系统被运到北方，以满足80万京、边军民的需求。虽然从18世纪末的白莲教起义开始，常平仓制度就开始衰落，但大运河漕运可能在19世纪上半叶达到了顶峰，此时正是第一次鸦片战争（1839—1842年）前夕，此后英国人切断了这条重要的供应链，并让这个国家陷入兵荒马乱之中。

在陷入19世纪的麻烦之前，中华帝国的效率到底如何尚存争议。现代学者认为，直到帝国陷入麻烦前，中国的生活水准都远高于欧洲。

1757年，克莱武在普拉西战役的胜利让英国进入印度。在此之前，莫卧儿帝国不虞饥荒。正是在英国统治下，印度经济增长放缓并落后于人口增长，而人均生活水准也下降到了危险的地步。在东印度公司治下，印度发生了孟加拉大饥荒（1770年），在此之前，印度几乎没出现过大饥荒。

在古典时代，随着南欧城市人口的增长，这些地区需要更多的粮食输入，执政者也越来越关注粮食储备及其他粮食供给系统的建设。各大城市的粮食运输，都有官方出面协助。一旦供应中断，城市就会发生饥荒。

之后，欧洲人来到寒冷、荒凉的北方地区。鉴于当时技术有限，人们在那里更易受到气候影响。欧洲有史以来的最大饥荒，就发生在1315—1322年的北欧。现在的学者大多都质疑波斯坦（M. M. Postan）的论点——饥荒源于北欧广大地区的过度种植和土壤耗竭导致的粮食产量下降——因为持续多年的异常潮湿天气似乎才是主因。气候造成了大规模社会混乱、粮食短缺且死亡率居高不下，一代人的体质也随之下降（可能是几十年后黑死病致死率极高的原因之一）。这些年的人口锐减，似乎导致了土地和劳动力相对价值的变化，还可能进一步造成了封建关系的削弱并影响了商业关系的发展。

之后，欧洲再未出现过这么严重的饥荒。不过，直到 18 世纪，很多地区仍不时发生小规模饥荒，使人们的生活陷入困境。此类和平时期出现的生存危机，最后一次发生于 18 世纪 40 年代初的北欧和中欧。欧洲边缘地区的情况更糟，1696—1697 年的芬兰，19 世纪 40 年代的爱尔兰，1871 年、1891 年及 20 世纪的俄国，都发生过大饥荒。世界其他地区也遭遇了类似问题，而且饥荒持续的时间更久，原因很大程度上是战争和殖民扩张导致的传统粮食供应系统的崩坏。

西方殖民主义不再被视为非文明世界的现代化进程。人们日益认识到它对本地经济和传统救荒举措的破坏，即令这些社会无法全力应对它们当时所面临的严重自然与政治危机。19 世纪 80 年代和 90 年代，在印度、中国、南美和埃及发生的大饥荒被耸动性地称作"维多利亚时代的大灾变"（Davis 2001），当地政府在应对这次厄尔尼诺南方涛动带来的挑战，而殖民统治者所起的作用却是负面的。

20 世纪的饥荒

在 20 世纪的两次世界大战期间，双方都试图破坏敌方的粮食供应渠道，以制造饥荒与社会动乱，但主要发达国家的定量配给和粮食保障措施很大程度上挫败了对方的企图。然而，在中东欧和亚洲几个贫穷国家，战争的影响却非常严重。在整个一战期间，美国人给予了比利时大量粮食和钱款等援助，并在两次世界大战之后向中东欧和俄国大片地区提供了粮食和钱款等救助，它们极大遏止了这些地区的危机。虽然俄国在 1921—1922 年爆发了一场大饥荒，但它在一定程度上与一战及革命后的内战绵延有关。二战期间，在被占领的希腊岛屿，在 1944 年阿登战役后的荷兰，在整个战争期间被占领和包围的东欧与俄国部分地区，都发生过饥荒。在列宁格勒之围中发生的饥荒，也许是其中最著名的。

在亚洲，二战在中国（1937—1945 年）、印度（孟加拉，1943 年）

和越南（1942—1944 年）都造成了严重饥荒。在之后的年月，饥荒往往与穷国间的小规模军事冲突一同出现。

对于饥荒与共产主义的关系，一直以来争议颇大。诚然，20 世纪的三大饥荒（1921—1922 年的苏俄饥荒有 300 万人死亡，1931—1933 年的苏联饥荒有 600 万人死亡，1958—1961 年的中国饥荒有 1000 多万人死亡）都发生在共产主义国家，但把这些饥荒归咎于共产主义本身却是肤浅之论。在成为共产主义国家之前，俄国和中国就频遭饥荒之害，而且两国的共产主义革命都发生在经济大崩溃（与大饥荒密不可分）之中和之后。在中国，这是指 19 世纪 50 年代到 1948 年的这段漫长艰难时期，在俄国则是指 1917—1922 年这个相对较短的时期。在这些艰难岁月里，随着国家机构的弱化和传统供给体系的崩溃，各大城市都经历了大饥荒。在这些艰辛年月中诞生的革命政权，都急于发展经济并重建供给结构。

在铁路与工业时代，两国的发展前景似乎都很美好，它们在革命头 10 年都经历了显著的经济增长。在这种情况下，两国在第二个 10 年也都制订了雄心勃勃的计划以摆脱贫困的掣肘，但突如其来的恶劣气候与超越实际的计划一起酿成了 20 世纪的大饥荒。

尽管在共产主义早期阶段遭受了这些灾难，但苏联和中国确实发展了经济并将工业化提升到了一定水准。它们在中央计划上的经验在刚独立的前殖民地国家一度广受认可——后者正在寻找一条快速实现工业化的道路。只有未能实现工业化的欠发达世界，尤其是撒哈拉以南的非洲，才依旧为饥荒所困。

有些学者声称，1841—1845 年的爱尔兰大饥荒和 1931—1933 年的苏联饥荒实际都是种族灭绝，其中的大国（英国或苏联）都在试图削弱与控制一个麻烦地区。在这两种情形下，我们可以指控大国未采取足够有力的措施来减少饥荒，但没有证据表明这些饥荒是故意造成的。

饥荒和疾病

在 19 世纪末和 20 世纪初以前，饥荒总是与大规模瘟疫（往往是斑疹伤寒）联系在一起。几乎没有人死于饥饿，因为瘟疫先杀死了他们。这适用于 1847 年的爱尔兰大饥荒、1921—1922 年的苏俄饥荒和 1943 年的孟加拉饥荒。但后来的饥荒，特别是在 1931—1933 年的苏联饥荒和 1958—1961 年的中国饥荒中，瘟疫的作用变小。我们现在正处于新时代，在这个时代，简单的医疗和卫生干预就可以大大降低饥民的疾病死亡率。不幸的是，它并没让饥荒的高死亡率现象消失，尽管死亡人数有所减少。

展望 21 世纪

马尔萨斯陷阱（人口增长超过粮食供应增长）并未在 20 世纪出现，它也不太可能出现于 21 世纪。

在 20 世纪的世界大战中，破坏重要的粮食供应渠道尽管没有让大国发生饥荒，但世界大战一直对小国、穷国影响巨大。因此，假定未来的某次重大冲突会造成大国的饥荒是极其草率的。不幸的是，对欠发达国家来说，粮食供应不足的现象仍将持续。尽管全世界生产的粮食能够喂饱全部人口还有富余，但饥荒仍将是 21 世纪世界面临的重大挑战。

斯蒂芬·惠特克罗夫特（Stephen Wheatcroft）

澳大利亚墨尔本大学

另见《人类圈》《森林砍伐》《能量》。

延伸阅读

Arnold, D. (1988). *Famine: Social crisis and historical change*. Oxford, U.K.: Basil Blackwell.

Bhatia, B. M. (1967). *Famines in India, 1860–1965*. Bombay, India: Asia Publishing House.

Bin Wong, R. (1997). *China transformed: Historical change and the limits of European experience*. Ithaca, NY: Cornell University Press.

Cohen, M. N. (1990). Prehistoric patterns of hunger. In L. F. Newman (Ed.), *Hunger in history: Food shortage, poverty, and deprivation* (pp. 56–97). Cambridge, U.K.: Blackwell.

Conquest, R. (1986). *The harvest of sorrow: Soviet collectivization and the terror famine*. London: Arrow.

Davies, R. W. &Wheatcroft, S. G. (2004). *The years of hunger: Soviet agriculture, 1931–1933*. Basingstoke, U.K.: Palgrave Macmillan.

Davis, M. (2001). *Late Victorian holocausts: El Nino famines and the making of the Third World*. London: Verso.

De Waal, A. (1989). *Famine that kills: Darfur, Sudan, 1984–1985*. Oxford, U.K.: Oxford University Press.

Dreze, J. & Sen, A. (1991). *The political economy of hunger*(Vols. 1–3). Oxford, U.K.: Oxford University Press.

Dyason, T., and O'Grada, C. (Eds.) (2002). *Famine demography: Perspectives from the past and present*. New York: Oxford University Press.

Garnsey, P. (1998). *Cities, peasants, and food in classical antiquity: Essays in social and economic history*. Cambridge, U.K.: Cambridge University Press.

Jordan, W. C. (1996). *The great famine: Northern Europe in the early fourteenth century*. Princeton, NJ: Princeton University Press.

Jutikkala, E. (1955). *The great Finnish famine in 1696–97*. Scandinavian Economic History Review, 111(1), 48–63.

Maharatna, A. (1996). *The demography of famines: An Indian historical perspective*. Delhi, India: Oxford University Press.

Newman, L. F. (Ed.) (1990). *Hunger in history: Food shortage, poverty, and deprivation*. Cambridge, U.K.: Blackwell.

O'Grada, C. (1999). *Black '47 and beyond: The great Irish famine in history, economy, and memory*. Princeton, NJ: Princeton University Press.

Pomeranz, K. (2000). *The great divergence: China, Europe, and the making of the modern world economy*. Princeton, NJ: Princeton University Press.

Post, J. D. (1985). *Food shortages, climatic variability, and epidemic disease in preindustrial Europe: The mortality peak in the early 1740s*. Ithaca, NY: Cornell University Press.

Rotberg, R. I. & Rabb, T. K. (Eds.) (1985). *Hunger and history: The impact of changing food production and consumption patterns on society*. Cambridge, U.K.: Cambridge University Press.

Sen, A. K. (1981). *Poverty and famines: An essay on entitlement and deprivation*. Oxford, U.K.: Oxford University Press.

Will, P.-E. (1990). *Bureaucracy and famine in eighteenth century China*. Stanford, CA: Stanford University Press.

Yang, D. L. (1996). *Calamity and reform in China: State, rural society, and institutional change since the Great Leap Famine*. Stanford, CA: Stanford University Press.

火

人类用火的历史，至少有 40 万年了。生火做饭丰富了食物种类。火让猛兽毒虫远离宿营地并温暖了居住空间，这样人类就可以离开热带非洲，迁徙到世界各地了。在迁徙途中，人们放火烧掉了干枯的草木以利于狩猎，从而改变了自然生态平衡。在人类控制自然方面，火的贡献超过任何一项技艺。

人的历史与火的历史密不可分，两者可谓一而二、二而一的关系。当然，火的历史比人类的长，但自从人类学会对火施加某种控制后，火的频率，甚至是它的各种燃烧方式，就越来越为人类活动所决定。今天地球上燃烧的所有火焰，只有一小部分是自燃。在绝大多数情况下，火的源头都是人，不管有意还是无意。

这些现象引出了人与火关系史的一系列有趣的问题。这种关系是怎么开始的？它的初始条件有哪些？关系得以维系的反馈效应或机制是什么？人与火之间的联系如何影响历史进程？

我们对第一阶段人类用火的认识，长久笼罩在神话之中——如普罗米修斯或其他所谓盗神火的文化英雄的故事，就是我们仅存的信息。今天我们知道得更多：在生态学、考古学、人类学和社会学的帮助下，我们可以重建人与火的关系史的一般轨迹。

起源

　　同所有自然力量一样，火也有历史。从化学上讲，火是高温（点燃）引起的物质（燃料）高速氧化过程。它的产生有三个必要条件：氧气、燃料和热量。在地球最初的10亿年里（冥古宙），至少有两个必要条件——氧气和燃料——不存在。直到生命在30亿—40亿年前出现，大气中才出现了氧气。在泥盆纪（距今不到5亿年），植物出现，才提供了合适的燃料。从那时起，随着季节变换，地球多数地区的干枯植被都会经常过火。起火原因大多是雷电，少数情况是坠落岩石、火山喷发或外星撞击。

　　人类用火开启了火之历史的全新纪元。人类完全改变了火的频率和强度。人类把火带到了地球上很少或从未有火自燃的地方，在经常着火的地方，人类则试图让火消失。这样，越来越多的"自然"之火消失，取而代之的是"人类"之火，或更准确地说，是人造之火。

　　不管人类走到哪里，火都形影不离。人与火的到来极大地改变了景观，包括动植物群落。由于人类对澳大利亚大陆的殖民是晚近之事，所以人类的影响被充分记录了下来（尽管实情是否如此尚存争议）。在地球的任何地方，如雨林、沙漠和极地，只要火不易生，则人难生存。

因格尔·欧文·库思 (Eanger Irving Couse, 1866—1936年)，《火光边的印第安人》。小心用火，可御寒和驱兽。

人类特权

人是唯一学会用火的物种。控制火成了一项"物种特权",这对其他物种(包括动物和植物)及人类自身的文明进程产生了巨大影响。

最初人类如何用火,由于证据不足,众说纷纭。最保守的估计来自考古学家,他们认为人类最无争议的用火证据,仅可追溯到25万年前。其他学者,如灵长类动物学家理查德·兰厄姆(Richard Wrangham)则认为,直立人可能早在180万年前就已经在照料天然火种了。根据人类学家弗朗西斯·伯顿(Francis Burton)的说法,这一转折甚至可以追溯到500万—600万年前。

在承认初次用火的时间存在争议的同时,我们依然可以就用火的几个阶段,提出一些并非无稽之谈的看法。我们可以区分出三个阶段。在第一阶段,没有人类(或人科动物)群体用火,他们(它们)都不知火为何物。接下来,肯定存在第二阶段,用火和不用火的群体并存。我们尚不清楚这一阶段持续了多久,但我们知道这是一个过渡阶段。第三个是人类如今已生活了数千代的阶段,在这一阶段,没有一个群体不用火。所有人类群体都用火的时间,已达数千代。

这三个阶段由两个过渡期衔接起来。第一个过渡期的标志是某些人类或人科动物群体开始用上了火。显然,他们(它们)发现,不仅在天然火种暗烧处觅食有利可图,还值得花时间保存火种。他们照看火,防止它被雨浇灭,并且不断加薪添柴。这些行为没有一样是他们的基因设定的,它们皆为后天习得,然后作为文化特性流传下去。当然,奠定人类学习能力的特性,却是在生物演化中获得的。这些特性包括,身体方面的双足行走、两手灵活、大脑发达,还有相伴而来的精神和社会特征——合作能力以及为了明确设定的目标而延迟满足的能力。

考虑到这些必备特性缺一不可,我们就会明白,为何用火成为人类独一无二的特权。而只有联系到第二个过渡期(这一特权为全人类所共享),我们才能充分认识到这种特权的意义。尽管早期人科动物和人类群体在没有火的情况下就生存了数千代,但是很显然,当某个时间点到来后,他们没有火就再也无法生存下去了。

如果这种对阶段和过渡期的勾勒符合实际(很难想象实情并非如此),那么我们自然就会得出结论:长远来看,用火的人类社会比不用火的更能"适者生存"。如果我们再问,为什么所有不用火的社会最终都消失了,似乎只有一个合理的答案:因为它们必须与用火的社会共存,而长远来看,这是不可能的。

这条推理思路中隐含着这样一种观点,即某些人类群体的变化会导致其他人类群体的改变。如果 A 群体用上了火,而邻近的 B 群体没有,那么 B 群体就有麻烦了。它或者要尽量减少与 A 群体的接触,或者得像 A 群体那样用上火——只要他们有向其他群体学习的足够潜力,这就不是什么无法克服的困难。

就其形成和传播而言,用火方式是后期人类历史中发展出的其他制度的榜样。这种榜样性是多方面的。首先,把人类学习照料并控制火的模式推而广之,就可以成为照料和控制其他自然资源(如植物和动物)的样板。其次,我们可以把学会用火作为"启发式"或方法论意义上的一个范例,因为它向我们展示了一些在社会演化和人类历史中起作用的基本原则。

火塘与火把

用火这类物种特权的建立,是人类从行为和力量上异于其他同类动物——如其他灵长类动物、狼或猛犸象——所迈出的一大步。作为新习得的一种人类行为,用火是物种之间从势均力敌走向人类独大的标志。最初的突破可能不那么顺利,充满了风险,但它却影响深远,当然,这在当时是无法预见的。用火的历史清楚说明了有意识的行为和意外效果之间错综复杂的关系。

火塘的出现让火成了人类群居生活的重心。在火塘旁照看火,用时即取，这样群体成员就不必再去寻找了。围绕火塘，他们可以从荒野中开辟出一方小天地，那里的夜晚不会那么寒冷和黑暗，猛兽也不敢靠近。在火上，他们可以烧煮食物——和用火一样，这也是人类独有和共享的一种行为。在火的破坏作用下，原来咬不动的东西，甚至是有毒之物，都可以变得味美可食——这是"破坏性生产"（或用经济学家约瑟夫·熊彼特的说法，"创造性破坏"）的一个绝妙例证。

　　第二种自古相传的用火方式，是在火塘里点燃木柴的一端，然后把它变成火把。火把可以用来烧掉枯枝败叶，让草木为之一空，人类住起来更加安全舒适。在世界各地，很多草原和类似的次生草地都是这么烧出来的。还有用火把吓跑大型猛兽，这种方式用得不多，但同样有效。熊或鬣狗长期聚居的洞穴，就是这样被手持火把的人类占据的。

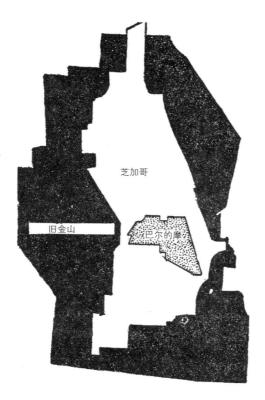

芝加哥

旧金山

巴尔的摩

这张图显示了美国历史上三场城市大火的相对位置。只要建筑材料是木头，火灾就是一种日常隐患，而且火势往往在建筑之间迅速蔓延。

火与社会生态变迁

如果说火是人类历史上第一次伟大的社会生态变迁，那么它还是后来两次大变迁的先决条件。后两者在规模上要大得多，但如果没有火，它们都无法发生。

农业和畜牧业的出现（或"农业化"）与火的使用在很多方面都很类似。与之前用火一样，人类给自己增加了新的能源，而这一次是让特定植物和动物为己所用。某些野生植物被栽培，某些野生动物被驯化，所有这些物种都成了人类圈的一部分。

在世界多数地方，草原和森林向田地和牧场的转变，是通过火来实现的。烟和火是农业区的标志，今天在亚马孙和其他地方依然如此。农业往往与火密不可分，就像世界各地曾广泛存在的刀耕火种（游耕）一样：人们定期在大片土地上放火烧荒，然后耕作和休耕，数年一循环。

许多农业社会都经历过游耕阶段，但之后采用的是更集约的土地利用技术，其平均产量也更高。随着村庄和城镇出现，火产生了新用途，人们对它的态度也发生了改变。在人类用火的第一阶段，人们主要关心的是如何保持集体火源持续燃烧。但在农业城镇，火不再是稀罕之物，它的用途日益多元。特殊的用火工艺，譬如锻冶和制陶，也出现了。如今公众主要关心的是，别让这么多火烧起来。火成了头疼之事，因为随着火的增多，火灾风险增大，而且随着财产的累积，人们的损失也会变大。这样，在城镇和村庄的地方史志中，火灾占居显要位置就不足为奇了。

当然，造成破坏的根本原因在于燃烧这个自然过程本身。但随着用火技艺的提升，这种自然破坏力却越来越多地在出现在人造之火中。在炉火闪耀、灯火通明的城市，一时大意便能酿成冲天大火。一家之平安仰赖他人的小心在意。纵火仅次于谋杀，成为重判的大罪。农村和城市居民最担心的，是成为战争——有组织的杀戮与纵火——的受害者。

在中世纪的欧洲城市，按照规定，天黑前一律"禁用"明火：这种制度被称为宵禁。禁用明火可以说是城市开始减少用火这个大趋势的标志，起码是不再让火那么惹眼。然而，工业化的开启却使这一趋势暂时中断。

工业时代

最初用火之时，非常重要但却少有人关注的一点是燃料的发明，即发现枯木（这种看起来没用、四处倒伏和腐烂的材料）若用来烧火，其价值巨大。在这之前，没有其他动物发现这一点，它们也从来不知道化石燃料的巨大潜力。

在农业化的 1 万年时间里，木材显然是最重要的燃料。但在工业化的 250 年里，情况发生了巨变：从 18 世纪初开始，人们发现了其他燃料（煤、石油、天然气）的使用方法。

工业化的肇始跟农业化一样，火在其中居功至伟。燃煤蒸汽机的烟火，就是工业时代开启的标志。人类进入了使用"地下森林"——罗尔夫·彼得·西弗勒（Rolf-Peter Sieferle）的比方——的时代，在这片新发现的"森林"里，有数亿年的有机物沉积，它们储藏在地幔中，是极好的燃料。

工业化是人类引发的第三次生态大变革。它同样包括开发新自然资源——首先是煤，之后是石油和天然气——并将其用于人类社会，就像之前对火、特定的植物和动物所做的那样。

和农业变迁一样，森林被烧掉，才有田地和牧场，现代工业的出现，其征兆也是火光冲天。我们熟悉的兰开夏郡早期工业景观，就很容易说明这一点：白天工厂的烟囱浓烟滚滚，晚上红光照亮天空。

随着工业化的推进，火实际在每一个工业生产环节都继续发挥着重要作用，但它的存在却变得不那么外露了。重要的燃烧过程，往往藏在发电站的锅炉中或汽车引擎盖下。部分得益于这一大趋势，今天工业发达的城市比工业化之前的城市能够更好地防范火灾风险。在和平时期，火灾的发生率比几个世纪前要小得多。然而在战争时期，20世纪城市大火的规模和烈度却是前所未见的。

目前发展

古希腊哲人指出，世界由四种元素组成：土、水、气和火。虽然土、水和气是所有陆地动物都离不开的，但只有人类用火。非但如此，所有已知的人类群体都用火。火的使用不仅是人类独一无二的特点，也是全人类共有的标识。

回顾过往，我们可以清楚地看到人与火的历史发展。一开始，没有人类群体用火。接着，一些群体有了火，但没人拥有农田和牧场。之后，一些群体拥有了火、农田和牧场，但没有开展大规模工业生产的工厂。如今，所有人类群体都参与到这个覆盖全球的社会生态体系中，都拥有火、农田、牧场和工厂。

对过去数千代人来说，用火深刻影响了他们的生存境况。它一方面使人类群体的生产力更高且更富活力，但同时也让他们更具破坏性且更易受伤害。如此看来，火的使用似乎是一把双刃剑，它也让人类的自我形象两面化了。

目前，火依旧出现在人类社会的方方面面。人们用火的方式多种多样，有些是在礼仪场合，因此很容易见到；其他多数情况是技术性利用，基本不为大众所见所知。但只要想一想燃烧过程在交通和制造业中的作用，就可以明白，我们生活的每时每处是多么依赖由火和燃料所驱动的体系。我们生活在一个燃料密集型经济体系中，今天的火，多数都是这些经济体系燃起的。火，在绝大多数情况下，都是人为（或人造）之火。有烟，就有火；有火，就有人。

我们可以有把握地说，在长期的递增式用火和控火史上，每一步都是人类计划——主动并有意识地掌控自己的力量——的结果。不过，我们无法想象对火的依赖的增加也是计划的产物。更难以想象的是，我们的祖先会在采集-狩猎时代就谋划一个纵贯数十万年的大计，一路导向煤气炉和内燃机到处都是的当下——这么想是很荒谬的。显然，正是短期计划与行为的更替和互动，造就了既无法计划也不能预见的长期过程。这是人类用火史带来的一种教益，它一定程度上揭示了塑造人类历史的某些东西。

约翰·古德斯布洛姆

阿姆斯特丹大学

另见《人类圈》《森林砍伐》《能量》。

延伸阅读

Burton, F. D. (2009). *Fire: The spark that ignited human evolution*. Albuquerque: University of New Mexico Press.

Elias, N. (2000). *The civilizing process: Sociogenetic and psychogenetic investigations*(Rev. ed.). Oxford, U.K.: Blackwell.

Goudsblom, J. (1992). *Fire and civilization*. London: Allen Lane.

Kingdon, J. (2003). *Lowly origin: Where, when, and why our ancestors first stood up*. Princeton, NJ: Princeton University Press.

McNeill, J. R. (2001). *Something new under the sun: An environmental history of the world in the twentieth century*. New York: Penguin Books Ltd.

Pyne, S. J. (1991). *Burning bush: A fire history of Australia*. New York: Henry Holt.

Pyne, S. J. (2001). *Fire: A brief history*. Seattle: University of Washington Press.

U.K.Sieferle, R. P. (2001). *The subterranean forest: Energy systems and the industrial revolution*. Cambridge, U.K.: White Horse Press.

Simmons, I. G. (1996). *Changing the face of the Earth: Culture, environment, history* (2nd ed.). Oxford, U.K.: Blackwell.

Wrangham, R. (2009). *Catching fire: How cooking made us human*. New York: Basic Books.

Yergin, D. (1991). *The prize: The epic quest for oil, money and power*. New York: Simon and Schuster.

盖娅假说

盖娅假说认为，地球的物理和生物进程相互联系，构成了一个自我调节系统，让地球适宜生存。该假说声称，生物和它们的无机环境作为一个整体生命系统共同演化，从而极大影响了地表环境。该假说经常被描述为：地球像一个有机整体一样运行。

1969 年，英国科学家詹姆斯·洛夫洛克提出，地球上的生物调节了大气构成，从而让地球适宜生存。小说家威廉·戈尔丁，洛夫洛克的朋友和邻居，建议他用希腊神话中的大地女神来命名，称其为"盖娅假说"。虽然在早期版本和大众媒体中，盖娅假说被理解成把地球本身视为一个活的有机体，但在后来的版本里，洛夫洛克却更愿意称地球的功能像一个有机体——其生物和非生物部分共同作用，创造并维持了一个适合生存的环境。

盖娅假说的发展

生物不只是地球的过客，在历史上，不少学科的学者和研究者——苏格兰地质学家詹姆斯·赫顿（James Hutton，1726—1797年）、英国生物学家 T. H. 赫胥黎、动物生理学家艾尔弗雷德·雷德菲尔德（Alfred Redfield）、水生生态学家 G. 伊夫林·哈钦森（G. Evelyn

Hutchinson）和地质学家弗拉基米尔·韦尔纳茨基——都持有这样的观念。1924 年，美国化学家、生态学家、数学家和人口学家艾尔弗雷德·洛特卡（Alfred Lotka）第一次提出一种激进观点——生命与物质环境是一个共同演化系统，但没有得到重视。

20 世纪 60 年代末，作为火星生命探索的一部分，美国国家航空航天局（NASA）收集了行星大气组成的相关信息。作为当时 NASA 的顾问，洛夫洛克注意到金星和火星的大气都以二氧化碳为主，几乎处于化学平衡状态。相比之下，地球上的大气主要是生物产生的气体，它远非处于化学平衡态，但长期来看却是稳定的。洛夫洛克意识到，这种稳定得益于调节作用，而大气主要是生物过程的产物，因此他主张是地球生物集体发挥着这一作用。

1971 年，洛夫洛克开始与著名生物学家林恩·马古利斯合作，后者带来了她对地球微生物的广博知识，并让假说丰满起来，否则它只是一个基于大气证据的化学假说。

盖娅假说的批评与完善

洛夫洛克和马古利斯的合作成果招致了激烈批评，炮火主要来自其他生物学者。W. 福特·杜立特（W. Ford Doolittle）和理查德·道金斯（Richard Dawkins）言辞激烈，他们认为生物无法调节自身之外的任何东西。一些科学家特别针对假说的目的论（认为所有事物都有一个预定目的）展开抨击。洛夫洛克回应说："林恩·马古利斯和我从未提出过目的论假说。"（1990，100）杜立特认为，个体生物的基因组中不存在任何东西支持盖娅假说所提出的反馈机制。道金斯认为生物无法协同行动，因为这需要远见和计划。著名美国古生物学家和演化生物学家斯蒂芬·杰伊·古尔德（Stephen Jay Gould）则不确定自我调节的平衡机制是否存在。批评是一种优良的科学传统，它需要被妥善回应。

1981 年，洛夫洛克创造了雏菊世界这个数值模型来回应批评。雏菊世界是一个虚拟星球，上面有两种植物，一种是浅色，另一种为深色。这个星球由一颗像太阳一样的恒星温暖着，日久天长，它就变得越来越热。当恒星变冷，每棵深色雏菊通过吸收恒星光线来温暖自己，直到深色雏菊占据优势并使该星球变暖。当恒星变热，每棵浅色雏菊通过反射恒星光线，让自己和星球变凉。两种雏菊对空间的争夺让这颗星球的温度保持了恒定，因此不管恒星释放的热量怎么改变，该星球仍然适合生存。这个模型表明，即使只调节自身，生物及其环境作为一个强大的自我调节系统也在共同演化。这一论证，跟对地球气候和化学调节机制的成功预测一起，为盖娅假说奠定了坚实的理论基础，生态学家蒂姆·兰顿（Tim Lenton，1998 年）和斯蒂芬·哈丁（Stephan Harding，1999 年）的模型则进一步夯实了这一基础。

盖娅假说的核心

　　盖娅假说视地表环境为一个由所有生物、大气、海洋和地壳岩石组成的自我调节系统，它维持着有利于生命存在的条件。它将生命的演化与地表及大气的演化看作同一过程，而非生物学和地质学所说的几个不相干的过程。生物在自然选择的过程中演化，但是在盖娅假说中，它们不仅适应环境，还改变了它。很明显，人类当下就在改变大气、气候和地表，但其他生物（大多是微生物）在过去所造成的变动更加剧烈。20 亿年前，氧气在空气中的出现就是这些剧变之一。盖娅假说之于演化论，有点儿像相对论之于牛顿物理学，它并非达尔文伟大发现的对立面，而是它的扩展。

　　盖娅假说有什么用？它催生了很多新研究，也启发着环保主义者。它促成了对天然化合物二甲基硫醚和甲基碘的发现，这些化合物让基本元素硫和碘从海洋中转移到陆地上。它说明了土壤中和岩石上的生物如何通过吸收空气中的二氧化碳来调整其二氧化碳含量，并借此调节了气候。它催生的最大胆预测在 1987 年由罗伯特·查尔森（Robert

Charlson）、洛夫洛克、门拉特·安德烈埃（Meinrat Andreae）和斯蒂芬·沃伦（Stephen Warren）提出：海洋中的微藻通过二甲基硫醚这种气体的释放与云和气候连在了一起。该预测认为，随着地球变热，这些藻类向大气中释放了更多的二甲基硫醚，这就增加了地球的云量，反过来让地球变凉：没有这些云，地球会升温 10~20℃。这种思路对于恰当理解气候变化至关重要。1988 年，这项预测的提出者们获得了世界气象组织的诺贝尔·热尔比耶奖金及奖章。10 年后，全世界数百名科学家在研究海藻、大气化学物、云与气候之间的联系。气候学家，甚至生理学家都在其研究中用到了"雏菊世界"。多年来，盖娅假说改变了科学家们的思考方式。关于这种变化，没有比 2001 年《阿姆斯特丹全球变化宣言》更好的例证了。该宣言是在 2001 年环境科学家召开的一次会议中发布的，其中第一条（且被着重标出）是："地球系统是由物理、化学、生物和人类成分组成的单一的、自我调节系统。"（2001 年开放科学大会）尽管还不是盖娅假说的完整表述，但相比之前将地球科学与生命科学分开来看，它是一个重大进步。

近年来，盖娅假说已成为公共舆论和大众新闻的内容，特别是在谈到全球气候变化时。它的研究主题——地球生命之间复杂的相互依存——成为"地球系统科学"名下学科课程的一部分。

盖娅的复仇

在 2006 年的一本书中，洛夫洛克提出了这样的论点：环境退化和气候变化正在考验盖娅自我调节和维持地球宜居状态的能力。他认为，现在要避免重大气候变化为时已晚，我们星球上的大部分地区将更不适合人类居住。可持续发展与可再生能源晚了 200 年，不会有太大帮助，现在是时候将更大的精力放在适应上了。洛夫洛克倡导以核电作为满足能源需求的短期解决方案，其他的替代性清洁能源被公认为作用太小且远水难解近渴。考虑到环境压力，随着未来 100 年人口大幅减少，洛夫洛克认为人类文明将步履维艰。他还声称，盖娅的自我调节有可能防止地球生物的灾难性消亡，但目前它的活动轨迹是不可持续的，而且不管怎样，它总会在某种程度上改变地球生物。

詹姆斯·洛夫洛克
欧洲共同体新闻处

另见《人类圈》《生物交流》《气候变化》《环保运动》。

延伸阅读

Charlson, R. J., Lovelock, J. E., Andreae, M. O. & Warren, S. G. (1987). Oceanic phytoplankton, atmospheric sulphur, cloud albedo and climate. *Nature*, 326(6ll4), 655–66l.

Crist, E. & Rinker. H. B. (Eds.) (2009). *Gaia in turmoil: Climate change, biodepletion, and Earth ethics in an age of crisis*. Cambridge, MA: MIT Press.

Harding, S. P. (1999). *Food web complexity enhances community stability and climate regulation in a geophysiological model*. Tellus, 51(B), 815–829.

Lenton, T. (1998). Gaia and natural selection. *Nature*, 394, 439–447.

Lotka, A. (1956). *Elements of mathematical biology*. New York: Dover. (Original work published 1924)

Lovelock, J. E. (1969). Planetary atmospheres: Compositional and other changes associated with the presence of life. In O. L. Tiffany & E. Zaitzeff (Eds.). *Advances in the astronautical sciences*(Vol. 25, pp. 179–193). Tarzana, CA: American Astronautical Society.

Lovelock, J. E. (1979). *Gaia: A new look at life on earth*. Oxford, U.K.: Oxford University Press.

Lovelock, J. E. (1988). *The ages of Gaia: A biography of our living earth*. New York: W.W. Norton.

Lovelock J. E. (1990). Hands up for the Gaia hypothesis. *Nature*, 344, 100–102.

Lovelock, J. E. (1991). *The practical science of planetary medicine*. London: Gaia Books.

Lovelock, J. E. (2006). *The revenge of Gaia: Earth climate crisis & the fate of humanity*. NewYork: Basic Book.

Lovelock, J. E. (2008). *The vanishing face of Gaia: A final warning*. New York: Basic Books.

Lovelock, J. E. & Margulis, M. (1973). Atmospheric homeostasis by and for the biosphere: The Gaia hypothesis. *Tellus*, 26, 2–10.

Lovelock, J. E. & Watson, A. J. (1982). The regulation of carbon dioxide and climate: Gaia or geochemistry. Planet. *Space Science*, 30(8), 795–802.

Open Science Conference (2001, July 10–13).The Amsterdam declaration on global change. Retrieved September 5, 2002, from http://www.sciconf.igbp.kva.se/Amsterdam_Declaration.html.

Watson, A. J. & Lovelock, J. E. (1983). Biological homeostasis of the global environment: The parable of Daisyworld. *Tellus*, 35(B), 284–289.

绿色革命

　　20 世纪 60 年代初,玉米和小麦的高产杂交种("奇迹种子")成功研发,引发了一场颇有争议的绿色革命:大企业与政府把它视为农业和粮食安全上的突破,而小农和生态学者则认为它在破坏环境,毁坏农业生产力,让本地文化和农业实践无立足之地,并造成了更大的全球不平等。

　　1968 年 3 月,美国国际开发署(USAID)署长威廉·高德(William Gaud)创造了"绿色革命"一词,这种"出身"有助于我们理解它在现代历史上的争议内涵:政府发展机构、跨国化学与生物技术公司及世界银行等多边组织认为,绿色革命是农业生产力和粮食安全领域不可思议的突破,而小农、生态学者、社会科学家、本地人和社区行动者则认为,它破坏环境,摧毁农业生产力,让本地文化和农业实践无立足之地,甚至给发展中国家带来过高的债务负担,令发达国家更加富有,从而加剧了全球不平等。绿色革命怎么造成了如此两极化的反应和评价?部分原因在于,作为现代科学技术在农业上的应用,绿色革命从来不仅是一种农业技术或实践是否比别种更好的问题,它从一开始就是一个政治、经济和社会事件。既然如此,我们也就不必讶异于它所引发的争议了。部分原因还在于,对于如何评估这场农业革命的最大受益方,即预期的受益者是否得到了最大的好处,仁者见仁,智者见智。

定义

绿色革命的基本要素是高度机械化与高耗能的生产方式（如拖拉机和机械收割机的使用），大量使用化学或合成肥料、杀虫剂与（农用）杀菌剂，依赖石油动力机械和石油衍生品，使用高产杂交种子，单一种植（在大片土地上统一种植一种作物），双作（一年收获两季），大规模灌溉，持续提供专利技术并在种子、化肥、农药等方面持续投入。其目的是让植物更高效地利用阳光、水和土壤养分，其核心则是研发出符合绿色革命技术要求的专利种子。

起源

虽然其前身可以追溯到早期的基因研究，但我们今天所知的绿色革命始于 20 世纪 40 年代和 50 年代美国科学家在墨西哥进行的研究，该研究是在洛克菲勒基金会赞助的小麦与玉米研究中心进行的。他们的目标是研发高产的玉米和小麦杂交品种。在墨西哥西北部发起绿色革命的最重要人物是植物病理学家和遗传学家诺曼·博洛格（Norman Borlaug）。他的小麦品种对大量氮肥与灌溉反应良好。1966 年，洛克菲勒基金会与墨西哥政府合作成立的国际小麦和玉米改良中心继续了他的工作。在福特和洛克菲勒基金会、联合国粮农组织以及美国国际开发署的资助下，"奇迹种子"在 1963 年后传播到墨西哥以外，并在土耳其到印度北部地区都取得了巨大成功。1960 年，洛克菲勒基金会还赞助了菲律宾的一个水稻研究中心——国际水稻研究所。该研究所创造了"奇迹水稻"的高产矮秆水稻品种，并传播到了东亚和东南亚的水稻种植区。在这类研究中心及私企研究中心的研究人员有选择地培育高产粮食品种，主要是茎秆粗壮的小麦、玉米和水稻，使其在化肥和灌溉的刺激下获得高产，并且抗虫害和适合机械收割。

1984 年的灾难发生后，印度中央邦博帕尔市联合碳化物农药厂的遗迹。卢卡·弗雷迪亚尼（Luca Frediani）摄。

　　发达国家与发展中国家的化工企业、种子公司及政府官员拥护绿色革命，将其视作解决全球饥荒和营养不良问题的办法。然而，还有更复杂的东西牵扯进来：除墨西哥外，美国还援助了从土耳其到韩国的项目，从而把共产主义阵营包围在其中。尽管对共产主义扩张的恐惧是美国政客与商人背后的动力，但在从苏联到中国再到古巴的社会主义社会，也在宣传用科学设计的作物来提高生活水平的理念。从多方面来看，最初的绿色革命就是冷战政治在经济上的延伸。

积极效果

　　绿色革命酝酿于 20 世纪 50—60 年代，它极大地改变了 20 世纪 70—80 年代的粮食生产。1970 年，第三世界的小麦和水稻种植区约有 15% 播种的是新型杂交种子。到 1983 年，这一数字超过了 50%，而到 1991 年则达到了 75%。拥护者认为，绿色革命技术产生的经济利益有一半以上都流向了农民，而且在 1960 年后的 35 年里，丰收在世界很多地方成了常见之事：在 93 个国家里，小麦的产量增加了近两倍，水稻增加了近一倍，玉米则增加了一倍以上。得益于高产水稻和小麦，许多国家的粮食生产才能走在人口增长的前面。从早期应用的错误中吸取教训后，新的绿色革命技术有望提高农民的净收入并减少化学品用量。绿色革命在增加印度的粮食总产量方面最为成功：1978 年和 1979 年，印度的粮食产量创纪录地达到了 1.18 亿吨，其农田的单位粮食产量自 1947 年以来增加了 30%。印度自 1965—1966 年以来就没有再发生过饥荒。然而，其他进行绿色革命的国家，没有一个能与印度在农业产量及农业配套单位（化工厂、水电站等）的就业人数上相媲美。

马丁娜·麦格劳林（Martina McGloughlin）等拥护者指出，绿色革命的技术产出了更多的商品粮，增加了外汇和国民收入，为成功的粮食种植者创造了稳定的收入来源，也为非农业人口提供了新工作。拥

绿色革命带来了农业丰收和富裕的希望。柯珠恩摄。

护者不认为农作物采用生物技术后会造成遗传单一，或让它们易受新型病菌的危害。他们断定，绿色革命的技术并没有规模偏好，它们能够促进以小农为主的发展中国家的农业可持续发展。虽说如此，绿色革命却推动了单一作物种植在世界范围内的扩展，因为每个杂交粮种都需要特定肥料和农药才能达到最大产量；农民会通过批量购买种子、化肥与杀虫剂，并在土地上种植和管理同种作物来节省开支。

消极后果

绿色革命并非全是好事。尽管拥护者言之凿凿，单一作物种植确实让作物更易受某类害虫的侵袭。当农民求助于更高剂量的（石油衍生品）杀虫剂时，更具抗药性的害虫活了下来，次年它们的后代会造成更大的损失。抗药性的著名例子有 1970 年和 1971 年在美国南部发生的玉米叶枯病；20 世纪 70—80 年代在菲律宾、斯里兰卡、所罗门群岛、泰国、印度尼西亚和马来西亚侵袭了多种"奇迹水稻"的褐飞虱，1990 年再度侵袭泰国、马来西亚和孟加拉的"奇迹水稻"；还有最近在安第斯山地区发生的马铃薯疫病。数百万人（主要是农业工人）遭受过严重的农药中毒，每年有数万人因此死亡。1984 年 12 月 2 日，联合碳化物公司的印度博帕尔工厂发生了可怕爆炸，估计造成了 3000 人死亡，20 多万人受伤。在博帕尔生产的化学品西维因对印度的绿色革命至关重要。此外，不断加大的杀虫剂用量意味着它们最终会进入供水系统、动物与人体组织及土壤中，并带来难以预料的后果。在哥斯达黎加沿岸，90% 的珊瑚礁因（单一种植出口香蕉的）种植园流出的农药而死亡，而杀虫剂中的铜残留物则毁掉了 8 万公顷香蕉种植园，并让那些土地再也不能种植用于国内消费或出口的粮食了。哥斯达黎加现在连基本的主粮——豆类、玉米和大米——都要靠进口。

绿色革命所需的灌溉，令中国、印度、墨西哥和其他地方大规模修建水坝；成千上万当地人背井离乡，他们的田地则被淹没。大规模灌溉的常见后果是土壤含盐量升高，即使大量施肥也无法修复。批评者们还把绿色革命造成的物种多样性减少拉入了清单。水稻、小麦和玉米主宰了全球农业：它们占全世界种子作物的66%。它们淘汰了无法在多氮和多水农业模式下良好生长的绿叶蔬菜与其他粮食作物。批评者们指出，在绿色革命之前，人类种植了3000多种植物作为食物来源，而今天人类全部营养的85%以上都是由15种植物（其中包括水稻、玉米、小麦、马铃薯、木薯、菜豆、大豆、花生、椰子和香蕉）提供。

这种农业的能源需求很高：南伊利诺伊大学的人类学教授埃内斯特·舒斯基（Ernest Schusky）戏称绿色革命农业为"新卡路里革命"，它的能源效率是牛耕农业的一半和锄头农业的四分之一。绿色革命农业的样板——美国的粮食种植——能源利用效率极低：它每产生1卡路里粮食就要消耗8卡路里能源。对批评者来说，30年的绿色革命留下的是环境退化、不可持续的农业实践、社会动荡、农民流离失所、农田被毁，发展中国家不仅背上了沉重的国际债务，还得出口口粮来还贷。

复杂的遗产

反对者和拥护者都承认，绿色革命没能做到"利益均沾"。能够稳定获取水和信贷的富裕农民发了财，而那些吝惜肥料与灌溉（对额外成本的顾虑）的农民却处境不佳，收益甚至不如以前高。农药行业、银行、大型石化公司、农业机械制造商、水坝建设者和大土地所有者是主要受益人。在美国和其他地方，绿色革命的社会影响是小型家庭农场数量减少、农业财富集中在少数人手中、社会不平等加剧及人口流向城市。在中国台湾、韩国和印度尼西亚，用更少的人生产出更多粮食、人口涌入城市，这些都有助于推动工业化。在其他国家，它只是给城市贫民窟增加了人口。从国际上看，韩国、中国、印度和墨西哥减少或消除了粮食依赖，印度则成为粮食净出口国。其他国家的情况没那么好：直到 1981 年，发展中国家一直是粮食净出口国，1981年之后，它们是粮食净进口国。

尽管印度是绿色革命的成功样板，但旁遮普地区却遭受了革命带来的所有负面生态与社会后果，而且很多印度儿童患有维生素 A 缺乏症——每年造成 4 万名儿童失明。新"基因革命"的热情支持者说，科学家们正对大米进行基因改造 [1]，使其含有 β - 胡萝卜素，在需要时肠道中的酶会将其转化成维生素 A。批评者认为，维生素 A 缺乏症更应被视为膳食范围狭窄导致的症状，它是由多样种植体系变为单一水稻种植造成的。印度儿童缺乏维生素 A，是因为他们的食物种类减少到除大米之外一无所有的程度了。在混合农业模式下，印度农民把灰灰菜（一种富含维生素 A 的传统作物）跟小麦一起种，但在绿色革命的单一种植模式下，灰灰菜被认为是有害植物而被除草剂杀死了。

针对绿色革命带来的众多问题，美国、古巴、西欧等国在 20 世纪 80 年代末出现了一种名为"低投入可持续农业"（LISA）的替代农业，1990 年，美国将其重新命名为"可持续农业研究和教育计划"（SARE）。它努力以牲畜牵引、庄稼与牧草轮作、土壤保持、有机型土壤改良、生物性虫害控制、（微生物活动产出的）生物肥料和对人无害的生物农药等取代对重型农业机械与化学品的依赖，从而提升农业生产的生态可持续性。古巴进行的"低投入可持续农业"受到了密切关注，其肇因是苏联的杀虫剂和石油补贴于 1991 年消失，以绿色革命为基础的粮食生产崩溃，这让古巴在 1991—1995 年濒临饥荒。1993 年，古巴政府开始解散大型国有农场，将土地产权转为合作社所有，并在全国范围内以 LISA 模式取代苏联的绿色革命模式。它的粮食产量从1995 年的低点缓慢增加，到 2005 年恢复到了原有水平，并在继续增加。功劳之一是合作社制度：截至 2008 年，国有耕地约占 65%，合作社仅占 35%，但后者在古巴农业总产量中却占 60%。

---

1   因为这种转基因大米外观呈金黄色，故被称为"黄金大米"。——译注

意义与方向

　　绿色革命拥有狂热的崇拜者和贬损者。想要减轻其最大危害[1]的崇拜者们正在推进基因革命，它将不相干物种的特定基因（及其优良性状）结合在一起，从而产生传统农民无法培育出的新作物。结果就是"转基因"作物——如含有胡萝卜素转化酶的水稻、自己生成杀虫剂来自我保护的植物或生成预防疟疾与霍乱疫苗的植物——的诞生。那些推广 LISA 的人支持农业生态学，它需要小农和科学家在内的基层力量去整合传统与现代农业手段，减少农药和化肥使用，选择适合不同土壤与气候的天然种子，结束单一种植和出口导向，以科学来改善跟农业生产和保护相关的自然系统。人们在 21 世纪头几十年所做的选择，不仅将决定人类可获得的食物的种类与数量，还将影响这个星球本身的生态健康。

亚力山大·M. 朱卡斯（Alexander M. Zukas）

美国国立大学

另见《环保运动》。

延伸阅读

Altieri, M. A. & Rosset, P. (1996). Comment and reply: Strengthening the case for why biotechnology will not help the developing world: A response to McGloughlin. *AgBioForum:The Journal of Agrobiotechnology Management & Economics,*2(3–4), 14. Retrieved January 22, 2004, from http://www.agbioforum.org/v2n34/v2n34a14-altieri.htm.

Environmental Health Fund and Strategic Counsel on Corporate Accountability. (1999). *Beyond the chemical century: Restoring human rights and preserving the fabric of life: A report to commemorate the 15th anniversary of the Bhopal disaster*

1　这里的最大危害应该是指高产作物推广所导致的作物遗传多样性消失。——译注

December 3, 1999. Retrieved January 22, 2004, from http://home.earthlink. net/~gnproject/chemcentury.htm.

Evenson, R. E., Santaniello, V. & Zilberman, D. (2002). *Economic and social issues in agricultural biotechnology.* NewYork: CABI Publishing.

Foster, J. B. (2001). *The vulnerable planet: A short economic history of the environment.* New York: Monthly Review Press.

Foster, J. B. (2002). *Ecology against capitalism.* New York: Monthly Review Press.

Foster, J. B. (2009). *The ecological revolution: Making peace with the planet.* New York: Monthly Review Press.

Funes, F., Garcia, L., Bourque, M., Perez, N. & Rosset, P. (2002). *Sustainable agriculture and resistance: Transforming food production in Cuba.* Oakland, CA: Food First Books.

Ganguly, S. (1998). *From the Bengal famine to the Green Revolution.* Retrieved January 22, 2004, from http://www.indiaonestop.com/Greenrevolution.htm.

Greenpeace. (2002). *The real Green Revolution—Organic and agroecological farming in the South.* Retrieved January 22, 2004, from http://archive.greenpeace.org/geneng/ highlights/hunger/greenrev.htm.

Hughes, J. D. (2001). *An environmental history of the world: Humankind's changing role in the community of life.* London: Routledge.

Lappe, F. M., Collins, J. & Rosset, P. (1998). *World hunger:Twelve myths* (2nd ed.). New York: Grove Press and Earthscan.

Leff, E. (1995). *Green production: Toward an environmental rationality.* New York: Guilford.

McGloughlin, M. (1999). Ten reasons why biotechnology will be important to the developing world. *AgBioForum: The Journal of Agrobiotechnology Management & Economics, 2*(3–4), 4. Retrieved January 22, 2004, from http://www.agbioforum. org/v2n34/v2n34a04-mcgloughlin.htm.

McNeill, J. R. (2000). *Something new under the sun: An environmental history of the twentieth century.* New York: W. W. Norton.

Perkins, J. H. (1997). *Geopolitics and the Green Revolution: Wheat, genes, and the Cold War.* New York: Oxford University Press.

Pimentel, D. & Pimentel, M. (1979). *Food, energy, and society.* New York: Wiley.

Pimentel, D. & Lehman, H. (Eds.) (1993). *The pesticide question: Environment, economics, and ethics.* New York: Chapman & Hall.

Poincelot, R. P., Horne, J. & McDermott, M. (2001). *The next Green Revolution: Essential steps to a healthy, sustainable agriculture.* Boca Raton, FL: CRC Press.

Raffensperger, L. (2008). Changes on the horizon for Cuba's Sustainable Agiculture. Retrieved April 26, 2010, from http://earthtrends.wri.org/updates/node/306.

Rosset, P. & Benjamin, M. (Eds.) (1994). *The greening of the revolution:Cuba's experiment with organic agriculture.* Melbourne, Australia: Ocean Press.

Schusky, E. L. (1989). *Culture and agriculture: An ecological introduction to traditional and modern farming systems.* NewYork: Bergin & Garvey.

Sharma, M. L. (1990). *Green Revolution and social change.* Lahore, Pakistan: South Asia Books.

Shiva, V. (1992). *The violence of the Green Revolution: Third World agriculture, ecology and politics.* London: Zed Books.

Sinha, R. K. (2004). *Sustainable agriculture: Embarking on the second Green Revolution with the technological revival of traditional agriculture.* Jaipur, India: Surabhi Publications.

Tolba, M. K. & El-Kholy, O. A. (Eds.) (1992). *The world environment, 1972–1992.* London: Chapman & Hall.

World Resources Institute. (1996). *World resources, 1996–1997.* New York: Oxford University Press.

冰期

地球在 46 亿年的历史里，至少出现过五个大冰期——冰川覆盖整个大陆的时期。在地球的全部气候史中，这五个大冰期不过是异常的片段（总长才 5000 万—2 亿年，占比仅 1%~4%），但它们却毁灭了整个生态系统，留下了大片冰碛。

冰期是指巨大的冰原与小一些的冰川覆盖着地表广大区域的时代。在冰期中，这个星球寒冷、干燥且荒凉。尽管少数森林尚存，但更多的却是冰川和荒漠。冬天更长，也更严酷，冰原无边无际，厚度达数千英尺。这些冰原自身重量巨大，在重力推动下，它们从高海拔区缓慢移动到低海拔区。在这一过程中，它们改变了河道、破坏了整个区域的生态系统、夷平了大地并在周边沉积了大量冰碛。

冰期存在的证据

冰期——大洲规模的区域发生冰川作用——的证据有几个。在融化的冰川之下，广泛存在着一种独特的沉积土（称为"冰碛"）。它们含有多种岩石，来自四面八方的不同区域。此外，在带沟槽、有条纹且光滑的基岩平面，在冰碛的多棱体石头上，在夹杂了不同岩石类型的砾石层中，都留下了冰蚀的信息标记。那些被认为由冰原推移造成的侵蚀样貌，如冰川高地或 U 型谷，也可佐证冰期的存在。

这些证据表明，至少存在过五个大冰期：（1）前寒武纪时期冰期，17 亿—23 亿年前；（2）元古宙末期冰期，约 6.7 亿年前；（3）古生代中期冰期，约 4.2 亿年前；（4）石炭纪的古生代末期冰期，自 2.9 亿年前开始；（5）第四纪的更新世冰期，始于 170 万年前。在最近的这个冰期，冰原出现于北美和欧洲高原上，并占据了大半个北半球。巨大的冰原覆盖着现在的加拿大全境、五大湖地区的南部、格陵兰岛、斯堪的纳维亚半岛及俄罗斯。每个冰期至少持续了 100 万年，在此期间，巨大的冰原曾在广袤的盘古陆（古大陆或史前大陆）上来回移动。这些冰期的总共长度为 0.5 亿年到 2 亿年，只占地球 46 亿年历史的 1%~4%。因此，冰期是地球气候史中极不寻常，却也极为短暂的片段。

冰期成因说

尽管科学家们已经对冰川进行了广泛研究，但对于冰期成因的解释，还没有任何单一学说被广泛接受。这几种学说分成了两类。首先是地（球）内（部原因）说。其中，1941 年加拿大地质学家和探险家 A. P. 科尔曼（A. P. Coleman）认为，陆地海拔的变化为冰期提供了一个天然解释。也就是说，大陆板块的抬升会造成地面高度的增加（通过山脉升高或海平面下降），这就让陆地温度下降并形成了冰川。第二种理论则将陆地位置的变化与板块构造学联系了起来。1922 年，德国地球物理学者阿尔弗雷德·魏格纳提出了大陆漂移说，认为各大陆在地球表面的漂移可能会让它们移到寒冷气候条件下，从而让冰原发育（尤其是一块大陆的气候主要是由其纬度和大小决定的情况下）。第三种理论认为，大范围的火山活动把灰尘喷发到大气中，将太阳辐射的热量反射回太空，因此造成地表温度下降。与此密切相关的是海气耦合假说。这个假说认为，海洋是唯一能提供足够水量来形成大冰川的水体。由于陆上冰原的形成取决于风和气候类型，合理的推测便

一头猛犸象的插图，来自 1875 年出版的杂志《人类的自然史》，作者是 A. 德·卡特勒法热（A. de Quatrefages）。猛犸象的毛皮能让它在大冰期的严寒中活下来。

是：海洋与大气间的巨大变化能造成冰期开始。另一种假说由美国气候学家莫琳·雷默（Maureen Raymo）于 1998 年提出。她提出，在过去 4000 万年里，地球气候变冷是由于世界各地山区的化学风化作用增强导致大气中二氧化碳减少，特别是喜马拉雅山脉，可能是它的隆起和风化实际引发了冰期。

　　解释冰期的第二类学说是地外说。早在 1875 年，苏格兰科学家詹姆斯·克罗尔（James Croll）就提出，天文——地球绕日轨道的——变化，为冰期的开始创造了条件。他认为，月亮和太阳的干扰导致地球轨道的周期性变化，从而影响了地球所接收的太阳热量分配与地表的气候模式。热量越少，气候越冷。

　　克罗尔的理论在 1938 年被南斯拉夫科学家米卢廷·米兰科维奇（Milutin Milankovitch）修正，成为今天关于更新世气候变化最为人所接受的一种理论。米兰科维奇认为，太阳的辐射量是控制地球气候与形成冰期的最重要因素。辐射量的变化，他认为，取决于三个关键因素。（1）地球的绕轴自转不像轮子，而像摇摆的陀螺。米兰科维奇算出，每隔 2.2 万年，它的摇摆就会有细微变化（他称之为"岁差"）。（2）每 10 万年，地球绕日轨道也会改变（他称之为"偏心率"）。地球几近圆形的轨道变得更椭圆，也让地球离太阳更远。（3）最后，米兰科维奇发现，每隔 4.1 万年，地轴的倾斜度也会发生变化，使北半球或南半球远离太阳（这一过程被称为"地轴倾斜"）。这些周期意味着，在一定时期，到达地球的阳光会减少，因此冰雪融化就会减少。不但不融化，这些白茫茫的寒冷冰雪反而会扩展。经历许多季节不融，它们便开始堆积成山。雪将一些阳光反射回太空，也促使温度下降。而气温降低，冰川又开始扩展。可以看出，米兰科维奇周期足以导致巨大冰原的周期性扩张与收缩。通过考察这些变化对气候变化和到达地球的太阳能增减的影响，并将其代入冰原运动的电脑模型，科学家们证明：在过去 60 万年里，这些周期与更新世冰原的周期性扩张和缩减之间存在相关性。这些轨道周期的组合，导致北纬 55° 地区的夏季太阳光照减少。在高纬度地区，凉爽的夏日往往会让冬季的降雪连年不化，数千年冬雪的持续不化则会造成北方冰原生长，显然这会让新的冰期开始。

地球现在可能处于冰期。在每个大冰期中，冰帽和高山冰川都会在扩张与收缩之间摇摆。最后一次收缩约在 1 万年前结束，大概这只是一次摇摆，而非最后结局。不过，最近全球变暖的趋势降低了人们对冰期会在不远的将来回归的担忧。

克里斯托弗·C. 乔伊纳（Christopher C. Joyner）

乔治敦大学

另见《气候变化》。

延伸阅读

Andersen, B. G. & Borns, H. W. (1994). *The ice age world.* New York: Scandinavian University Press.

Erickson, J. (1990). *Ice ages: Past and future.* Blue Ridge Summit, PA: TAB Books.

Fagan, B. (2009). *The great warming: Climate change and the rise and fall of civilizations.* London: Bloomsbury Press.

Macdougall, D. (2006). *Frozen earth: The once and future story of ice ages.* Berkeley: University of California Press.

岛屿

　　岛屿的种类几乎与其数量一样多，它们有大有小，有富有穷，有的人少，有的人多。从最早的时期开始，随着人类迁徙到世界各地，他们就想把岛屿当作跳板和殖民地了。岛屿是贸易站、仓库、海军基地和补给站。因其充满异国风光且位置偏远，它们在今日依然受到重视。

　　地理学家告诉我们，地球上有 5675 个岛屿，面积从 10 平方千米到 100 万平方千米不等，还有近 800 万个小岛。岛屿面积仅占地表的 7%，其人口却占地球的 10%，而其主权国家数量则占 22%——它们所主张的领海面积更是占海洋的四分之一。

　　岛屿的种类几乎与其数量一样多。"大陆型"岛屿是大陆架的一部分，例如英国和爱尔兰就是连在欧洲大陆架上的大陆型岛屿。"海洋型"岛屿则是深海火山喷发的产物。有些岛屿是孤岛，其他的则是群岛。岛屿是各种各样动植物的家园。有些岛屿从未有人居住，有些则屡屡为人所占据。热带和北极岛屿的气温几乎全年都一样，温带岛屿则四季分明。有些岛屿通过桥梁、隧道与大陆相连，有些只有坐船或飞机才能到达。从经济上看，岛有贫富之分，从政治上说，有些岛主权独立，有些岛则依附于其他国家。岛国的政治信仰多种多样，有的民主，有的独裁。英国和日本可以被看作世界历史上两个最著名的岛国，除此之外，众多岛屿也已达到令大陆艳羡的发展水平。

定义岛屿

　　尽管岛屿种类繁多，我们对岛屿的认知却往往刻板。它们的历史和地理是由大陆人定义的，后者惯于把它们都视为微小、外围、偏远、孤立和不变的。一直以来，大陆居民都对岛屿和岛民居高临下。其实直到15世纪，西方地理学者还认为世界只由岛屿组成——一个叫"世界"（Orbis Terrarum）的大岛及众多小岛。早期欧洲探险者认为他们遇到的每一块土地都是一座岛屿，直到16世纪，大陆和岛屿才最终被区分开——四周被水环绕的土地被定义为岛屿。

　　即便现在也很难将岛屿与大陆区分开来，因为大陆也四面环海，而且对元地理学理论中岛屿和大陆的系统质疑一直都存在。如今很清楚的是，岛屿从来都不是完全外围或偏远的，亦非孤立或不变的。从历史长河看，岛屿在人类精神与身体发展的每个阶段都起到了巨大作用。我们知道，智人这个物种就起源于海洋边缘。人类一旦离开东非，就开始了越岛迁徙，直到占据整个地球。水一直给予人类活动和交流

从法罗岛望去，位于加利西亚的西斯群岛的南岛。现代旅游业奠基于对岛屿的迷恋之上。

以最大便利，水的这一优势也解释了为何岛屿常常位于发展前列。史前的采集–狩猎者们将岛屿作为捕鱼营地和贸易据点。黎凡特（地中海东部地区）的内陆农业革命的成果，也是公元前 6000 年左右经塞浦路斯岛传到欧洲的。

岛屿的重要性

在古代，岛屿对控制印度洋和地中海至关重要，因此腓尼基人以及之后的希腊人才会在岛上建立殖民地。对太平洋的最早征服，公元前 4000 年左右从远大洋洲（remote Oceania）开始，公元 700 年在新西兰海岸宣告完成，征服的方式是越岛迁徙。太平洋岛民认为自己是在占岛据海，而它们既不偏远亦非外围。大西洋的远航来得较晚，但也是以类似方式完成的。维京人是越岛迁徙的，如果哥伦布不把海洋想象为岛屿（多数是传说中的）遍布，他也绝不会动身西行。他是如此确信自己到达的是印度的近海岛屿，因此才把加勒比群岛错误地命名为西印度群岛。直到 19 世纪初，寻找通往印度的海路的人还被这种观念所鼓舞：北美是群岛，可以乘船穿过。

从远古时期开始，人们就渴望将岛屿变为殖民地。腓尼基人和希腊人利用它们作为通往内陆的门户。16 世纪与 17 世纪的欧洲海上帝国，也都普遍利用岛屿。岛屿充当捕鱼点和毛皮交易站。甘蔗种植从地中海诸岛传到马德拉和加那利各岛，然后再到加勒比群岛。从非洲西海岸岛屿贩卖奴隶，使欧洲人不必冒在热带内陆地区水土不服的风险。随着欧洲帝国向印度洋和太平洋扩张，岛屿成为重要的（贸易和运输）中转站、饮食补给点和海军基地。在接下来的时间里，它们是群雄逐鹿的对象，也是商业与资本主义发展的真正中心。到 18 世纪，大西洋自身变成了岛屿之海，因航运发展和共同的世界文化而被紧密联系在一起。直到 19 世纪，大陆——而非岛屿——才是与世隔绝的。

文化意义

　　岛屿在西方思想中扮演着极其重要的角色。长期以来，它们一直是异教徒和基督徒灵性探索的对象。它们常被认作天堂，也被视为地狱，就像赫尔曼·梅尔维尔（Herman Melville）所描述的加拉帕戈斯群岛一样。托马斯·莫尔（Thomas More）用一座虚构岛屿构想出了第一个伟大的乌托邦。威廉·莎士比亚选了一座岛屿作为其戏剧《暴风雨》的背景，而丹尼尔·笛福的著名小说《鲁滨孙漂流记》则是一个船只失事水手的岛上故事。人类学是在岛屿上起步的，而岛屿还是创立演化论的博物学家达尔文与华莱士的实验室。对岛屿的迷恋，有时被称为"恋岛癖"，一直是西方文化的重大主题，也是现代旅游业的基石。

　　不过，虽然岛屿的文化重要性在增加，其经济和政治上的中心地位却在下降。19 世纪，商业资本主义向工业资本主义的转变与大陆的崛起相辅相成，代价则是岛屿的衰落。新的工业城市坐落于大陆之上。19 世纪奴隶制的终结，令许多岛屿的种植园体系产生了劳动力危机。随着蒸汽动力的出现和铁路的扩展，水上运输的古老优势大为缩减。岛屿作为贸易中转站、饮食补给点和捕鱼站的价值也在降低。在 20 世纪，全世界的岛屿都在流失人口。政治与经济规模让岛屿处于不利地位。在二战后的非殖民化浪潮中，众多政治独立的岛屿发现，它们依旧在经济上依赖昔日的宗主国。从二战结束后开始，岛屿才逐渐被看作是外围、孤立和落后的。

岛屿的挑战

　　如今，岛屿自身面临着多方面的挑战。在地球的全部地貌中，它们最易受海平面上升及全球变暖引发的频繁暴风雨影响。它们也在持续流失人口（去往大陆）。岛民是世界上最大的移民群体之一，很多岛民被外出寻找新天地的亲人抛下，靠私人汇款为生。（如古巴的经济就长期依赖汇款，其中的很多汇款来自古巴裔美国人。在 2004 年和

2009 年，美国政府进一步限定了允许汇款的金额，并严格了标准——汇款只能寄给直系亲属。）另一方面，岛屿见证了寻找度假地的游客与大陆人的迁入。借助桥梁与隧道的修建，这种人口流入使距离大陆人口中心最近的岛屿中产化。当新来的人寻找"岛屿生活方式"的时候，原来的居民则担心自己的生活方式消失。

连通

在全球化的早期阶段，岛屿往往是国际贸易和经济发展的推动者。今天，岛屿继续扮演着这个角色，尽管是以不同的方式。世界上最大的单一产业——旅游业——严重依赖岛屿。它们位于海外，这不仅使它们成为合法跨国公司的理想总部，也成为毒品走私犯、海盗和间谍活动的完美老巢。由于国际贸易多依靠船运，选择岛屿作为海军和空军基地的意义大增。由于船小好掉头，许多岛屿在新技术的利用方面异常迅捷。不过正如冰岛的经验所示，当岛屿成为互联互通的典范之时，它们也可能在世界经济危机面前不堪一击。冰岛的经济繁荣、低失业率、财富分配的相对平等——这是其金融部门于 21 世纪初在全球迅速扩张的结果——被证明是不可持续的。暴露于世界市场面前，导致 2008 年冰岛克朗大幅贬值及随后冰岛三大银行倒闭。

今天，少有岛屿是真正偏远、外围或孤立的。岛屿也肯定不是静止不变的。如此一来，割裂岛屿和大陆，或刻板认识岛屿及其居民，就再也说不通了。地球自身就可以被看作大宇宙中的一个岛屿，其居民占据了大量岛屿：这些岛屿有的大，有的小，但全都相互关联且相互依赖。二者对这一联系和依赖能达成多大共识，决定了双方的未来。而只有在世界历史中选择合适背景来观察岛屿，才能看出它们的作用和意义。

约翰·吉利斯（John Gillis）

美国罗格斯大学

延伸阅读

Baldacchino, G. (Ed.) (2007). *A world of islands: An island studies reader*. Charlottetown, Prince Edward Island: Institute of Island Studies.

Cosgrove, D. (2001). *Apollo's eye: A cartographic genealogy of the Earth in the Western imagination*. Baltimore: Johns Hopkins University Press.

D'Arcy, P. (2006). *The people of the sea: Environment, identity, and history in Oceania*. Honolulu: University of Hawaii Press.

Gillis, J. R. (2004). *Islands of the mind: How the human imagination created the Atlantic world*. New York: Palgrave Macmillan.

Wigen, K. E. & Lewis, M. W. (1997). *The myth of continents: A critique of metageography*. Berkeley: University of California Press.

山岳

　　山岳是生物和文化多样性的庇护所，且长期以来就与坚不可摧、崎岖不平及艰难险峻等特征联系在一起。在联合国将 2002 年定为国际山岳年之前，环保主义者对山区的脆弱性关注不够。贫穷和土生土长的山民是中央政权的受害者，他们往往别无选择而只能过度开发其环境，而且他们还受到很多山区都存在的战争的威胁。

　　"山岳"（mountains）这个词可能让人联想到巨石峭壁、险峰、冰川和雪——一队表情严峻的登山者，用绳索系在一起，冒着雪崩、岩石坠落和暴风雪的危险，艰难地向上攀爬——那种在阿尔卑斯山或喜马拉雅山的顶部，或在地球上众多引人注目的高山上可能看到的场景。但这一幕只是我们山地环境的一小部分。学界对如何定义山岳已争论颇多，但却没法得出一个简单的说法。威尔士人和英格兰西北部的人会坚称他们生活在群山之中，然而他们的最高峰很少超过海拔 1000 米。居住在海拔 4000 米以上的青藏高原的牧民或秘鲁南部的农民可以被归为山民，但他们当地的景观可能与北美大草原一样平坦。

　　尽管如此，高海拔与陡峭山坡却能造成生长季节的短暂和土壤形成过程的缓慢。纬度和海拔也造成年平均气温的变化，它们一起让挪威北部的罗弗敦群岛（接近海平面，在北纬 70 度）与瑞士阿尔卑斯山的顶部（海拔超过 2000 米，在北纬 46 度）有了被称为"高山"的相似景观。二者都在树木生长的极限（林线）之上，而且都由冰川所塑造。相比之下，靠近赤道的高海拔（超过 3500~4000 米）地区，如埃塞俄比亚、肯尼亚或厄瓜多尔，却具有相当多样的地貌，可以支撑起发达的农业。20 世纪德国著名的山岳地理学家卡尔·特罗尔（Carl Troll，1900—1975 年）就曾举例说，譬如 3000 米以上的印度尼西亚是高山，却非高山景观。

　　为确保人们重视山岳之于人类可持续进步的意义，联合国采取了一种实用做法，即宣布 2002 年为国际山岳年（IYM），声称山岳约占世界陆地面积的 20%，而且为大约 10% 的人类直接提供了生存基础。它还间接地以资源形式，如提供了全球一半以上的淡水、林业产品、矿物、牧场和水电，对 50% 以上的世界人口的生存起到了关键作用。此外，山岳是全部大宗教和众多小宗教精神实质的寄托。它们是仅次于沿海地区的旅游热点，而旅游业则是世界上规模最大且发展最快的产业。山岳是一些世界上最重要的生物多样性中心和大部分文化多样性中心的庇护所。最后，气候变化，特别是当前可预见的全球变暖，

生活在塔吉克斯坦帕米尔山附近的人，既称山为"世界屋脊"，也称它们是"太阳之脚"。杰克·D. 艾夫斯（Jack D. Ives）摄。

将最早在山区产生一些显而易见的影响。由此我们可以断定，山岳正成为一个引人关注的重要对象。

山岳的地理分布

每块大陆都能找到山，从赤道到两极，只要有陆地，就有山。各处山岳合成了一大景观类型或生态系统，它们涵盖了最多的地形、气候与动植物群落及人类文化。从地质与地质构造的角度看，它们有着地球上最复杂的地下结构。

山岳和高地包含南极洲和格陵兰岛荒无人烟、极寒且贫瘠的巍峨冰帽，还有中亚与安第斯山中南部海拔高、干燥、低氧且几乎无法居住的地区。它们还包括潮湿的热带与亚热带丰富多样、郁郁葱葱的山峰和山谷体系，如喜马拉雅山东部、横断山（中国云南）、喀麦隆山、安第斯山北部的一部分以及新几内亚的一部分。在东非和埃塞俄比亚，与四周的干旱低地相比，高山的山坡和山谷一直是人类青睐的生活环境。还有其他大量山脉，也是人类的宜居之所，譬如加勒比海、中美洲、印度尼西亚、日本和夏威夷的高耸火山，那里的人就因肥沃土壤的唾手可得而长期受益——如果不考虑火山喷发的危害的话。此外，从塔斯马尼亚到南非，从中欧和北欧到乌拉尔和西伯利亚，即所谓的"中部山脉"（德语：mittelgebirge），也要包括在内。尽管乌拉尔与阿尔卑斯（典型的"高山"，德语：hochgebrige）截然不同——乌拉尔山地形更平坦——但二者共有的其他山岳特点令它们都需要特殊政策，才能保证资源的可持续利用及传统景观的留存。

世界上的高山都与板块构造运动导致的最近一段（第三纪到现在）地质时期的造山活动有关。它们形成了两大山系：环太平洋山系与横跨阿特拉斯山-比利牛斯山-阿尔卑斯山-高加索山-兴都库什山-喜马拉雅山-印度尼西亚山脉的弧形山系。它们共同成为世界上多数活火山和地震震中的所在地。考虑到地心引力大、山坡陡峭、降水多、地质构

加德满都以东的尼泊尔中部山脉上徒手建造的多级梯田和稻田，是一项了不起的工程壮举。这种灌溉系统证明了当地人是杰出的土壤保护者。杰克·D. 艾夫斯摄。

造扰动和火山活动，生活在山上危险重重。但也有很多山区是因人类活动而变得危险。

对山岳态度的转变

试着描绘山区景观的经典形象：它的自然特征，加上它与世界主流社会的隔绝和疏远，给人们留下了一幅坚不可摧、崎岖不平和艰难险峻的印象。然而，在很长一段时间里，同样是这些特征造就了无与伦比的生物和文化多样性。山区居民在半与世隔绝的状态中发展，形成和保留了地方性语言、服装、习俗、复杂且因地制宜的农业和畜牧实践。它们常常保持着高度独立。不过，山区居民的独立性是有代价的，包括生活艰辛、天灾和（人口增长或资源耗尽导致的）被迫外迁。

一位年轻的傈僳族妇女，她是生活
在泰国北部的一个山地部落的成
员。杰克·D. 艾夫斯摄。

　　很多山区居民以为低地政权的国民军提供精锐雇佣军而闻名。比如，瑞士山地军为前现代的许多欧洲军队做出了贡献，存留的鲜活证据是梵蒂冈的瑞士卫队。最近，在两次世界大战和马岛战争期间，尼泊尔的廓尔喀人也赢得了国际声誉。他们仍在向印度和英国军队输送兵员。

　　在 20 世纪初以前，地处偏远、缺乏"现代"通讯联系且人口密度低，让山区成为强大的低地帝国与只进行过粗略勘察的边疆之间的缓冲区。帝国之间的冲突与妥协给当今很多国家留下了非自然疆界，比如阿富汗的边界就是英国和沙俄之间对抗的产物。这常常导致重大的政治军事问题与叛乱，如今的整个世界都在为此付出巨大代价。

　　就富裕的西方国家而言，直到 20 世纪的最后几十年，山区实际上还是登山者和游客——特别是冬季运动爱好者和温暖季节的远足者——及少数科学家的"禁脔"。在山区生活与谋生的人在很大程度上被忽略了。

　　在 19 世纪，随着欧洲国家的工业化和现代化，公路和铁路修建起来，这让第一拨富有的游客和登山者开始深入阿尔卑斯山，财富也随之而来。在 21 世纪，多山的瑞士和奥地利被认为是非常富裕的地区，但两国政府却在政策上把山区（农业）视为巨额补贴对象，以便保护山区美景并吸引游客。从这个意义上讲，工业化国家与那些发展中国家在山区发展上分道扬镳了——二者的差异在于，工业化国家有钱来帮助保护山区美景，而发展中国家则侧重于开发。在工业化国家中，旧世界（欧洲）和新世界（北美西部、新西兰和澳大利亚）的山区也有细微差异。举例来说，阿尔卑斯山有着悠久的定居和环境适应史（早于罗马时代），而新世界的山区只在最近（约从 19 世纪中叶开始）才经历了殖民与发展。

全球化让大众旅游业从工业化国家扩展到了发展中国家的少数山区。旅游业——特别是登山和徒步旅行——扩展所及，重大改变就会发生。它确实带来了更多财富，但却很有选择性，而且大部分商业收益都以投资红利的方式回到了工业化国家。最近，暴富的中国企业家以同样的资金手段影响了国内地区，比如中国风景如画的云南北部。

旅游业能够且已经对当地文化造成了巨大破坏。（最突出的例子是尼泊尔的珠穆朗玛峰地区，那里的居民夏尔巴人已变得相对富裕。）在 20 世纪 70 年代和 80 年代，人们越来越认识到，需要保护阿尔卑斯山并避免（当时察觉到的）喜马拉雅山即将发生的环境灾难。在阿尔卑斯山，双季旅游业不受控制的增长威胁着传统的山地景观，尽管瑞士和奥地利的坚定民主进程缓解了这一威胁。在喜马拉雅山，大规模的森林砍伐被归咎于"无知"山地农民的糊口行为。他们的人口迅速增长（如尼泊尔是 2.7%/ 年），依靠森林获取建材、木柴和饲料，这些现状让人们以为迫在眉睫的环境破坏完全是当地人草率利用山坡土地造成的。另外，受重力和雨季的倾盆大雨影响，滑坡和土壤侵蚀越来越严重，这被广泛认为是造成下游淤塞与印度恒河地区（由包括恒河在内的三大河系冲积物形成的区域）及孟加拉国严重洪水泛滥的原因。潜在的国际争端也加重了环境灾难的威胁。尽管如此，在 1992 年以前，人们对山岳的关心依然有限。

为什么在20世纪70年代，甚至在20世纪80年代，在环保运动一度蓬勃展开之时，山岳却没在世界政治议程中占据更突出的位置呢？部分答案是山区尚未吸引到有效支持。1972年斯德哥尔摩联合国人类环境会议期间，在认识世界富裕与贫穷地区之间日益扩大的差距并在众多成员国设立环境部方面，会议取得了巨大进展。然而，山岳甚至在脚注中都没有出现。直到1992年的联合国环境与发展会议（UNCED，里约热内卢地球峰会）才有了实现真正突破的可能。《21世纪议程》——峰会在推动政府和个人持续行动方面的计划——列入了关于山岳的特别章节。《21世纪议程》的第13章（涉及脆弱生态系统的管理与山区的可持续发展）促使10年后联合国大会将2002年指定为"国际山岳年"。

世界山岳面临的问题

毫无疑问，山岳受到自然资源——水、森林、草地和矿物——过度利用的威胁，这可能导致土壤侵蚀、水和空气的污染及下游的破坏。这种情况在陡坡（与缓坡相比）上尤为严重。在不稳定的山坡上任意修路和建坝——往往只是为了坡下居民的利益——令情况更加恶化。不受约束的大众旅游也可能导致环境退化，生物多样性消失，山区文化破坏与剥夺感的增强，以及对很多贫穷山民的实际剥夺。这些都是登上新闻头条的话题。但它们往往被过分夸大。如在喜马拉雅山，这些原因常常被误解或者过分简化，甚至为了政治利益而被歪曲。无论如何，山区居民，无论是在阿尔卑斯山还是在喜马拉雅山，他们与低地同胞相比在经济上都处于边缘位置。世界上有很大比例的贫困人口，特别是在亚洲和南美洲，都位于山区。由于山区的人口及相关数据通常混在（它们所在的）更大政治单位的调查之中，因此很难对它们做出准确评估，实情究竟如何也就难以知晓。

由于一直不愿将发生在山区的最具破坏性的事件（各种各样的战

中国西藏的一位妇女拿着一捧小萝卜 (1979 年)。生活在海拔 4000 米以上的藏族人可以被归类为山民，但他们的当地景观可能跟北美大草原一样平坦。杰克·D. 艾夫斯摄。

争）公之于众，直到最近（主要是 2001 年 9 月 11 日恐怖袭击之后），错综复杂的山区问题还在进一步恶化。这些战争包括传统的武装冲突、游击队反抗、毒品战争和恐怖主义。此外，对山民的不公正对待也导致国内和国际难民人数大幅增加。联合国粮食及农业组织（FAO）在 2001 年 12 月 11 日启动国际山岳年时声称，当时影响世界的 27 场战争，有 23 场发生在山区。山区及其居民所承受的这种不成比例的负担，显示了一种空前规模的真正灾难——涉及人道、经济、环境和政治——的存在。

　　就全部冲突来看，山民常常成为中央政府的牺牲品。在泰国北部、中国西部和喜马拉雅山的周边国家，他们因灾难性的环境退化而受到不公正且错误的指责。真正的罪魁祸首往往是有意开发资源的大型商业利益集团和以牺牲当地人——他们往往是政治影响力不大且边缘化的少数群体——为代价来获取资源的中央政府。尽管如此，贫穷往往让当地山民别无选择，只能过度开发自己的环境。法令（如禁止伐木）是由低地官僚机构强制实行的，以法令作为解决办法往往酿成积怨，并可能加剧山区贫困，从而进一步造成不稳定局面。在过去 10 年里，这种浓重积怨在世界上的许多山区爆发，从巴基斯坦、尼泊尔、印度东北部到哥伦比亚及玻利维亚。

未来方向

山区的广大，加上其极端复杂性（自然环境与人类社会的无数适应方式），确实对可持续发展构成了挑战。作为一个整体，山岳是世界上最不为人认知和理解的地区之一。国际山岳年提供了一个前所未有的扩大研究和加快交流的机会。这也跟人们日益增加的认识——即全球变暖的众多可预见危害将最早在山区产生（重大且加速的）影响——密不可分。这种关切导致跨学科的国际合作研究急剧增长，预期成果有待日后评估。不过，首要任务是在减少冲突之余，进一步促进山民参与当地资源管理并发展与主流社会的关系。

杰克·D. 艾夫斯

加拿大卡尔顿大学

另见《气候变化》《环保运动》《侵蚀》。

延伸阅读

Bowman, W. D. & Seastedt, T. R. (Eds.) (2001). *Structure and function of an Alpine ecosystem*. Oxford & New York: Oxford University Press.

Funnell, D. & Parish, R. (2001). *Mountain environments and communities*. London & New York: Routledge.

Gerrard, A. J. (1990). *Mountain environments*. Cambridge, MA & London: MIT Press.

Hofer, T. & Messerli, B. (2006). *Floods in Bangladesh: History, dynamics and rethinking the role of the Himalaya*. Tokyo: United Nations University Press.

Ives, J. D. (2004). *Himalayan Perceptions: Environmental change and the well-being of mountain peoples*. London & New York: Routledge.

Ives, J. D. (2007). *Skaftafell in Iceland: A thousand years of change*. Reykjavik, Iceland: Ormstunga.

Ives, J. D. & Messerli, B. (1989). *The Himalayan dilemma: Reconciling development and conservation*. London and New York: Routledge and United Nations University Press.

Messerli, B. & Ives, J. D. (Eds.) (1997). *Mountains of the world: A global priority*. London and New York: Parthenon.

Zurick, D. & Karan, P. P. (1999). *Himalaya: Life on the edge of the world*. Baltimore: Johns Hopkins University Press.

天然气

天然气主要由甲烷构成。它通常与其他化石燃料储藏在一起。无论是气态还是液态，天然气都是一种重要能源。它比其他化石燃料更加清洁，用于供暖、烹饪并为汽车供给燃料。作燃料时，天然气必须被加工成高纯度的甲烷。

天然气是一种可燃烧的气态碳氢化合物，主要由甲烷（CH_4）构成，是生物经由数百万年的厌氧腐烂产生的。对于印度、希腊、波斯和中国这些古代文明来说，天然气的使用历史至少可以追溯到 3000 年前，但天然气的大规模使用只发生在 20 世纪 60 年代以后。

在第三个千年伊始，天然气在全球能源供应中发挥着至关重要的作用。就像石油等其他重要能源一样，需求和供给的力量主导着对天然气的勘探定位，而这些能源也给储藏国带来了一定的政治与经济力量。截至 2009 年，俄罗斯既是世界上最大的天然气生产国，也是世界上已知天然气储量最大的国家。中东——包括伊朗、卡塔尔（拥有世界上最大的天然气田）、沙特阿拉伯和阿拉伯联合酋长国——已探明的天然气储量也被认定颇为丰富。

当早期文明社会中的人们第一次发现天然气从地表之下的岩缝中逸出并形成神秘火焰之时，他们相信这是源自超自然的力量。类似的与天然气火焰的遭遇在古代印度、希腊和波斯都很常见。然而，在公

天然气从地下井中喷出。纽约公共图书馆。

元前 600 年左右，中国人就知道用天然气的火焰来烹煮卤水，提取盐并提供饮用水。[1] 事实上，孔子就曾提到川藏交界处有百尺深井。[2]

　　1785 年，英国成为第一个对天然气进行商业化利用的国家，将其用于室内、街道等处的照明。大约 40 年后的 1816 年，美国开始将天然气用于街道照明。其实早在 1626 年，北美就首次发现了天然气，

---

[1] 这句话有两处值得商榷：一是作者提到在公元前 600 年，中国利用天然气煮盐，译者翻检史料，不知所本；二是作者提到中国人用天然气烹煮卤水，分离出盐之后的水用于饮用，译者依照常识并借助文献，认为"饮用"之说似无根据。中国以井火（天然气）煮盐，最早是在东汉到蜀汉时期（公元 2—3 世纪），地点主要在临邛（今邛崃）和富顺（今自贡）；除煮盐外，天然气还被用于炊饭、煮菜。参见傅汉思、张学君：《中国火井历史新证》，载曾凡英主编《盐文化研究论丛（第一辑）》，巴蜀书社，2005。——译注

[2] 不知作者言之所出。按《汉书·郊祀志》所载，西汉宣帝神爵元年（公元前 61 年）"祠天封苑（今位于陕西神木县）火井于鸿门"，这大概是中国典籍中对天然气井的最早记录；与作者所述相似的资料来自东汉末年谯周的《蜀王本纪》："临邛有火井，深六十余丈"。参见白广美：《关于汉画像砖"井火煮盐图"的商榷》，《自然科学史研究》1984 年第 1 期。——译注

当时探险家们看到伊利湖地区的美洲原住民正在点燃从地表逸出的气体。然而，美国第一口天然气井是在 1821 年由威廉·哈特（William Hart）于纽约的弗里多尼亚开掘的。1859 年 8 月 27 日，埃德温·德雷克（Edwin Drake）在地表之下约 69 英尺处发现了天然气和石油。德雷克的发现标志着北美天然气生产的新时代。在此之前，天然气主要产自煤炭。为使他的气井产能商业化，一条从气井到附近村庄（位于宾夕法尼亚的泰特斯维尔）的管线被建成。

大致说来，天然气作为室内和公共街道照明燃料，似乎将要在 19 世纪的欧洲和北美发挥重要作用。但由于难以将它从气井输送给其最终用户——当时的管道基础设施无力胜任这项工作，它的作用受到了限制。此外，随着 19 世纪 80 年代电力的出现，天然气灯被电灯取代。

随着天然气失去了照明能源这个用场，天然气行业开始为其产品寻找新用途。1885 年，发明家罗伯特·本生（Robert Bunsen）发明了一种装置（即"本生灯"），用天然气来烹饪和取暖，火焰大小可以调节。本生灯使得天然气的潜在收益多样化，并推动了它的全球性需求。不过，向潜在用户送气的困难依然限制了它的实际利用。

在第二次世界大战期间，管道制造、金属工艺和焊接技术的改进使得管道建设在经济上更具吸引力。因此，在战后，整个世界开始建设一张庞大的天然气管道网。今天，这张网仅在美国境内就超过了 100 多万英里（足以往返月球两次）。管道的地点与控制，特别是那些横跨国际边境的管道，是政治和外交紧张局势的潜在来源，比如俄罗斯与其前卫星国（白俄罗斯和乌克兰等）在 21 世纪初偶尔经历的紧张。另外，天然气的用途也多样化起来，包括水暖、空调和发电燃料。天然气的便捷运输为各种家用电器——如炉灶和烘干机——的使用提供了可能。

20 世纪 70 年代的石油短缺让全世界的注意力转到了节能方式上来，人们开始寻找更便宜、更易得的能源。20 世纪 60 年代和 70 年代环境意识的提升进一步影响到能源行业，推动了对污染较少的发电能源的开发。得益于这些发展，天然气成为更受欢迎的发电燃料。尽管天然气比其他化石燃料更清洁，但它也会形成碳排放，而且考虑到它主要由甲烷构成，天然气其实也是一种温室气体。

　　持续的石油短缺和对环境质量的担忧，预计将进一步增加天然气的需求。压缩或液化天然气被认为是一种比汽油和柴油等传统汽车燃料更清洁和更有经济竞争力的替代品。截至 2009 年，全世界约有1000 万辆天然气驱动的车辆在使用，其中许多是公共交通工具（如公交车）。电力行业中发电环节的变化，例如转向无须燃烧即可产生电力的燃料电池，还有对无污染型发电机（能安置在终端用户的用电场所）的需求，预计也会加重我们对天然气的依赖。

伊莱·戈尔茨坦（Eli Goldstein）

以色列巴伊兰大学

另见《能量》。

延伸阅读

Castaneda, C. J. & Smith, C. M. (1996). *Gas pipelines and the emergence of America's regulatory state: A history of Panhandle Eastern Corporation: 1928–1993.* Cambridge, U.K.: Cambridge University Press.

Clark, J. A. (1963). *The chronological history of the petroleum and natural gas industries.* Houston, TX: Clark Books.

Herbert, J. H. (1992). *Clean cheap heat: The development of residential markets for natural gas in the United States.* New York: Praeger.

MacAvoy, P. W. (2000). *The natural gas market: Sixty years of regulation and deregulation.* New Haven, CT: Yale University Press.

Peebles, M. W. H. (1980). *Evolution of the gas industry.* New York: New York University Press.

自然

      所有文明都依赖自然界——动植物、气候、太阳与海洋——为生。同样，每一种文明都有创世故事，它划分了自然界，并确立了文明在自然中的伦理地位。但并非所有文明都像西方文明那样，包含了如此多的普遍规律、物质和地球生物，并试图用一个名为"自然"的概念来一并指代。

文化史家雷蒙·威廉斯（Raymond Williams）在其《关键词》（*Keywords*）一书中追溯了 nature（自然）这个词在 13—18 世纪英语中用法的变化。他的结论是，nature"也许是语言里最复杂的词"（Williams 1976, 184）。

研究自然观念史的学者常以中国和日本等亚洲文化为例，来区分东西方的自然观。在论文集《亚洲的自然观》（*Asian Perceptions of Nature*）中，奥利·布鲁恩（Ole Bruun）和阿恩·卡兰（Arne Kalland）发现，亚洲文化中没有一个包含自然万物的词。卡兰和 S. N. 艾森施塔特（S. N. Eisenstadt）说，在日本文化中，"实在（reality）在流变之中，甚至在具体存在物中，这与绝对主义的西式看法相反"。（Bruun and Kalland 1995, 11）同样，当一位研究者问斯里兰卡的村民，他们是否有一个词"包含森林、野生动物、树、鸟、草和花等意思"，回答各不相同，"密林"、"禁猎区"和"众生"都被提到过。（Bruun and Kalland 1995, 153） nature 这个词源流复杂。在《原始主义文献史》（*A Documentary History of Primitivism*）一书中，阿瑟·O. 洛夫乔伊（Arthur O. Lovejoy）研究了 nature 在希腊和罗马的历史，勾画了这一概念的源起。nature 一词意为"创始、初生、起源"。希腊诗人荷马（约公元前 700 年）在刻画草的外形时，也会描写其特征，它的 nature（本质）。在希腊剧作家埃斯库罗斯（公元前 524—前 456 年）看来，nature 指的大概是与内在相关的明显特征。实在（nature）与现象之间的对比也出现了。例如，前苏格拉底哲学家把躺椅这一现象和躺椅的真正本质（nature）——建造它的木头——区分开了。在这一时期，人们也开始把 nature 看作是整个宇宙体系及其规律。

英国作家 C. S. 刘易斯（C. S. Lewis）在他的《词汇研究》（*Studies in Words*）中写道："少数好学深思的希腊人发明了自然（Nature）——大写的自然。"这项发明需要"将他们知道或相信的所有东西——神、人、动物、植物、矿物，你所想到的东西——用一个名称包罗起来，实际上是把所有东西当成一个东西，将这个形状各异、杂七杂八的集合变成一个物体或虚拟物体"。（Lewis 1967, 35, 37）克拉伦斯·葛拉肯（Clarence Glacken）在其《罗得岛海岸的痕迹》（*Traces on the Rhodian Shore*）中回顾了自然史中目的论的影响，从它在希腊史家希罗多德（公元前 484—前 425 年）时期出现到 17 世纪。"创世的目的性，即世界的创造是造物主有智慧、有计划和深思熟虑的行为"这一观念，包括让自然适合人类需要的意识，在西方自然观中一直都很重要。（Glacken 1967，39）

从一开始，自然（nature）这个词既指整个物质世界，亦指内在形式和造物之力。自然这个词的一个意思被包含在另一个意思之中。在 14 世纪，作为"某物的本质特性或特征"的 nature，有了另外的含义——"内在力量"。到 17 世纪，作为物质世界的 nature 与作为内在形式和创造之力的 nature 重合在了一起。因此，自然"在指代多样事物与生灵之时，可能带着它们有一种共通性这样的预设"。（Williams 1976，185）

这个中文成语说的是：人一定能战胜自然。

自然也被人们人格化和抽象化。古希腊哲学家采取了当时常见的异教立场，认为自然是有生命的，是一种无所不包的动物，既有思想，也有灵魂，这就让动物（包括人）和植物在智力、心灵和机体上建立起了亲缘关系。柏拉图（公元前 428/7—前 348/7 年）在其《蒂迈欧篇》中认为，宇宙的灵魂是女性。洛夫乔伊指出，罗马演说家西塞罗（公元前 106—前 43 年）推崇希腊人的自然女神观念，这个观点的影响远及 18 世纪。另一方面，卡洛琳·麦茜特在《自然之死》(*The Death of Nature*) 中追溯了从新柏拉图主义（古典时代后期为与亚里士多德、后亚里士多德和东方思想相调和而修正的柏拉图主义）的罗马哲学家普罗提诺（公元 204—270 年）到 12 世纪基督教的传统，它把女性自然置于"比人类强大，但……低于神"的地位。(Merchant 1980，10) 化身为女性的自然有着很大的模糊性，她被视为混乱和破坏性的，是纯洁和不洁的，也被看作神圣秩序的体现。C. S. 刘易斯认为，将自然女性化最难"超克"，但许多环境史家却说，17 和 18 世纪既是自然身上条条框框最多的时期，也是源远流长的活力论（一种认为生物的机能是由不同于物理化学力的活力原理产生之说）衰微之时。

现代时期

卡洛琳·麦茜特认为，自然死于机械哲学的兴起。机械哲学与英国哲学家培根（1561—1626 年）及法国哲学家笛卡儿（1597—1650 年）有关。这些（男）人批评有机世界观把世界人格化为一个强力的、有生命的形体，把自然则看作被动的惰性物质，按自然规律行动并由钟表匠一样的神灵给予第一推动力。科学革命的后果之一，便是女性自然"从活跃的老师和母亲……（变成了）无意识的、顺从的躯壳"。这具躯壳首先服从上帝，然后经由上帝而屈从于人类。（Merchant 1980，190）

自 15 世纪到 19 世纪，随航海发现而来的动植物数量迅速增多，深受数学和物理学的解释力影响的博物学家继续在其中寻找稳定的秩序。瑞典植物学家林奈（1707—1778 年）创造了第一个被普遍接受的体系，它让自然界的各种生物在一个彰显上帝设计的安排中各安其位。而作为希腊传统的延续，林奈认为自然的变化基本是循环的，总是回到同一起点。

机械哲学将自然置于主宰物理世界演变的数学规律之中，在那里，地球可以从"基于抽象前提的一系列推演"来理解，它对终极原因很少考虑，对多样生命不太感兴趣。（Glacken 1967, 406）虽然林奈参与催生了一种置身抽象规律之下的自然，但他也为博物学家提供了工具来为已发现的植物分类，从而推动了博物学的兴起。一群作家对记录和分类多样的生物感兴趣，其中的很多人受林奈影响而回归了古典的有机自然观，他们声称自然之中存在终极原因和设计，并通过观察经验世界来寻找它们。英国人约翰·雷（John Ray，1627—1705 年），一位重要的自然神学家，在其《造物中展现的神的智慧》（*The Wisdom of God in the Works of Creation*，1691 年）中着重指出，动物、植物与栖息地之间的相互联系是智慧的造物主存在的证据。后来的博物学者继续研究自然界中复杂的关系，尽管他们已与设计论相去甚远。

在 16—18 世纪，自然的最大特征之一就是等级制。在《存在巨链》（*The Great Chain of Being*）中，洛夫乔伊梳理了这样的信念：神在永恒的存在之链中，为最低等的蛆到人及神在内的每个物种都安排了固定位置。博物学的任务就是将新的发现纳入链条的合适环节之中。

很多文化企图通过仪式来控制自然。这幅画表现的是亚利桑那州南部沙漠中的托赫诺-奥哈姆族 (Tohono O'odham，帕帕戈人) 参加的一场祈雨舞。

环境史家唐纳德·沃斯特在其《自然的经济体系》(*Nature's Economy*) 一书中，追溯了作为神圣系统和经济体系的自然的历史，它源自希腊语的 "家"（oikos）一词，然后延伸到家政管理、人类社会的政治 "经济学" 及自然的经济体系。因此，林奈在其《自然的经济体系》(*The Oeconomy of Nature*，1749 年) 一文中，将自然描述成 "地球之家"，其中上帝是合理地规划着宇宙的 "超级经济学家"，也是 "维持其有效运转的管家"。(Worster 1985，37)

到 19 世纪初，两位科学家 —— 英国地质学家查尔斯·莱尔（1797—1875 年）和德国地理学家亚历山大·冯·洪堡（Alexander von Humboldt，1769—1859 年）—— 开启了一场发现之旅，它将存在之链与记录分类扫入历史，并引发了对造物之神这一角色的质疑。追随其足迹而来的是英国博物学家查尔斯·达尔文（1809—1882 年），他发现了一把理解自然史的基本钥匙。受益于莱尔对地壳年龄及（时有剧变的）地质史的理解，还有洪堡对植物群落的地理多样性与相互依赖性的发现，达尔文航向新世界，于 1835 年抵达加拉帕戈斯群岛——南美洲厄瓜多尔沿岸的一个偏远群岛。他在那里看到的生物与南美的物种非常相似却又极为不同。他的观察令他发展出一种理论，即隔离、偶尔迁徙及特定环境下的适应，演化出了新的物种。

英国经济学家托马斯·马尔萨斯（1766—1834 年）的《人口论》给达尔文提供了演化论的机制：劣者淘汰，适者生存，达尔文称这种机制为"自然选择"。当他于 1859 年出版《物种起源》一书之时，机械哲学家物化生命的观点，还有自然神学家的那条永恒的存在之链，都受到了达尔文所说的"葱茏河岸，地上密匝地覆盖着多种植物，鸟儿在林中歌唱，各类昆虫飞舞，蚯蚓在湿土里爬"的世界的挑战。其结果便是，尽管受到普遍和不变的自然规律影响，自然却有着独特的历史："当这颗行星按照固定不变的引力定律运行，如此简单的开始就会演化出并继续演化着无尽的最美丽和最奇妙的生物。"（Darwin 1964, 489-490）

生态学时代

自然在获得了历史的同时，也重新获得了它在机械哲学统治下所失去的一些"活力"。达尔文沿用了林奈的稳定的存在之链的思想，并通过竞争和共同适应来赋予它动态性。史家唐纳德·沃斯特着重指出，19 世纪末和 20 世纪初在向一种不完美自然（相互竞争的生物所构成的群落随着时空轴演变）转变，而达尔文在其中居功至伟。[1] 生态学家保罗·西尔斯（Paul Sears）将达尔文置于生态学的中心，因为是达尔文发现"环境从一开始就是所有生命的形式和组织的一部分"。

---

[1]　作者在此处插入了沃斯特对"不完美自然"的强调，但与上下文关联不强，译者在此处添加了"而达尔文在其中居功至伟"。这种"不完美自然"与田园牧歌（或阿卡狄亚）式自然相对，是指以魔鬼列岛（加拉帕戈斯群岛）上"毁灭、冲突、败坏、恐怖"式自然为代表的自然。这种自然观，这种敌对和恶毒的自然，或"血牙腥爪"的自然，大约于 19 世纪 30 年代开始出现，它一方面影响了这种自然，另一方面也为达尔文的"生存竞争的自然"所影响和强化。参见 [美] 唐纳德·沃斯特：《自然的经济体系：生态思想史》，侯文蕙译，北京：商务印书馆，1999，第 147—163 页，第 181—208 页。——译注

（Sears 1950, 56）学者们一般认为是德国动物学家和比较解剖学家恩斯特·海克尔（Ernst Haeckel, 1834—1919年）创造了"生态学"（1866年，oecologie；1893年，ecology）一词。沃斯特同意西尔斯的观点，即海克尔的生命之网的基础是达尔文学说里由生存竞争关系所支配的自然界的经济体系。

没有设计者，并不意味着自然中不存在"生态"的秩序。在20世纪初，美国和欧洲的植物学家与植物地理学家逐渐在植物群落中发现了一种变动的、活跃的自然。到20世纪30年代，这种自然在美国植物学家弗雷德里克·克莱门茨（Frederic Clements，1874—1945年）的著作中得到了最有力的界定。他认为自然是变化的，但这种变化是随着时间推移而出现的"演替"。特定生境"从原始、内在不平衡的植物聚落开始，到与周围环境处于一种比较长久和平衡的复杂结构而告终"（Worster 1985, 210），从这个意义上讲，竞争中出现的是渐进的创新。

生态学和早期的博物学都低估了无机力量在生命的出现与维系中的作用。在英国植物学家亚瑟·乔治·坦斯利（Arthur George Tansley，1871—1955年）于1935年提出的生态系统概念中，机械哲学通过20世纪的热力物理学而回归，成为约束自然的有力法则。能量流动过程统一了有机界与无机界，但在强调自然过程的历史性的同时，它也放弃了克莱门茨式自然的有机群落。作为生态系统的自然与作为顶级群落的自然都是线性的，但时间却走向了熵（逐渐陷入无序）而非进步。如唐纳德·沃斯特对它的描述，"从能量学的角度看，地球生态系统就是一去不返的河流上的小站。能量流经它，最终消失于浩瀚的太空，无法逆流而回"。（Worster 1985, 303）然而，克莱门茨和坦斯利都认为自然史的轨迹是可以预知的。

20世纪末的自然演变已经变得随机、混乱和偶然。生态学家丹尼尔·博特金（Daniel Botkin）的《不和的和谐》（*Discordant Harmonies*）认为，有机的自然是一种"由生物创造并在一定程度上受生命控制的全球规模的生物系统"（Botkin, 1990, 189），它可以由电脑程序模拟。

这就将克莱门茨与坦斯利联系在了一起，但它却有一个重要反转：抽象的自然本质上是模糊的、可变的和复杂的；时间并非单线的，而是由概率决定的弧线和符号组成的线束，"自然总在变化，在多个时空尺度上变化，随着个体的生灭、局部的破坏与恢复、一个冰期到另一个冰期的大规模气候影响而变化"。（Botkin 1990, 62）在 21 世纪，自然拥有的是一段极为偶然的历史，这就对认识自然在人类历史上的作用造成了麻烦。

自然与人

考察等式的另一边——如何将自然置于历史之中——亦需考虑人类在自然中的位置。葛拉肯的《罗得岛海岸的痕迹》涵盖了前工业时期人与自然的历史。他认为，西方一直从几个问题中去认知自然世界，这些问题都源于一种意识，即地球生来便是人类的宜居之地。对生物来说，地球这个环境看上去是如此宜人，它是"一个有目的造物"吗？地球的气候、自然地貌和大陆结构，也就是生命所处的环境，对人类文化和个人健康及道德状况的影响是什么？最后——从 18 世纪到现在，人类的作用越来越大——人类如何通过其技艺起到"地理因素"的作用，让自然从"假想的原始状态"中逐步改变？（Glacken 1967, vii）

许多人试图描述的自然史，都集中在第一个问题上——自然的目的论方面。虽然自然作为设计的产物的观念与自然受环境影响而产生的思想是独立出现的，但两者却相互强化。有机生命（包括人类及其文化）被认为是适应了"有目的创造的和谐环境"。（Glacken 1967, vii）人类的技艺不同于"第一"自然，作为人类在存在之链中仅次于造物主的证明，它是维护并改良上帝设计的"第二"自然。从古希腊到 18 世纪，西方对人类历史中的自然的认识，是把它描绘成人类所适应的外部世界（尽管这种适应的一部分是为自然赋予秩序）。人类创造了第二自然，创造的方式是驯化动物和狩猎、种植农作物并挖通运河，从而在荒原定居。然而，直到 17 世纪和 18 世纪，这种活动仍被视为对第一自然稳定性的破坏。

随着自然本身在现代发展出一段不同的历史，人类开始认识到自身作为地理变迁因素的角色。人类历史——文艺复兴时期从日益增强的人类控制自然能力的自我意识中涌现出来，并受到以这种能力为人与自然之分的信念所推动——成为一种为了审美和经济目的而利用物质（通过诸如炼金术等技艺，炼金术是中世纪的化学和思辨哲学，旨在实现基本金属到黄金的转化）并改变景观的故事。探险时代既促成了博物学意识的出现，也为人类史与自然史之间的互动提供了比较证据。除了新的动物和植物，新世界的发现和探险提供了一个仿佛从未被人类技艺所改变的自然的面貌。葛拉肯说，到了 18 世纪，法国博物学家布丰（1707—1788 年）依据其对欧洲和美洲的比较建立了他的地球历史，但他认为，地球史终究"次于"人类奋斗史。布丰不太欣赏地球上的荒野和无人居住的地方，他认为第二自然既是第一自然的改良，也是人类文明的进步。

地理变迁因素

在新世界，作为地理变迁因素，现代人的重要性更为明显。早期的评论者，如瑞典植物学家彼得·卡尔姆（Peter Kalm，1716—1779 年）注意到，殖民者正在用新环境取代旧环境，他疑惑他们对第一自然的影响并好奇第二自然是否改善了人类生境的前景。美国和英国的工业化加速了自然变迁，加剧了城市、乡村和荒野之间的差别，并使越来越多的人口从土地上的劳作者变成了工厂内的劳动力。

浪漫主义是一种跨洲哲学，它赋予第一自然以特权，让它成为人类历史中的一种有机力量，并对人类参与或创造第二自然的企图做了最有影响的批判。布丰认为，地球的历史在从第一自然转变为第二自然时得到了改善，但美国浪漫的超验主义者和自然作家梭罗（1817—

1862 年）却反驳说，地球自有其历史，人类用第二自然摧毁了它。对于浪漫主义者来说，对第一自然的痴迷——至少回到乡村，最好是到自由天地——就是反抗浪漫主义者所认为的日益占据主导地位的机械哲学和与之相伴而生的物质主义及对生命固有精神的压抑。

　　另一个将自然置于历史之中的关键人物是与梭罗同时代的美国学者乔治·帕金斯·马什（George Perkins Marsh，1801—1882 年）。环境史家广泛称誉马什的《人与自然：或人类行为所改变的自然地理》（Man and Nature: or, Physical Geography as Modified by Human Action，1864 年），它第一次对人类改变自然的后果进行了综合分析。马什将佛蒙特的土壤侵蚀和森林毁坏与地中海盆地的环境退化及欧亚两洲的土地和资源利用史进行了比较，得出结论："男人（原文如此）在任何地方都是干扰因素。在他足迹所到之处，自然的和谐都会变成混乱。"（Marsh 1965，36）马什敦促他同时代的人在创造第二自然方面要谨慎，要时时考虑能从先前存在的第一自然中学到什么。

　　然而，马什把人类看作原初自然的干扰者，却给当代环境史提出了一个最具争议性的自然含义。马什和梭罗，像 19 世纪和 20 世纪的许多人一样，让"外部"的自然界与人类明显对立起来。在过去的两千年里，人类在自然界中的地位这一问题一直没有明确答案。自然的一个危险的含糊不清之处在于，它既可能把人包含在内，也可能将其排除在外。19 世纪批评工业主义的人常常像马什和梭罗一样主张，人类的技艺已经从改善自然转向了毁灭自然，不是参与而是干扰了自然史。人及其技艺变成了非自然的、异于自然的东西。同样，在 20 世纪初，生态学时代的两位重量级人物克莱门茨与坦斯利对人在自然中的作用意见不一，克莱门茨明确区分了犁所造成的干扰与殖民前的草原生物群（草原的植物和动物群落），坦斯利则认为人们可以通过他们的技艺做出生态上的明智改变。

　　美国环保主义者奥尔多·利奥波德（Aldo Leopold）说，20 世纪需要一种基于"土地伦理"的生态学，"将智人的角色从土地共同体的征服者转变为它的普通成员和公民。这意味着尊重共同体的成员，也同样尊重这个共同体"。（Leopold 1949，204）马什、克莱门茨和梭罗与利奥波德所见略同。

　　这场关于自然在人类历史中的作用的争论，一直持续到 21 世纪。最根本的一点是，人是否可以把自然说成是不受人类影响的存在。雷蒙·威廉斯说："我们已把我们的劳动与土地、我们的力量与土地的力量深深地混在了一起，以致不能收回或分开任何一方了。"（Williams 1980，83）史家威廉·克罗农（William Cronon）引用了威廉斯的观点，他认为荒野这一说法的问题在于它抹去了人类在自然史中奋斗的历史，史家理查德·怀特（Richard White）提出，当代的自然是一种"生物机器"——一种自然过程和人类技艺的共生性结合。（White 1995, ix）但对威廉斯来说，人类创造的第二自然是社会压迫、物质主义和污染，是对人类及其余生物界的毒害。史家约翰·R. 麦克尼尔的《太阳底下的新鲜事》强化了两种观念之间一种令人不安的相互影响，一种观念较新，认为自然史变化无常且不可预测，另一种认为人类是破坏性力量。麦克尼尔说，在 20 世纪，人们所占据的是一个未来不确定的星球，而主要出于技术和经济需求做出的改变更加不稳定，因此人们创造出了一个"比以往任何时候都更不确定、更加混乱的……全球社会与环境的总体系"。（McNeill 2000, 359）的确，21 世纪最紧迫的全球问题，正是环境的未来。

薇拉·诺伍德（Vera Norwood）

美国新墨西哥大学

另见《沙漠化》《土壤侵蚀》。

延伸阅读

Botkin, D. (1990). *Discordant harmonies: A new ecology for the twenty-first century*. New York: Oxford University Press.

Bruun, O. & Kalland, A. (Eds.) (1995). *Asian perceptions of nature: A critical approach*. Surrey, U.K.: Curzon Press.

Collingwood, R. G. (1945). *The idea of nature*. London: Oxford University Press.

Cronon, W. (1983). *Changes in the land: Indians, colonists and the ecology of New England*. New York: Hill and Wang.

Cronon, W. (Ed.) (1995). *Uncommon ground: Rethinking the human place in nature*. New York: Norton.

Darwin, C. (1964). *On the origin of species*. Cambridge, MA: Harvard University Press. (Original work published 1859)

Eisenstadt, S. M.(1995). The Japanese attitude to nature:A framework of basic ontological conceptions. In O. Bruun & A. Kalland (Eds.), *Asian perceptions of nature: A critical approach*(pp. 189–214). Surrey, U.K.: Curzon Press.

Evernden, N. (1992). *The social creation of nature*. Baltimore: Johns Hopkins University Press.

Flader, S. (1974). *Thinking like a mountain: Aldo Leopold and the evolution of an ecological attitude toward deer, wolves, and forests*. Madison: University of Wisconsin Press.

Glacken, C. J. (1967). *Traces on the Rhodian shore: Nature andculture in Western thought from ancient times to the end of the eighteenth century*. Berkeley and Los Angeles: University of California Press.

Krech, S. (1999). *The ecological Indian: Myth and history*. New York: Norton.

Leopold, A. (1949). *A Sand County almanac and sketches here and there*. London: Oxford University Press.

Lewis, C. S. (1967). *Studies in words*. Cambridge, U.K.: Cambridge University Press.

Lovejoy, A. O. (1936). *The great chain of being: A study of the history of an idea*. Cambridge, MA: Harvard University Press.

Lovejoy, A. O., Chinard, G., Boas, G. & Crane, R. S. (1935). *A documentary history of primitivism and related ideas*. Baltimore: Johns Hopkins University Press.

Malthus, T. (1890). *An essay on the principle of population*. London: Ward. (Original work published 1798)

Marsh, G. P. (1965). *Man and nature*. Cambridge, MA: Harvard University Press. (Original work published 1864)

McNeill, J. R. (2000). *Something new under the sun: An environmental history of the twentieth century world*. New York: Norton.

Merchant, C. (1980). *The death of nature: Women, ecology and the Scientific Revolution*. San Francisco: Harper & Row.

Merchant, C. (1989). *Ecological revolutions: Nature, gender, and science in New England*. San Francisco: Harper & Row.

Plato. (1952). *Timaeus, Critias, Cleitophon, Menexenus: Epistles*. Cambridge, MA: Harvard University Press.

Ray, J. (1759). *The wisdom of God manifested in the works of creation*. London: John Rivington, John Ward, Joseph Richardson. (Original work published 1691)

Sandell, K. (1995). Nature as the virgin forest: Farmers' perspectives on nature and sustainability in low-resource agriculture in the dry zone of Sri Lanka. In O. Bruun & A. Kalland (Eds.), *Asian perceptions of nature: A critical approach* (pp. 148–173). Surrey, U.K.: Curzon Press.

Sears, P. (1950). *Charles Darwin: The naturalist as a cultural force*. New York: Scribner's.

Soule, M. & Lease, G. (Eds.) (1995). *Reinventing nature? Responses to post-modern deconstruction*. Washington, DC: Island Press.

Thoreau, H. D. (1906). *The writings of Henry David Thoreau: Journal VIII*. Boston: Houghton Mifflin.

White, R. (1995). *The organic machine: The remaking of the Columbia River*. New York: Hill and Wang.

Williams, R. (1976). Keywords: A vocabulary of culture and society. London: Fontana/Croom Helm.

Williams, R. (1980). *Problems in materialism and culture*. London: Verso.

Worster, D. (1985). *Nature's economy: A history of ecological ideas*. Cambridge, U.K.: Cambridge University Press.

Worster, D. (1993). *The wealth of nature: Environmental history and the ecological imagination*. London: Oxford University Press.

海洋

　　海洋占生物圈的 98% 并覆盖了约 70% 的地表。水通过蒸发和沉降，在海洋、大气和陆地间兜兜转转，借之传送化学物质和热量，决定地球的气候，并肥沃或侵蚀陆地。人类依赖海洋资源为生，如捕捞海洋生物和钻取海底石油。

　　地球有四大洋（海水汇合体），它们被包裹在地表的巨大盆地里。海是次一级咸水体。海洋总面积有 3.61 亿平方千米，占地表的 70.8% 和生物圈（世界上生物可以存活的部分）体积的 98%。咸水占这颗行星水量的 97.2%，剩下的是淡水。经蒸发和沉降，水在海洋、大气和陆地间流转。水文循环（水的一系列状态变化，由大气中的蒸汽化为雨雪落到地面或水面，最后经蒸发和蒸腾回到大气）运输和储存了化学物质与热量，决定了地球的气候，肥沃或侵蚀陆地。海洋的平均盐浓度为 3.5%，偏差大小由淡水的蒸发和流入决定。赤道附近的海水表面温度约为 30℃ 或更高，越往两极越低，两极的海水冰冻在 -2℃。表面以下的温度非常恒定，在深海降到大约 0℃。

　　最大的大洋是太平洋，表面面积 1.66 亿平方千米，几乎是其他 3 个大洋面积的总和：大西洋 8400 万平方千米，印度洋 7300 万平方千米，北冰洋 1200 万平方千米。南极海（或南冰洋，有时被当作第五大洋）包括太平洋、印度洋和大西洋的南部水域。大洋的一部分可以被称为内海和陆缘海。内海——如地中海、哈德孙湾、白海、波罗的海、红海和墨西哥湾——切入了大陆板块。陆缘海——如加勒比海和白令海、鄂霍次克海、东海、日本海和北海——被群岛从大洋中分隔出来。

大陆架上的大洋深度约为 200 米，大洋盆底是 3000~4000 米，在最深的区域则为 6000~11 000 米。海床上覆盖着死去的海洋生物，来自大陆的侵蚀土壤，还有红土。

大洋的水体在季风、气压和潮汐作用下循环流动。墨西哥湾流携带暖流来到北大西洋，使欧洲人口能在比其他地区更高的纬度生活。智利、秘鲁、加利福尼亚和非洲的纳米比亚沿岸，是太平洋和大西洋边缘的隆起区，它们将寒冷、富含营养的水流带到海面，阳光和丰富的营养让狭小的大陆架有着多样的海洋生物。但厄尔尼诺（一种不定期出现的洋流，通常会提高南美洲西岸一带的表面水温）可能反转太平洋的洋流，并造成陆地和海上的反常气候效应。

生命始于海洋，但科学尚未完全认知海洋的生命形式。现在已知有 1.5 万种海洋鱼类，但估计还有 5000 种有待识别。仅北大西洋估计就有 20 万种海底物种，可能还少说了 1/3 或 1/4。不过，开阔的海面只是蓝色沙漠（因为营养匮乏），大陆架才是丰富海洋生物的家园，而热带珊瑚礁则是巨大的多样性生物（生物多样性的标志是种类繁多的动植物）栖息地。

海洋资源

人类利用海洋来运输和贸易，也从捕捞海洋生物和钻探海底石油中受益，不过海洋开发既能带来利益，也潜藏着污染风险。

海洋运输是洲际货物移动最廉价和最重要的方式，但它也对海洋生物栖息地及生物多样性带来严重的环境压力。15 世纪之前，海洋是横亘在各大洲之间的一道天堑。采集（旧石器）时代，公元前 200 万—

前 1 万年，移民确实穿越了托列斯海峡和白令海峡，从非洲和欧亚大陆散布到大洋洲和美洲。波利尼西亚人在公元前 2000 年左右迁徙到太平洋岛屿和维京人跨越北大西洋，证实了早期海洋技术的存在。然而，其间也有闭关锁国之举，如一个伟大文明与另一块大陆的初步交流中止于 1453 年，当时中国皇帝决定中断中国舰队沿印度洋到非洲的拓海之举。后来的哥伦布航行，自西班牙出发穿越大西洋到达加勒比海，开拓了与新世界的持续交换，并造成了巨大的环境影响。随着三桅帆船和航海技术的发展，全球性海上航行使陆上的动植物得以交流，这对那些接受性强的国家带来了巨大影响。随着装卸煤炭的码头和货舱区在海岸和港湾扩展，挖泥机改变了潮汐与海岸的侵蚀情况，海洋生物的栖息地被改变了。在 20 世纪，油轮排放（运载了数千千米的）压舱水极大地影响了海洋生态系统。压舱水是海洋生物多样性的最大威胁之一，并会对生态系统造成不可修复的改变。引入物种在新环境中没有天敌，能够繁衍并灭绝本地的生物。

有史以来，人类就在近岸海洋环境进行捕捞了。鲸、海豹、鱼、甲壳动物和藻类一直被人类捕捞并利用，而海草、盐、海绵、珊瑚和珍珠也总是出于多种目的被利用。在今天，从抗凝剂到肌肉松弛剂这样的重要药物都来自海螺。

从 16 世纪开始，拜航运革命所赐，捕鲸和捕鱼活动扩展到了遥远的海岛和大陆。随着这些遥远水域中海洋生物的枯竭，捕捞变成了大洋活动，最初是在北半球，后来到了南半球。这些活动灭绝了一些生物，如白令海的斯特勒海牛、欧洲大西洋海域的灰鲸及后来美洲大西洋海域的灰鲸，还有加勒比地区的僧海豹。人们相信，早期人类对原初生态系统的影响，不仅对一些指示物种，对整个生态系统而言都很重大。在（控制生态系统演变的）顶级掠食者被捕杀殆尽后，海洋生态可能经历了模式变迁。在今天，多数具有商业意义的鱼种都被最大程度捕捞了，甚至超出了其可持续的水平线。由于这样巨大的捕捞压力，众多世界上最有价值的鱼类资源都在减少，其中一些已在当地灭

佛罗里达凯斯国家海洋保护区的生物学家拍下了船舶搁浅对珊瑚礁的损伤。美国国家海洋和大气管理局。

绝。最引人注目的例子是 1991 年关张的纽芬兰鳕鱼捕捞业，它不仅对生态系统造成了巨大且可能是不可修复的伤害，还让加拿大大西洋沿岸的很多人生计无着。

对海床矿物的商业性开发方兴未艾，预计在 21 世纪还会急剧增长。海床拥有各种形式的能源，如石油和天然气，还有氯化钠（盐）、锰、钛、磷酸盐等矿物，人们还在海里发现了金子。人们也开始利用海洋潮汐力了。工业化社会的发展，增加了向海洋排放的污物和其他垃圾，还产生了石油泄漏现象。

约 2/3 的世界人口生活在海岸 60 千米内，世界上几乎一半的城市有超过 100 万的人口位于港湾附近。这种定居模式是人们选择海洋而非陆地作为食物和职业来源的结果。海洋也提供了交流、运输和商业的通道。然而，在某些历史时期，人们对海边定居存在偏见。这种偏见最明显的例子，出现在很多新石器时代（公元前 8000—前 5500 年）

的文化中，随着农业出现，进一步推动了在未开发的内陆地区定居。19 世纪北美的边疆运动无疑也是陆地性的，尽管移民得跨越大西洋来寻找机会。相比之下，其他如古代腓尼基和希腊城邦的殖民经历，则是海洋性的。

法国史家费尔南·布罗代尔（Fernand Braudel，1949 年）最早想写一部内海（它既是自然环境也是移民交通和文化交流的大道）的历史，这个内海是指地中海。他认为，主宰地中海沿岸的共同环境条件奠定了一种共同文化的基础。他说明了山地、平原和海边低地的生活如何与欧洲及阿拉伯文明周边的海洋相联系，还强调海路是欧洲经济增长的关键。布罗代尔将欧洲看成三个区域：地中海、大陆和欧洲的第二地中海——北海和波罗的海（或统称为北方海）。自此之后，很多其他史家认为，如果地中海沿岸拥有一种共同文化，其他的海一样适用，只是自然环境（如海是内海或陆缘海，海岸能否泊船等）和历史经验不同罢了。此类史家论点的问题是，他们倾向于罗列海边所共有的特征，却不对该地区系统的内外联络进行比较。

其他研究海洋历史作用的学者，强调距离的跨越问题。在探险时代（约 1491—1750 年），这当然是最重要的主题，但它也在近期研究美国与欧洲关系史及澳大利亚史的学者中找到了知音。因为直到全球航空时代到来前，它们都生活在"距离专制"之下——它指的是任何海外探访都需要少则几周、多则几个月的海上旅行。

在现代运输系统时代来临前，海上运输一般比陆路运输便宜，但不一定快。航行有很多自然和不可测的限制。因为逆风，航运经常出现几周的延误，而且尽管有些船长会凭借对当地水域的了解而日夜兼程，但多数人出于害怕只会在白天航行。对船舶实际行进距离的计算显示，除了顺风偶尔把船速带到 10 节 / 小时（18 千米 / 小时）外，船速难得超过 1 或 2 海里（1.85~3.71 千米）/ 小时（抛锚等待的时间也包含在内）。这样算出来的每日行程为 45~90 千米，与实际的陆地行程相当。但一辆货车一般只能装 12~18 桶的谷物或鱼，而一小船货甚至就是一车货的好几倍多。一艘典型的 200 吨船最多只需要 10 个船员，人员与吨位比，船是 1∶10，车是 1∶1，而每日行进距离相同。因此，海边城市从海上获得补给的速度优于陆上。最近一份关于中世纪英格兰的研究显示，海运、河运和陆运的费用比是 1∶4∶8。由于陆路运输的效率不像其他行业——如农业——提高的那样快，直到 18 世纪以前，陆运费用（相比别种运费）一直在增长。

海洋未必有利于文化（如审美、饮食或宗教等偏好）互动。信息传递和文化互动与大宗货物的运输速率并不相干，倒是更多依赖个人旅行模式（通常是步行或骑马）。尽管内海和陆缘海往往拥有高度发达的贸易和运输基础设施，但它未必会影响到文化联系，因为文化交流的模式可能与其差别很大。尽管如此，在航海时代（约从 1500—1850 年），滨海地区在世界各地扮演着一种宰制性角色。内海或陆缘海岸边的延伸区域集聚起了大量海运资本和劳动力，这使得一种极为不同的海洋文化得以发展起来。这种集聚通常以造船所用的木材资源为基础，但是森林的匮乏也不会阻碍某些地区崛起为海上强权。

19 世纪的工业运输革命极大地改进了长距离——甚至是全球的——旅行，但它也降低了区域货运经济的重要性。改良的道路、铁路和蒸汽船舶为远比之前多的货物造就了一个世界市场，区域市场就让位给了全球市场。多数沿海的小群体无法筹措参与全球运输市场的资本，于是沿海景观就从一长串人类定居区变成了少数集聚海运资本的港口。因此，在工业时代，区域性海洋景观走到了尽头。

港口城镇是海运体系的节点。最早的港口城镇是 3000 年前在地中海充分发展起来的。港口城镇可能拥有自己的舰队，这种城镇的最重要特征是，它是内陆与海上运输贸易的中心。于是港口城镇倾向于利用多种运输模式（陆地、河流和海洋运输）的便利等自然优势，进入一个物阜民丰的腹地和市场，并获取诸如控制航道等战略先机。港口城镇提供了进入该国经济动脉的路径，在历史上，出于财政和军事目的，它一直被严格控制。偶尔它们会获得全部或部分主权，如意大利

海平面自 1900 年就开始上涨，其
变化速度在 20 世纪后半叶加快。
美国国家海洋和大气管理局的国
家大地测量所（National Geodetic
Survey）的研究员实施了一次海岸
测量。

的城市国家和汉萨同盟的城镇，或者主宰一个领土国家，比如 16—18
世纪的尼德兰，但在多数情况下，它们被更大的领土国家所控制。在
19 世纪，航运需求的增加带来了更多的劳动力需求，港口城镇因劳动
者的涌入而变得摩肩接踵。城镇本身沿着码头伸展，变成了一个臃肿
的存在，拥挤且污染严重。由于 19 世纪下半叶燃煤轮船运输的扩展，
遵守严格时间表变得可能且极度重要。新的基础设施（包括装卸码头
和专用码头）沿着海边迅速发展，以给汽船提供便利。只要装卸码头
没有在海边遍布，帆船就会继续对汽船占据上风，但最终汽船夺取了
越来越多的海路。到了 20 世纪初，到澳大利亚的慢行帆船也最终让位
给汽船。

　　20 世纪初，柴油机被采用，而到了 20 世纪 50 年代，煤被弃用。
就在那个时刻，大洋客运相比航空线路失去了优势，但对船主们来说，
一个海运货物新时代的所得远大于所失。在 20 世纪上半叶，船只设计

着眼于提供最大的载货能力并花费较短的在港装卸货物时间。阿根廷的肉类产业和加那利群岛的香蕉贸易需要冷藏船，而石油业催生了油轮。20世纪60年代出现了设计革命，引入了通用集装箱——一种可以冷藏或按标准规格改装的金属箱——使船运存储更加便利。集装箱船成为全球贸易的工具，从而切断了原料出产、加工、包装和消费之间的联系。

为了花费最少的运费，曾经多样的海洋港口体系被极简化成了以少数世界级港口为节点来连接几条大型集装箱线路的体系。服务该系统的是次要港口组成的大量支线和众多货运服务，它们确保集装箱被带到其最终目的地。

全球化集装箱体系的环境影响巨大。尽管该体系无疑令经济系统合理化了，但它依赖的是对丰富和廉价能源的获取。它尽可能地减少成本，比如，东亚的虎虾会被运到摩洛哥（由廉价劳力剥壳），然后最终被巴黎等地的餐馆消费。

海洋法和海权

海洋长久以来都有法治存在。荷兰律师、史学家和神学家格劳秀斯（Hugo Grotius）在他1609年的专论《海洋自由论》（Mare Liberum）中制定了最早的国际海洋法原则。他写道，海洋是取用不尽的公共财产，所有人都应该开放地使用它。这些原则在理论上都被欧洲海军大国所遵循，并最终被推广成利用所有海洋的指导原则。多数国家都声称对领海或近海拥有治权，但允许商业船只自由通行。这一原则的最重大例外是丹麦的松德海峡，它是联结北海和波罗的海的通道。1857年，丹麦政府在签署国际条约并获得赔偿后取消了对松德海峡的通行费和检查权。领海宽度最初是由大炮的射程界定的，但在19世纪，3海里（5.5千米）的界限越来越被接受并写入国际条约。二战后，美国总统哈里·杜鲁门基于北美大陆架而要求更大的经济权益（针对日本），智利和秘鲁也要求一个离岸 200 海里（370 千米）的专属渔区（针对美国的金枪鱼渔民）。不久之后，冰岛发表了类似声明，为的是把英国渔民驱逐出冰岛海域。这些声明背后的主要经济动机是石油和渔业。1958 年，联合国召集了第一届海洋法国际会议，目的是就海洋法建立新的共识。会议将领海界线扩展至 12 海里（22 千米），但并未解决这一问题。1960 年的第二次会议取得了少许进步。在 20 世纪 60—70 年代，各方立场变化极大。鱼类资源的存量有限这一现象变得越来越明显，它的萎缩成了普遍现象。企图通过国际机构管理资源，被证明基本无效。很多靠海国家，包括发达国家和发展中国家，越来越感受到距其海岸较远的远洋国家大船队的威胁。与此同时，深海海床矿产资源的控制问题，又引发了发展中国家对更平等划分海洋财富的要求。第三届国际会议，自 1974 年持续到 1982 年，产生了一个国际公认的条约。其主要创新是宣称沿海国家拥有 200 海里"专属经济区"（EEZ），而沿海国家可以要求其中的全部矿产和生物资源。该公约由 157 个国家签署，但美国、英国和德国对有关海床矿产资源的条文有异议。EEZ 是自 19 世纪殖民主义以来，对属地管辖权的最大一次再分配。

选取 200 海里作为管辖权的界线与生态系统或实际矿产资源分配都不相干，它只是国际协商的结果。不论该公约有多少缺陷，它毕竟赋予了沿海国家管理其领域内资源的权限。EEZ 的短暂历史显示，在国家经济利益（设计它们的目的）之外，它们也可以被用来提高环保利益。

管理和保护

鉴于海洋法只给相关海洋事务的国际规范提供一个大致框架，于是各民族国家制定了精细的政策与制度，而后者对海洋影响极大。近年来，有两个与海洋环境相关的政策——海岸带综合管理（ICZM）和海洋保护区（MPA）——出台。那些针对诸如分水岭和海岸开发、海床开发的特定政策，根本无法应对我们在管理、保护和开发海洋环境上所面临的一系列挑战。这正是设计海岸带综合管理的理由。自20世纪80年代以来，海岸带综合管理是作为关注沿海和近海管理的一种跨领域政策而发展起来的，但在多数国家，它的执行力度有限。全世界都建立了海洋保护区，在保护区，人类开发被禁止，以保护海洋生物栖息地。它们选择保护的是珊瑚礁、脆弱的产卵区和海洋多样性的热点区域，但是到2000年，只有约1%的海洋得到了保护（即便将那些被有限保护的海洋也算上）。在世界多数地区，海洋仍被开放地利用，并且人类行为不受限制，海面下的世界仍被视为最后一块边疆，等待着更大力度的人类开发。

波尔·霍尔姆（Poul Holm）

爱尔兰都柏林三一学院

另见《气候变化》《天然气》《石油泄漏》。

延伸阅读

Anand, R. P. (1982). *Origin and development of the law of the sea: History of international law revisited*. The Hague, The Netherlands: Nijhoff.

Borgese, E. M. (1998). *The oceanic circle: Governing the seas as a global resource*. New York: United Nations Publications.

Braudel, F. (1996). *The Mediterranean and the Mediterranean world in the age of Philip II*. Berkeley and Los Angeles: University of California Press.

Carlton, J. T., Geller, J. B., Reaka-Kudla, M. L. & Norse, E. (1999). Historical extinctions in the sea. *Annual Review of Ecology and Systematics*, 30, 515–538.

Chaudhuri, K. N. (1985). *Trade and civilisation in the Indian Ocean: An economic history from the rise of Islam to 1750*. Cambridge, U.K.: Cambridge University Press.

Chaudhuri, K. N. (1990). *Asia before Europe: Economy and civilisation of the Indian Ocean from the rise of Islam to 1750*. Cambridge, U.K.: Cambridge University

Press.

Cicin-Sain, B. & Knecht, R. (1998). *Integrated coastal and ocean management: Concepts and practices*. Washington, DC: Island Press.

Day, T. (1999). *Oceans*. Chicago: Fitzroy Dearborn Publishers.

Garrison, T. (1995). *Oceanography: An invitation to marine science* (2nd ed.). Belmont, CA: Wadsworth Publishing.

Horden, P. & Purcell, N. (2000). *The corrupting sea: A study of Mediterranean history*. Oxford, U.K.: Oxford University Press.

Houde, E. & Brink, K. H. (2001). *Marine protected areas: Tools for sustaining ocean ecosystems*. Washington, DC: National Academy Press.

Masschaele, J. (1993). Transport costs in medieval England. *Economic History Review*, 46, 266–279.

McPherson, K. (1993). *The Indian Ocean: A history of people and the sea*. Mumbai (Bombay), India: Oxford University Press.

Mills, E. L. (1989). *Biological oceanography: An early history, 1870–1960*. Ithaca, NY: Cornell University Press.

Reid, A. (1993). *Southeast Asia in the age of commerce, 1450–1680*. New Haven, CT: Yale University Press.

Roding, J. & van Voss, L. H. (Eds.) (1996). *The North Sea and Culture (1550–1800)*. Hilversum, The Netherlands: Verloren Press.

Thorne-Miller, B. & Earle, S. A. (1998). *The living ocean:Understanding and protecting marine biodiversity* (2nd ed.). Washington, DC: Island Press.

石油泄漏

人们出于各种各样的目的使用各类石油，至少有 6000 年的历史了。石油泄漏既是自然现象，也会由石油勘探、运输和加工而引发。几次灾难的发生导致了诸如双壳船等更严格的环境标准出台。2010 年 4 月，墨西哥湾的钻井平台爆炸以及随后的石油泄漏，再度让全球注意到石油泄漏的危险。

石油是我们的主要能源之一。因为它在世界上分布不均，所以必须用船和管道才能运到远方。尽管主要的石油运输和转移活动发生在海洋、港口和河流，但也不局限于这些地区。意外的泄漏，可能出现在石油钻探、储存、处置、提炼、运输和转移的任何地点。这些泄漏可能是重大的，或是灾难性的，抑或是长期的。鲜有其他环境问题这么常见或普遍，它们也无法对环境同时造成直接危害与长期影响。最近引人注目的石油泄漏，包括"阿莫科·卡迪兹号"（*Amoco Cadiz*）、"埃克森·瓦尔迪兹号"（*Exxon Valdez*）和"海后号"（*Sea Empress*）等涉事船只，还有海湾战争期间蓄意造成的大量石油泄漏。在这本百科全书出版的过程中，英国石油钻井平台"深水地平线"爆炸泄漏的石油，仍在从距离路易斯安那州的海岸 64 千米远的地方流入墨西哥湾。它被认为是美国历史上最糟糕的一次环境灾难。

天然石油或原油是液态或半液态的碳氢化合物，含有硫、氧、氢、氮、金属及其他元素。碳氢化合物原是内海浅湾中繁衍生息的小型海洋动植物的腐烂遗体，那些内海曾覆盖着大陆上的广袤区域。历经数十万年，这些死去的小型生物的遗骸漂流并沉到海底。在被泥土掩埋后，这种有机物就变成了复杂的碳氢化合物——我们称之为石油。在过去的 6 亿年里，不完全腐烂的动植物遗体被埋在厚厚的岩层中，通常是隔一段时间累积成一层。因为石油、天然气和煤是由生活在数百万年前的生物构成，所以它们被称作化石燃料。

自古生代（5.7 亿—2.45 亿年前）起，这种有机物就缓慢进入到如砂岩和粉砂岩等有孔隙且具有渗透性的岩石里，并被夹杂其中。而当含油层周围存在不可渗透的岩石时，石油就积聚了起来。一些油田在岩石一侧绵延数千米，而且可能深达数百米。有些石油通过自然渗漏进入海洋，这些天然的石油泄漏可能对生活在其附近的生物造成巨大影响。

石油的一些碳氢化合物产品包括液化（天然）气、汽油、苯、轻油、煤油、柴油、轻质馏分油、重质馏分油和轻重不一的焦油。通过精炼处理，石油就会产出这些产品。它们再被进一步提炼，并被用于合成溶剂、涂料、沥青、塑料、合成橡胶、纤维、肥皂、清洁剂、蜡、胶、药品、炸药和化肥等其他产品之中。石油泄漏可能发生于提炼过程或运输途中。

小规模石油泄漏的历史

人们在超过 6000 年的时间里，以多种富有创意的方式使用着沥青、柏油和液体石油。生活在古代两河流域的人会人工挖掘坑井，从中取得本地沥青作为建筑水泥和船的堵缝物。《创世记》描写的洪水传说中记载，方舟的缝被堵塞得很好。尼罗河上的船以沥青堵缝，当摩西在河上漂流时，他就是被放在一个"涂抹了柏油"的芦苇筏中。埃兰人、迦勒底人、阿卡德人和苏美尔人开采储藏的柏油和沥青出口

劳伦斯·阿尔玛·塔德玛（Lawrence Alma-Tadema）爵士，《发现摩西》（1904 年），布面油画。尼罗河上的船以沥青堵缝，当摩西在河上漂流时，他被放在一个"涂抹了柏油"的芦苇筏中。尽管画面奇幻，阿尔玛·塔德玛的画作却以精确的考古细节著称。

到埃及，埃及人用来它们保存法老王和王后的木乃伊，制作马赛克来装饰其棺材。（古埃及人用液体石油来清洗和包扎伤口，因为它有助于加快愈合并保持创口干净。）伊朗胡齐斯坦省（Khuzestan）的考古遗址显示，沥青在苏美尔时期（公元前 4000 年）被普遍用来黏结和镶嵌宝石。在巴别塔和早期巴比伦神庙的墙壁与柱子上，沥青被用作水泥。早至公元前 600 年，巴比伦人就将黏土球和小的半宝石放在沥青中制成精美的马赛克。

不久之后，化石燃料就因其带来光明的特性而被认可。根据希腊传记作家普鲁塔克的记述，在公元前 331 年左右，亚历山大大帝对伊拉克基尔库克（Kirkuk）土中流出不断燃烧的火焰这一幕印象深刻，那大概是泄漏的天然气被引燃了。罗马人在公元前 1 世纪就使用了油灯。中国人最早以石油为燃料，大约是在公元 200 年，他们用人力、滑轮和管子从地里抽取石油。这类化石燃料利用产生的泄漏不多，且范围有限。

这座山羊雕塑，发掘于苏美尔城市乌尔的皇家墓地，由金、银、青金石、铜、贝壳、红色石灰石和沥青（柏油）制成。古代文明也用柏油和沥青作为马赛克的"粘合剂"。费城宾州大学博物馆。

　　石油很快被用于军事目的，特别是海军战斗，这造成了更大的泄漏。在古代，石油曾被倒满壕沟并点燃，以保卫城池。波斯人研发了最早的蒸馏工序，以获取战斗用的油料。在公元前 480 年围攻雅典时，他们就曾用浸透石油的布裹着弓箭射向希腊敌人。公元 673 年，拜占庭人用管子将"希腊火"近距离喷射到进攻君士坦丁堡的阿拉伯战船上，几乎全歼敌方舰队。[1] 在 7 世纪和 8 世纪，拜占庭人继续用液体火焰对付穆斯林，即用管子从罐子中将液体火焰（大概是石油、轻油与诸如硫黄和生石灰等化学物质的混合）射到敌舰上，造成了巨大伤害和恐慌。（确切"配方"仍不为人知，但史家认为它在帝王间代代相传。）十字军时期的撒拉逊人也用希腊火对付过圣路易[2]。圣约翰骑士团则用它

1　在此处，作者将交战双方说成了希腊人（应为拜占庭人）和波斯人（应为阿拉伯人），大概是与希波战争混淆了。——译注

2　法国卡佩王朝第九任国王路易九世。——译注

来对付入侵马耳他的土耳其人。蒙古人在围攻中亚时，也通过燃烧石油类物质来伤敌。西亚的布哈拉于1220年陷落，因为成吉思汗朝城门扔去了装满轻油和火的罐子，城门着火炸开后，人们才被迫弃城而出。

文艺复兴时期，石油运输进一步发展，随贸易而来的是更大的石油泄漏。1726年，俄国的彼得大帝签署法令，限制从里海巴库出港经伏尔加河往上游的石油运输。在以物易物、商贸或盗窃中，石油都是贵重物品。在新世界，北美原住民将石油用于巫术、药品和颜料中。委内瑞拉的原住民用柏油给船堵缝或塞住手编篮子的孔隙，液体石油则被用来做药和照明。委内瑞拉的第一次石油出口，是1539年出口到西班牙的一桶石油，它被用来缓解皇帝查理五世的痛风。

现代的石油运输始于1820年，当时是用一根小口径铅管把纽约弗里多尼亚附近一个天然气坑的气输送给周边的用户——包括当地的旅馆。从那时起，因运输和转移而造成的石油泄漏就逐年增加。

现代石油泄漏时期

已知的石油储藏大多位于中东，其次是北美。石油输出国组织（OPEC）储量最大，在其成员国中，沙特阿拉伯又独占鳌头。石油储藏的全球分布影响了生产和运输模式，并决定了潜在石油泄漏的分布。世界石油生产从1950年的4.5亿吨上升到1996年的27亿吨，并继续缓慢增长。石油泄漏随产量上升而增加。

石油运输的主要方式是油轮，传统海路建立在石油生产国与石油进口国之间。现在，主要的油路是从中东到日本、欧洲和美国。人们也通过长距离管道，将石油运到炼油厂。石油泄漏主要发生于这些海路、陆路和石油转移的海岸周围。小的泄漏出现在油轮到油轮、油轮到炼油厂、损坏的地下管道等石油转移过程中，也出现于炼油厂和存储设施周围。每年约有75.6亿升的石油因石油泄漏和其他事故进入了海洋。

科学家在密西西比州的墨西哥湾海岸测量一只死去的肯普·雷德利海龟。这个濒危物种在石油泄漏中特别危险，因为它什么都吃且不具备躲避油污的行为模式。美国国家海洋和大气管理局。

　　大规模石油泄漏往往出现在油轮事故中。随着油轮尺寸的增加，发生事故的可能性也在增大。19 世纪 80 年代的油轮容量为 3000 吨，相比之下，1945 年的油轮是 1.65 万吨，1962 年是 11.5 万吨，1977 年是 51.7 万吨。所谓的现代轮船，即 1989 年埃克森公司"瓦尔迪兹号"灾难之后的新造之船，通常按大小与所走海路划分：如巴拿马型和苏伊士型油轮，分别为"适合"通行巴拿马和苏伊士运河的最大原油运货船。近来如国际海事组织的《国际防止船舶污染公约》规定只有双壳船才能在国际水域运营，这应该能减少未来油轮的泄漏次数，尽管不是所有规定和公约都有法律约束力。根据规定，容易导致石油泄漏的单壳船应在 2010 年前停止营运，尽管其效果如何仍有待观察。

　　尽管大规模石油泄漏容易吸引媒体注意，但进入海洋的石油只有约 4% 来自油轮事故。其他的 25% 源自油轮运营，14% 来自其他运输事故，有 34% 源自河流和河口，另有约 11% 是天然渗漏。

重大石油泄漏

自 1978 年开始，小规模石油泄漏的数量在稳步增加，但大规模石油泄漏却相对稳定。超过 3800 万升的石油泄漏每年出现 1~3 次。任一特定年份的一两次灾难性事故，就能极大增加泄漏到陆上和海洋里的石油规模。世界上的小规模石油泄漏（少于 37.8 万升）逐个相加，一年也有 3800 万升。即便没有发生重大灾难，也有大量的石油泄漏到海洋和陆地生物的栖息地中。

有记载的最大石油泄漏出现于 1991 年的海湾战争期间，当伊拉克军队从其科威特驻地撤退时，他们蓄意毁坏了成百上千的油井、油港和油轮，导致 9.07 亿升石油流入波斯湾，不过，多数石油泄漏规模比这要小。据国际油轮船东防污联盟（ITOPF）记载，无论是石油泄漏次数还是规模，20 世纪 70 年代都是有史以来最糟糕的 10 年。其他大规模的石油泄漏包括墨西哥的伊克斯陶克 1 号油井（5.29 亿升，1979 年）、阿拉伯半岛的诺鲁兹油田（3.02 亿升，1980 年）、乌兹别克斯坦的费尔干纳谷地（3.02 亿升，1992 年）、南非海岸的"贝利维尔城堡号"（2.94 亿升，1983 年）、法国海岸的"阿莫科·卡迪兹号"（2.57 亿升，1978 年）。另外的石油泄漏均少于 1.89 亿升 / 次。1989 年在阿拉斯加发生的"埃克森·瓦尔迪兹号"石油泄漏在该榜单中排 28 位，有 4100 万升，但因为受影响的亚北极生态系统的脆弱性，这次泄漏破坏极大。虽然 2010 年的深水地平线平台爆炸过去了近 3 个月，但由于它所导致的墨西哥湾石油泄漏在本文写作期间仍未被完全控制，因此确定后者在这个世界序列中的位置为时尚早。因为资料不同，对每日石油泄漏量的估计变动极大。若根据卡万·法尔扎内（Kayvan Farzaneh）2010 年 4 月 30 日发表在《外交政策》上的文章，墨西哥湾的石油泄

在"埃克森·瓦尔迪兹号"于威廉王子海峡泄漏石油后，工人们企图用高压热水喷嘴来清理海岸，石油被喷离海滩，在浮栅里聚集，然后被撇离水面。美国国家海洋和大气管理局。

漏无疑会令"埃克森·瓦尔迪兹号"灾难相形见绌。不管怎样，依据90天的时间和每日估计约5000桶的泄漏速度，其泄漏总量差不多是7500万升。

石油泄漏的影响

生态系统中的动物、植物和非生物在面对石油泄漏时，其脆弱性不尽相同。有些植物很脆弱，它们的生长环境狭小，而且只在偏远地点生长。某些动物非常独特，只生活在少数地方或只吃少数几种食物。即使是少量石油泄漏，也极易使这些物种受到伤害。北极环境中的动植物如此脆弱，是因其生长季节不长，多样性不广，而且石油本身降解缓慢。

其他物种是广幅种，广泛适应不同的环境状况，食物需求宽泛，且地域分布广阔。此类动植物适应良好，尽管最初的死亡数量可能很高，但通常能够迅速从石油泄漏的影响中恢复。还有其他动物，如一些海鸟、鱼和哺乳动物，在石油泄漏缓慢扩散时就能迁移避开。

石油泄漏是否会对动植物造成毁灭性影响，取决于泄漏规模、石油类型、泄漏时间（特别是与生物生命周期相关的时间）、特定动植物的脆弱性及特定生态系统的脆弱性。泄漏的地点也能决定其影响。在潮间带湿地或片波不兴的港湾发生泄漏，石油很少有机会被带到海上，也就不能通过大海稀释来抵消其影响。石油通常集聚在湿地边缘，而那里是无脊椎动物、小鱼和觅食的鸟类大量聚集的地方。众多无脊椎动物不能迁移或迁移距离很短，很容易受到石油的危害。

石油泄漏的时间关系重大。发生于鸟类、鱼类或哺乳动物迁徙季节的泄漏，通常会造成大量动物的高接触率。发生于无脊椎动物或鱼类产卵季节的泄漏则会中断繁殖达一季，在海洋哺乳动物迁徙季节发生的泄漏能令当地很大比例的海豹、海狮、海獭、鲸鱼及其他哺乳动物死亡或衰弱。海鸟的处境特别危险，因为它们大部分时间生活在海上或港口，而那里经常发生大规模石油泄漏。海鸟数百或数千只结群筑巢，一次石油泄漏就能"油污"或杀死上千只。被油污的父母带着石油回到鸟巢，也会让鸟卵或雏鸟死亡。虽然死于石油泄漏的鸟类只有少量能在海上或岸边被找到，但因为触目惊心，所以鸟类经常被当成石油泄漏严重程度的指示器。此外，发生于飓风或台风季节的泄漏极难清理。

人类可能在石油泄漏或清理污染中受伤或得病，也会因食用被石油污染的鱼类和贝类而生病。石油泄漏事故能够导致油轮、炼油厂、管线的工人或受雇清污的人死亡。石油泄漏通常发生于恶劣天气和风大浪急的海上，这让油轮上的船员更加危险。

石油泄漏对鱼群的影响可能是毁灭性的。鱼群所受的影响既有短期的，也有长期的。鱼类被污染长达几周或几个月，会让渔业完全停摆。即便在石油消失数年之后，石油泄漏也能令渔获惨淡。"埃克森·瓦尔迪兹号"泄漏后，至少有 6 年都有渔业损失的记载。渔民因为产量少和捕鱼区受限而失去了收入，导游和酒店由于休闲垂钓者多年不来而损失了金钱，渔民和导游还失去了工作和他们的生活方式。美国原住民也失去了捕捞传统资源——包括鱼和贝壳——的能力，致使其生活方式被永远改变了。这些影响是相互叠加的，因为地方经济多依赖渔业和旅游业。与渔业和旅游业一样，石油泄漏对审美价值和存在价值的影响也重大而广泛。在本文写作之时，正在发生的英国石油公司的钻井平台深水地平线泄漏对墨西哥湾脆弱的生态系统的全面影响仍难以估算，但它确实会对野生动物、渔业和旅游业造成灾难性后果。在地球另一边的大连（中国重要的海边观光城市）同时发生的一次石油泄漏，清楚说明了对古老生命的结晶——化石能源——的不断追寻如何影响了生态系统、人类健康和地区经济。如果说有一线希望，那么我们期待灾难会让更健全和具有法律约束力的国际法（涉及世界石油的勘探、运输和加工）产生，并重新唤起寻找替代能源的危机意识。

乔安娜·伯格（Joanna Burger）
美国罗格斯大学

延伸阅读

Burger, J. (1997). *Oil spills*. New Brunswick, NJ: Rutgers University Press.

Cahill, R. A. (1990). *Disasters at sea:* Titanic *to* Exxon Valdez. San Antonio, TX: Nautical Books.

DeCola, E. (1999). *International oil spill statistics*. Arlington, MA: Cutter Information Corp.

U.S. Department of Energy. (1980–1998). International energy annual reports. Washington, DC: Author.

Gin, K. Y. H., Huda, K., Lim, W. K. & Tkalich, P. (2001). An oilspill-food chain interaction model for coastal waters. *Marine Pollution Bulletin*, 42(7), 590–597.

Gottinger, H. W. (2001). Economic modeling, estimation and policy analysis of oil spill processes. *International Journal of Environment & Pollution*, 15(3), 333–363.

Griglunas, T. A., Oplauch, J. J., Diamatides, J. & Mazzotta, M. (1998). Liability for oil spill damages: Issues, methods, and examples. *Coastal Management* 26(2), 67–77.

International Tanker Owners Pollution Federation (ITOPF) (2010). Statistics: Numbers and amount spilt. Retrieved July 13, 2010, from http://www.itopf.com/information-services/data-and-statistics/statistics/#no.

Louma, J. R. (1999). Spilling the truth. Ten years after the worst oil spill in American history, Alaska is still feeling the effects of the *Exxon Valdez* disaster and cleanup. *Audubon*, 101(2), 52–62.

Rice, S. D., et al. (2001). Impacts to pink salmon following *Exxon Valdez* oil spill: Persistence, toxicity, sensitivity, and controversy. *Reviews in Fisheries Science*, 9(3), 165–211.

Peterson, C. H. (2002). The *Exxon Valdez* oil spill in Alaska: Acute, indirect, and chronic effects on the ecosystem. *Advances in Marine Biology*, 39, 3–84.

人口与环境

纵观历史，皆有例可证，"人口越多，环境破坏越大"这一简单公式并不总是适用。尽管在多数情况下，人口增长的确加速了环境变化，且在未来还将如此。自 20 世纪中期开始，随着人口增长率接近顶点，人口增长与环境的关系成为公众和学者争论的主题。

与一般的看法相反，人口与环境的关系绝不简单。在过去的半个世纪，随着对环境退化的担忧增加，公众在讨论中多半会强调这样一个简单、耸动的公式：人口越多，环境退化越严重。尽管在很多情况下这是事实，但它绝非一直如此。学者们花费大量精力试图厘清这种关系，但收效不大。公众和学者就这一问题争吵了 50 年之久，到今天它仍是一个高度政治化的问题，因为它触及了一些深信不疑的原则。

人口史

自古以来，人们就致力于算出特定地区的人口数量。第一次对整个政治体（托斯卡纳）进行普查的活动发生于 1427 年。相对可靠的普查，大约始自 1800 年，而世界多数地区从 1950 年开始才有这类普查。重建整个人口史，难免用到大量推断和有根据的猜测，因此造成众说纷纭。但对人口发展的大体路线，人们却有着惊人的共识（见表 7）。

表 7   全球人口估算

日期	人口数量（百万）
公元前 30 万年	1
公元前 1 万年	4
公元前 1000 年	50
公元 1 年	200
公元 500 年	200
公元 1000 年	270
公元 1200 年	380
公元 1400 年	370
公元 1600 年	550
公元 1800 年	920
公元 1900 年	1625
公元 2000 年	6000

资料来源：Cohen 1995, appendi×2。

虽然不清楚人类演化成人的确切时间，但演化完成之际，其数量应当不多。他们过着采集-狩猎生活，总是在迁移，带着多个小孩是很大的负担。于是，早期人类通过延长母乳喂养期来限制他们的生育，大概还通过杀婴和弃婴来抑制人口增长。无论是哪种情况，以今天的标准来说，那时的人口增长率都是极低的。不过，今日的标准应被视为极其反常：在人类历史的多数时候，人口的净增长为零，而人口的增减频率几乎相当。

转向食物生产和定居生活方式后，对人口增长的最主要制约因素——随身带着小孩的困难——就减小了。农业起源可追溯到 1 万年前，那时地球上有 400 万（更谨慎地说，是 200 万~2000 万）人。在农业最早生根发芽的东南亚和美洲热带低地，人口增长速度稍快。出生率在上升，死亡率虽然最后也上升了，但二者的上升并不同步。死亡

卢克索西岸的纳赫特墓，刻画了多个古埃及农事场景。

率最终上升，是因为农业社会出现了新的疾病，它们多数是由猪、牛和骆驼等畜群传染给人的，能迅速致死（特别是幼童）。人口稠密有助于此类疾病的迅速传播，并助长其他疾病（在那些四周满是生活垃圾的人类中）的蔓延。

农业逐渐扩展到地球上众多适合它的地带，而农业社会的多数人口生活在村落中——村落成为社会的核心。水利，特别是在埃及、南亚和东亚，让农业更高产且人口更密集。到公元前3500年，城市开始出现，最早是在美索不达米亚。农业的效率相差极大，它取决于土壤、作物、工具和其他因素，不过一般来说，它所供养的人口密度是采集-狩猎的10倍。出于这样和那样的原因，农业社会扩展极快，并造成了采集-狩猎社会（它们的人烟相对稀疏）的萎缩。

在农业社会，儿童从约5岁起就可以帮忙干活，如照料小鸡或在菜园除草。用不着不断迁徙，儿童就成了经济优势而非负担，因此除非土地匮乏，人们倾向于早婚多育（有时即使土地匮乏，人们也会如此）。生育能力（这里指的是毛出生率）大概达到每年50‰（是美国现在出生率的4倍左右），不过35‰~40‰可能更普遍。即便如此，它也难以抵消疾病与饥荒带来的人口损失，后者不时酿成厉疫浩劫，让好年景的人口增长趋势"改弦更张"。大体来说，这就是农业社会的人口模式，是人类从公元前3000年到公元1800年的主要经历。

在那时，人口增长比前农业时期快，但比今天的增长慢。况且，那时的人口不时出现衰减。在本地与区域层面，瘟疫和饥荒规律性地暴发，一般是每代至少1到2次。在全球层面，至少有两次大灾祸，每次大概都造成了全球人口的萎缩（尽管数据的可靠性不足，难下定论）。其中第一次是14世纪被称为黑死病的大瘟疫，大概由腺鼠疫传染引起，遍及亚洲、欧洲、北非的大部分地区，也许还有撒哈拉以南的非洲部分地区。它很可能减少了欧洲、埃及和西南亚人口的1/4或1/3，世界人口的1/7或1/10。过了150年，欧洲人口才从这场灾祸的

墨西哥城鸟瞰图。城市扩展是人口增长的直接后果。埃尔德尔芬（ardelfin）摄（www.morguefile.com）。

肆虐中恢复过来。第二场大灾祸是美洲人口所遭受的欧亚非的疾病，它们随哥伦布及其他探险者而来。1500—1650年，美洲的人口损失估计在50%~90%。由于没有前哥伦布时期美洲人口规模的可靠数据，我们无法知道这场灾祸的全球影响有多大。不过可能的情况是，因为欧亚非的人口远比美洲多，第二场灾祸的总体影响是抑制了人口增长而非带来负增长。

加速增长

在18世纪，人口开始了其延续至今的惊人膨胀。在世界上的几个地区，瘟疫与饥荒开始退出历史舞台，死亡率下降。背后的原因仍不明了，尽管病菌（病原体）及其人类宿主的生态适应肯定是部分原因，但食物供应的增加和饥荒管理的改善也同样起了作用。在某些地区，出生率在慢慢上升。在 19 世纪，世界人口几乎翻了一番，然后到了 20 世纪，随着死亡率急降，它又翻了将近两番。卫生、疫苗和抗生素的改良减少了疾病的伤亡，高产农业极大增加了食物供应。作为反应，到 19 世纪 90 年代，欧洲的家庭有意限制了生育数量，这种反应稍后在世界其他很多地区更快出现。无论何时何地，出生率下降，人口增长就减缓；无论何时何地，出生率处于高位——就如 1950 年之后的非洲、中美洲多数地区、南亚和东南亚部分地区一样——人口就暴增。从全球来看，人口年增长率在 1970 年左右到达峰值（2.1% 左右），此后人口每 10—15 年就增加 10 亿。到 2009 年，年增长率下降到 1.1%，即每年额外增加 7300 万人。人口学家现在预计，世界人口将在 2050 年左右达到 90 亿或 100 亿。

在历史上的多数时间里，3/4 的人类生活在欧亚大陆。今日依然如此，但美洲居民的比例在 1750 年之后急剧增加，非洲居民的比例也在 1950 年后呈飞跃式增加。

人口政策

至少从公元前 1600 年起，人们就呼吁关注当时的人口过密问题。不过此种关切一直都很罕见，直到最近才出现。政权对人口所持的观点一般是：在它们的疆界之内，人越多越好。所有大宗教也都赞成人口增长。这不奇怪，在 250 年前，生存是如此无常，以至于尽可能多生通常是预防灾祸的一种明智策略。但在 20 世纪中后期，少数政府开始以不同的眼光看待事物。印度和中国，迄今人口最多的两个国家，开始致力于控制生育。拿中国来说，它在 1978—2009 年实行严格限制，使人口少增长 3 亿（2009 年是 13.3 亿）。20 世纪的其他国家，特别是欧洲国家，在努力提高它们的出生率，但收效甚微。

表 8　1750—2000 年区域人口数（百万）

	1750 年	1800 年	1850 年	1900 年	1950 年	2000 年
亚洲	480	602	749	937	1386	3766
欧洲	140	187	266	401	576	728
非洲	95	90	95	120	206	840
北美洲	1	6	26	81	167	319
中南美洲	11	19	33	63	162	531
大洋洲	2	2	2	6	13	32

资料来源：McNeill（2000, 271）。

人口与环境

　　无论何时何地，人口与环境之间都是相互影响的关系。环境状况影响了人口的发展轨迹，人口增长（或衰减）则影响了环境。

　　从历史上看，对人口影响最大的环境状况是气候、疾病和农业。气候大变动，如冰期的消长变化，严重影响了人口数量——通过改变地球上宜居部分的比例并改变未被冰川覆盖部分的生物多样性。上一个冰期的肇始可能减少了人口数量，而它的结束则推动了人口增长。自 1 万年前上一个冰期结束起，气候变化在决定全球人口规模上的作用就不大了。

　　如前所述，疾病对人类的影响，在人们从事种植——特别是定居农业，尤其是在家畜加入进来后——的时期和地方明显加重。在热带，除了高纬度地区，维持密集的定居人口很困难，因为在温暖处活跃着多得多的病原体。城市的出现也为致命疾病建立了生存环境，主要是因为人们摩肩接踵地生活，每日同气相染，加上少有城市能很好地处理垃圾。因此城市一般（大概一贯）是人口黑洞，它只能靠从健康农业区不断涌入的移民来维系。这种情形持续到 19 世纪末，在很多国家

伐木、滥伐森林和土地开发引起的栖息地变化给众多物种带来了更大压力。

是到 20 世纪中期。最终，主要得益于 1880 年之后科学的公共卫生运动，城市变得比农村更卫生，人口增长的巨大限制之一——城市生活的高死亡率——不复存在。

农业环境的变化会影响食物供给，从而限制人口数量。如我们提到的灌溉农业，它比靠天吃饭的农业能养活更多人。但灌溉通常会造成土壤盐渍化（盐分积累，危害作物生长），在几百年后会损害农田。譬如美索不达米亚，环境退化大概在公元前 1900 年左右、公元前 1375 年左右和公元 1250 年前这几个时段的人口下降中起到了作用。过了几百年，甚至仅仅是几十年，土壤侵蚀就会极大降低农田的生产力，如果没有其他补救措施，人口就会减少。土壤盐渍化和侵蚀容易对本地和区域人口造成严重影响，尽管它们在全球层面上的影响一直微不足道。

晚近的农业环境变化，即绿色革命，其影响则是全方位的。20 世纪 50 年代，农学家（研究农田作物产量和土壤管理的农业科学家）培育出了世界上的多数主粮新品种，它们适合大量化肥与适时灌溉，更抗作物疾病和虫害，并更适合机械收割。这种现代化学农业让粮食产量翻了一到两番。截止到 2000 年，其全球影响是世界食物供给量增加了 1/3 左右，成为世界人口剧增的关键因素。

　　人口的增减也影响了环境。影响程度取决于很多因素，包括增长速度、当前人口密度、生态系统的恢复力和稳定性、可用的技术，还有就是选择衡量的是全部环境过程的哪个方面。例如，全世界核废料的数量受人口规模或增长速度的影响不大，但它很受技术和政治的影响。反之，城市扩张则是人口增长（尽管涉及其他因素）直接导致的。

　　最破坏环境的人口增长，大概是那些初始人口基准或为零或很低，之后增长率飙升，而可用的变革技术又很强大的情况。新西兰的历史就是一个好例子。新西兰长久以来就与外界隔绝，数百万年无人居住——从白垩纪开始就是物种的庇护所。人类第一次到达新西兰是在公元 1300 年左右（也许早至公元 1000 年），最初大概只是少数人。但新西兰最早的居民毛利人发现了丰富的猎物资源：海豹、软体动物、不会飞的大鸟（恐鸟）。他们烧掉森林来让猎物有更多的草可以吃，也有空地来种粮食。在几百年的时间里，他们将恐鸟和其他几个物种赶尽杀绝，减少了新西兰 1/3 到 1/2 的森林覆盖面积。在人类开始移民到其他孤岛——如马达加斯加（公元 400 年）和冰岛（公元 870 年）——后，类似的极端变化随之发生。在农业产生之前的历史上，最初人类移居的影响可能不大，尽管占据澳大利亚（约 6 万年前）和美洲（约 1.5 万年前）可能造成——这是一种主流却绝非没有争议的观点——了许多大型和中型哺乳动物的灭绝。即使除了矛和火之外并没有多少技术，当人类进入到一个地方，而那里的物种在之前没有与人打交道的经验，也会造成极大破坏。

　　可用的技术越强大，人口增长就越具破坏性。1769 年之后，特别是 1840 年后，新西兰接收了另一批移民，他们大多数都来自英国。这些移民拥有毛利人从未有过的金属工具、食草牲畜、蒸汽机及整套工业机械。在两个世纪的时间里，新西兰人口从 10 万人以下升至 300 万人左右，他们大都使用现代技术。新西兰剩下的大半森林和更多本地物种（多数是鸟）消失，大部分景观（除了不适合人类居住的极端环境）变成了牧场。人口增长肯定不是新西兰变迁的唯一原因，却是关键原因。海外羊毛、羊肉和黄油市场的存在也很关键，这是新西兰的畜牧经济赖以生存的基础。

在使用大量劳动力来维护环境稳定的地方，人口增长的破坏性最小。最佳的例证是土壤侵蚀。山坡上劳作的农民难免让土壤迅速流失，除非他们能建成并维护梯田。不过，梯田极其耗费劳力。如在肯尼亚的马查克斯（Machakos）山区，农民在 20 世纪初的垦田造成了土壤迅速流失，因为他们没有足够的人手从事繁重的梯田建设工作。但到了20 世纪 60 年代，人口增长改变了这一状况。农民会修建并维护梯田，从而保持了土壤稳定。在山区梯田环境中，人口密度的下降会造成快速的土壤流失，原因在于留下来维护梯田的人太少。这种现象就发生于 20 世纪的南欧山区，当时出生率下降，年轻人移民离去。除非有稠密的人口，否则爪哇或华南那没有尽头的梯田便无法维护。

人口下降也破坏了其他景观的稳定。在东非，人们到 19 世纪才明白，赶走昏睡病要烧光灌木（减少携带昏睡病病毒的舌蝇的栖息地）。昏睡病对牛比对人更致命，它既是一个健康问题，也是一种经济问题。但控制树丛需要劳动力，而当 19 世纪末和 20 世纪初致命的瘟疫暴发后，人们很难控制村庄周围的灌木。这就造成了一种代价高昂的生态变化：灌木增多，舌蝇更多，昏睡病也更多。这个例子，跟南欧的梯田一样，证明在被人类行为改变并保持大致稳定的环境中，人口衰减会带来环境破坏。

这些例子说明，"人口越多，环境破坏越大"这一简单公式未必适用。不过，在多数情况下，人口增长加快了环境变化，并且现在仍然如此。在过去的半个世纪，人口增长速度最快，人口的作用比之前的时代更大（少数本地和区域层面除外，如新西兰的最初移民这样的例子）。1950 年以来，粮田增加了 1/3，这一进程主要由人口增长推动。道路和建筑用地的比率大致是随人口增加而增长，而且其增长主要源于人口增加。近来的生物栖息地改变，包括森林砍伐，粮田、牧场和开发用地的扩展，给众多物种带来了越来越大的压力（特别是在热带森林）。这种压力，这一现代历史上重要的环境变迁，部分是由人口增长所推动的，尽管很难确知其作用有多大。

人口增长对现代历史上污染量的增加，也起到了一定作用。比如在人类排泄物所造成的水体污染上，它确实起到了重要作用。但在其他例子中，比如氯氟烃造成的平流层臭氧层破坏，人口增长的作用不大，技术变革（氯氟烃的发明）的作用更大。因此，在各种类型污染与总体环境污染中，人口增长在不同情况下所起的作用差别巨大。

在将来，人口作为塑造环境变迁的变量，其重要性可能会下降。这部分是因为近百年来——特别是过去半个世纪以来——巨大的人口增长活力早晚会终止。还有一个原因是，技术作为人与环境的中介，其作用越来越大，而且技术变革的速度在近期内不可能减慢。若全球人口在 2050 年后稳定下来，就像众多人口学家所猜想的那样，本地和区域的人口变动仍会带来这样或那样的压力。而且很可能，因为地球上已经有了这么多人口，再增加 20 亿或 30 亿会比上一次增加的 20 亿或 30 亿影响还大。也就是说，人口增长的影响也许并不是线性的，超过了阈限，会引起巨大变化。数千年来，观察者就预测人口增长会带来灾难性后果，而在过去 40 年里，这种说法最常出现且兑现的可能性也最大。不过，这种预言至今尚未化为现实。如果成真，它会发生在下一个 50 年。

约翰·R. 麦克尼尔

乔治敦大学

另见《承载力》《森林砍伐》《疾病概述》《土壤侵蚀》《绿色革命》《土壤盐渍化》。

延伸阅读

Bogin, B. (2001). *The growth of humanity*. New York: Wiley-Liss.

Caldwell, J. & Schindlmayer, T. (2002). Historical population estimates: Unraveling the consensus. *Population and Development Review*, 28 (2), 183–204.

Cipolla, C. (1962). *The economic history of world population*. Harmondsworth, U.K.: Penguin.

Cohen, J. (1995). *How many people can the Earth support?* NewYork: Norton.

Demeny, P. (1990). Population. In B. L. Turner II, W. C. Clark, R.W. Kates. J. F. Richards, J. T. Matthews & W. B. Meyer (Eds.), *The Earth as transformed by human action* (pp. 41–54). New York: Cambridge University Press.

Erickson, J. (1995). *The human volcano: Population growth as geologic force*. New York: Facts on File.

Livi-Bacci, M. (2001). *A concise history of world population*. Malden, MA: Blackwell.

Lutz, W.; Prskawetz, A. & Sanderson, W. C. (Eds.) (2002). Population and environment: Methods of analysis. *Population and Development Review*, 28, 1–250.

Penna, A. (2009). *The human footprint: A global environmental history*. New York: Wiley-Blackwell.

Redman, C. (Ed.) (2004). *The archeology of global change: The impact of humans on their environments*. Washington, D. C.: Smithsonian Press.

Ts'ui-jung, L., Lee, J., Reher, D. S., Saito, O. & Feng, W. (Eds.) (2001). *Asian population history*. Oxford, U.K.: Oxford University Press.

Whitmore, T. M., Turner, B. L., Johnson, D. L., Kates, R. W. & Gottschang, T. R. (1990). Long-term population change. In B. L.Turner, W. C. Clark, R. W. Kates, J. F. Richards, J. T. Matthews & W. B. Meyer (Eds.), *The Earth as transformed by human action*(pp. 25–40). New York: Cambridge University Press.

河流

依地理学者刘易斯·芒福德（Lewis Mumford）之见，历史上所有的伟大文化都是沿着大河这条自然公路才走向繁盛的。此论尤能在今日引发共鸣，因为地球上的几条大河正是人类的头号仆役。污染和生物栖息地的消失（水利工程的两大后果），还有气候变化，给农业、制造业、城市供水和野生生物保护带来了前所未有的挑战。

据一般定义，河流是指两岸夹持的水流（正如其拉丁词根 ripa 所示，ripa 意思是"岸"）。更准确地说，河流是一个水系的主干，它把水、土壤、岩石、矿物和富含营养的淤泥从高海拔地区运到低海拔地区。往大了说，河流是全球水文循环系统的一部分：它们汇集降水（雪、雨夹雪、冰雹和雨）并将其运回湖海，在那里，蒸发和成云开启了新的循环。在重力与阳光的作用下，河流雕琢了周围的地貌，削平了山岳，磨蚀了岩石，并在地壳上开出了河滩。带着水和营养物，河流也为鱼、海绵动物、昆虫、鸟、树和其他生物提供了复杂的生态位。

河流可以从流域面积、水流速度、河道长度上区分，尽管在这些方面都无公认的数据。亚马孙河的流域面积最大，约为 700 万平方千米，令其后的刚果河（370 万平方千米）与密西西比-密苏里河（320 万平方千米）望尘莫及。就水流速度而言，亚马孙河再次登顶，约为 18 万米³/秒，后面依次是刚果河（4.1 万米³/秒）、恒河–雅鲁藏布江（3.8 万米³/秒）和长江（3.5 万米³/秒）。尼罗河是世界上最长的河流，约为 6650 千米，随后是相差不大的亚马孙河（6300 千米）和密西西比–密苏里河（6100 千米）。将流域、流速和长度综合考量，其他脱颖而出的河流还包括鄂毕–额尔齐斯河、巴拉那河、叶尼塞河、勒拿河、尼日尔河、黑龙江、马更些河、伏尔加河、赞比西河、印度河、底格里斯–幼发拉底河、纳尔逊河、黄河、墨累–达令河及湄公河。有两条河——黄河与恒河–雅鲁藏布江——因年输沙量巨大而引人注目，这让它们极易引发大洪水。对于河流的最小流域、长度和水量是多少，人们众说纷纭，不过小河通常被称为溪（streams、brooks、creeks 或 rivulets）。无论大小，作为较大水系一部分的河流又被称为支流（tributaries、branches 或 feeder streams）。

尽管河流的长短、曲直和水量不同，但多数河流都有一些共同特征。河流的源头一般在山区或丘陵，由冰川融水、融雪、湖水、泉水或雨水汇聚而成。在源头的不远处，因高度急降或河谷狭窄，激流与瀑布遍布。随着河流离开高地，其速度通常放慢，其河道开始蜿蜒、分叉或交叉。在袭夺了支流的河水后，其河滩通常会变宽。河流到达河口，通常就没有什么坡度了，水流变得平缓，携带的一些泥沙沉到水底，便堵塞了河道。河流则在淤积的泥沙周围形成扇形，常见情形是在汇入湖、海或大洋前形成一个三角形（delta，希腊字母表的第四个字母 Δ）。

独特的气候和地理条件决定了河流每年的流量模式（水量的季节性变化），但一般来说，靠雨水补给的热带河流比靠雪水补给的温带河流更能四季不断流。经年不断或近乎不断流的河叫常年河，不然则称时令河或短命（ephemeral）河。在干旱地区，水蚀而成的河道如果极少有水流，则通常被称为干谷或旱谷。对水文学者来说，“洪水”一词指的是一年中河水流量最大的时期，无论它是否淹没周围地区。一般而言，洪水的意思是河水溢出两岸。1887 年，黄河的一场大洪

埃德温·洛德·威克斯（Edwin Lord Weeks，1849—1903年），《恒河取水者》（日期未详），布面油画。恒河，长久以来就是印度教仪式中的圣地，现在却面临着污水和化肥污染物的威胁。

水致使近100万中国人死亡。1988年，恒河-雅鲁藏布江的洪水就让2000万孟加拉人一时流离失所。

河为人役

　　河水在任何时期都只占地球总水量的九牛一毛，但它却与湖泊、地下含水层和泉水一起构成了人类及很多动植物所用淡水的主要来源。因此，河流与定居农业、灌溉作物及城市生活的出现密切相关。从苏美尔到巴比伦伟大的美索不达米亚（字义为"两河之间的地方"）文明，在公元前4500年出现于现今伊拉克的底格里斯河与幼发拉底河河滩附近。埃及，如希腊史家希罗多德的名言，是"尼罗河的赠礼"。黄河孕育了早期中华文明，就如印度河产生了西南亚最早的文化一样，秘鲁海岸的河谷则塑造了安第斯山地区的城市生活。"历史上所有的伟大文化,"地理学者刘易斯·芒福德不无夸张地指出,"都是经由大河这条自然公路运送人员、制度、发明和货物才走向了繁盛。"(McCully 1996, 9)

在多数历史时期,人类对河流的改造不大,多为灌溉农作物而转移或截留部分河水。即使是这样不大的改变,也会造成严重的环境后果。在干旱地区,盐渍化是常见的问题。除非适当排水,否则被灌溉的田地会缓慢聚集起土壤和水中天然含有的微量溶解盐。盐分逐渐增多,假以时日,终会使多数田里的农作物无法生长。淤塞也是常见的问题,当农民和游牧者砍伐森林或在河谷上过度放牧时,便无意中让过量泥沙顺流而下。当淤泥沉到河底,使河流高过地面,河流便更易泛滥。

古罗马、伊斯兰世界和中国的工程师对水力学技艺有着精深的了解,罗马、巴格达、北京和其他欧亚城市尚存的沟渠、运河与供水设施足以证明这一点。不过,河流工程学作为一种数理科学,首先产生于公元1500—1800年的欧洲。关键的突破来自意大利工程师的计算公

奥托·约翰·海因里希·海登(Otto Johann Heinrich Heyden,1820—1897年),《尼罗河与吉萨金字塔》(日期未详),布面油画。

式，它通过测量宽度、深度和流速来确定特定时间的河流流量。此后，水利专家知道了如何精准地"驯服"河流——调整河岸、河床和流速以遏制洪水，开发土地并促进航运——并比之前有了更大的成功概率。

今天控制河流的方法与过去所用的极为相似——主要是建造大坝和堤堰，加固两岸，矫直河道（通常包括加宽）——但材料和技术在过去两百年里改进巨大。现代大坝的设计目的是蓄水、（通常与闸门一起）调节河道的最小水深、发电，或兼有三项职能。加固堤岸有助于将河水控制在特定的河道内，以此降低洪水暴发的频率，并开辟之前的漫滩用于农业、城市、工业及其他人类用途。矫直河道使河流坡度变大，因此流速加快；通过减少河流的总长，便利了港口之间的货物运输。总而言之，这些工程手段将一条多变和自由流淌的河流（"漫滩河"）变成了一条可以预知的能源、货物与河水的输运者（"水库河"）。今天，尼罗河与长江在为工业和城市发电，密西西比河与莱茵河在为公司和消费者运货，科罗拉多河与格兰德河则为农民及千家万户送去了用水。

水利工程的环境影响

河流工程通过开辟可耕地、减少洪涝、推动贸易和发电促进了沿岸的经济增长，但它也对河流环境有着破坏性影响。这个问题可以被分为两种相互联系的类型：降低河道内水体的纯度（水污染）和减少河道与漫滩生存空间（生物栖息地消失）。二者通常都会导致河流生物多样性减少。

河流污染

水污染物可分为三类：营养型、化学型和热能型。最常见的营养型污染物是未经处理的人类排泄物与农田径流中的磷肥和氮肥。进入湖中或河中后，这些有机物成为浮游植物（自由浮动的藻类）的食物。

浮游植物会大量消耗水中的溶解氧，如果河水流动慢，"藻华"发生的面积足够大且次数足够多，河水将逐渐变得富营养化（贫氧），对其他需要溶解氧来呼吸的生物造成负面影响。波河与恒河是污水-化肥污染型河流的典型。

最致命的化学污染物包括重金属（锌、铜、铬、铅、镉、汞和砷）和氯代烃（如多氯联苯和滴滴涕）。这些物质会在生物体内累积，也就是说，它们在没有代谢的情况下从简单生物来到更复杂的生物体内，随着食物链往上，浓度在增加。默西河、莱茵河、哈德孙河、俄亥俄河与顿涅茨河都是工业化学型污染河流的代表。

热能污染是河流两岸有很多核能、煤炭或石油发电厂而产生的问题。工厂冷却设备流出的热废水人为地提高了水温，高温反过来影响了在河床上生活的物种。罗讷河与莱茵河是典型的热能污染型河流。

世界上多数被人工改造过的河流，都可以被粗略地称为"农业河"，因为多数工程是为了防止河水冲毁新开垦的土地，且库存之水

中国长江上的筏子。柯珠恩摄。

多被用来灌溉庄稼。随着工业化在全球的扩张，化学污染物越来越成为水系唯一的最大威胁。实际上，极少有河流完全不受任何一点儿工业污染。今天，河流的清与浊通常更受两岸居民的平均工资而非其流域内的农场和工厂数目影响。过去的50多年里，富国在城市和工业环卫设备厂上投资，相应地，水质就得到了改善。穷国无力负担这样的技术解决方案，就眼看它们的河流继续恶化。

生物栖息地消失

水污染通过杀死生物并创造一个不利于生长和繁殖的环境，损害了河流的生机。而工程项目本身则要对河流中多数生物栖息地的消失负责，且要对生物多样性减少负首要责任。自然（"未被驯服"）的河流包含丰富多样的生态位：源头和支流、主河道与次级河道、深潭和洲岛、两岸与河床、沼泽与死水。河道提供了生物通行的纵向通道，河岸提供了通往邻近沼泽与河滩的路径，众多生物在那里（沼泽与河滩）找到了生养和繁殖之所。河漫滩滋养了大树、灌木和芦苇，后者反过来稳固了河道两岸，也为其他生物提供了荫凉和庇护。一条河流的流域涵养着一个复杂的生命网，从真菌、细菌、水藻、原生动物这样的简单生物，到诸如扁虫、鞭虫和轮虫等更复杂的动物，再往上是软体动物、海绵动物、昆虫、鱼、鸟和哺乳动物。

水利工程通过改变一个流域的自然结构损害了众多物种。大坝与堤堰阻断了河流的纵向通道，让生物难以完全利用河道的生存空间。洄游鱼类受害尤大，因为它们的生命周期要求它们从源头迁移到三角洲再回来。最著名的例子是，当两岸修堤建坝后，三文鱼就从哥伦比亚河、莱茵河和很多其他河流中消失了。堤岸加固有类似的影响：它们切断了河道与其河滩的联系，让很多生物从它们的觅食和繁殖地消失。当一条河流失去了其全部或部分自然河道、河床、河岸、洲岛、死水与河滩，它就变成了狭窄和单一的、而非宽广和多样的生物居所了。这就导致它所供养的物种数量和种类急剧减少。

除了减少河流的生存空间总数，水利工程还能引发某些物种的数量激增，造成生态失衡。沙筛贝——一种嗜食水藻且繁殖快速的动物——从其里海老家迁到了美洲和欧洲的工业河流中，一路取代当地的软体动物品种。与此类似，在 20 世纪 30 年代中期阿斯旺水坝建成后，感染了致命性血吸虫（寄生虫）的钉螺开始占领尼罗河的新灌溉渠，让埃及的农民和渔夫衰弱并死去。

作为对环保主义者与自己行业内的改革者（如吉尔伯特·F. 怀特）的回应，工程师们在过去 30 多年里已经发展了新的且更复杂的方法来控制河流。现在，工程师在加固堤岸和疏浚河床时，会更多地注意保护原有的生态廊道。大坝和堤堰会提供（或加装）鱼梯，以便于鱼类迁移。越来越多的河滩被完好保留。在某些情况下，河流甚至重新变得蜿蜒和交叉，以更好地复原之前河岸上最常见的自然情形。

气候学家大都预测说，全球变暖将对全世界的水系造成深远影响。阿尔卑斯和喜马拉雅这样的高山，可能开始在每个春天都更早地化去积雪。更高的蒸发率可能导致一些地区在年降水模式上经历重要变化，更高的水温可能让有些河流不适合三文鱼及其他冷水鱼类。海平面升高可能部分或全部淹没荷兰、孟加拉和其他三角洲地区。虽然对河流的影响因地而异，但总的来说，这些影响将会给农业、制造业、城市供水和野生动物保护带来前所未有的挑战。

马克·乔克（Mark Cioc）
加州大学圣克鲁兹分校

另见《生物交换》《气候变化》《土壤侵蚀》《自然》《水》《水能》《水资源管理》。

延伸阅读

Cowx, I. G. & Welcomme, R. L. (Eds.) (1998). *Rehabilitation of rivers for fish: A study undertaken by the European Inland Fisheries Advisory Commission of FAO.* Oxford, U.K.: Fishing News Books.

Czaya, E. (1983). *Rivers of the world.* Cambridge, U.K.: Cambridge University Press.

Giller, P. S. & Malmqvist, B. (1998). *The biology of streams and rivers.* Oxford, U.K.: Oxford University Press.

Goubert, J.-P. (1986). *The conquest of water: The advent of health in the industrial age.* Princeton, NJ: Princeton University Press.

Harper, D. M. & Ferguson, A. J. D. (Eds.) (1995). *The ecological basis for river management.* Chichester, U.K.: John Wiley & Sons.

Hillel, D. (1994). *Rivers of Eden.* New York: Oxford University Press.

McCully, P. (1996). *Silenced rivers: The ecology and politics of large dams.* London: Zed Books.

Moss, B. (1988). *Ecology of freshwaters: Man and medium.* Oxford, U.K.: Blackwell Scientific Publications.

Nienhuis, P. H., Leuven, S. S. E. W. & Ragas, A. M. J. (Eds.) (1998). *New concepts for sustainable management of river basins.* Leiden, The Netherlands: Backhuys.

Przedwojski, B., Blazejewski, R. & Pilarczyk, K. W. (1995). *Rivertraining techniques: Fundamentals, design and applications.* Rotterdam, Netherlands: A. A. Balkema.

Rand McNally and Company (1980). *Rand McNally encyclopedia of world rivers.* Chicago: Rand McNally.

道路

起初，修路的目的是方便军队在崎岖之地行军。罗马时期的硬化路面道路系统在复杂性上达到了一个新高度，但却随着帝国的衰落而荒废失修。汽车发明后，现代道路才开始建设，发展成今天错综复杂的街道网络和公路系统。

道路已存在了数千年，它长短不一，功能是便利行人和车辆行动。最早的道路是为军事用途而修建的，因为君王想要尽可能快地迎击可能在任何地点出现的敌军。不过商人与其他行人也很快沾上了光，日久天长，道路日常的和平用途与其军事重要性并驾齐驱，并最终完成了超越。

修路难，因为道路经常得跨过急流和（或）干河床，并且为了通行安全，通常需要专门建桥。在干土路上，雨水打湿软土并形成水坑，很快就会成为难行的泥穴，除非用平板石、紧实的砾石、水泥或沥青来建路面，而且通常需要排水设施来维持路面完好。此外，由于汽车和货车的发明，弯道与斜坡必须设计成适合车辆高速通行的形式。有时还需要修建隧道，夷平山顶并移走数百万吨石头。

简·艾瑟琳（Jan Asselyn，1610—1652 年），《罗马风景之断桥残渠》。布面油画。罗马建筑杰作，如桥梁和引水渠，成了壮观的遗迹，道路亦因罗马帝国的衰落而年久失修。

早期道路

在现在的伊拉克，巴比伦和亚述国王们修建了史家所知最早的道路系统。他们这么做是出于军事目的，始于约公元前 1400 年后马拉战车主宰战场之时。波斯人后来修建了从其都城苏萨直通爱琴海岸边的所谓皇道，长度约为 2857 千米。公元前 480 年，薛西斯的军队入侵希腊时走了那条路，希腊史家希罗多德写道，每天平均 31 千米，走完全程要花 93 天。

中国和印度的早期帝国也建立了漫长的道路系统，但运河舟船在后来的中国成为长距离运输的主要方式，因为它们比陆路运输更便宜，载重也大得多。在那之后，中国的道路只在地方和短途上起过作用。

当驼队成为长距离贸易与突袭（约公元200年）的常规手段后，在中亚和西亚半干旱地区修建道路就失去了之前的意义。在骆驼占上风的地方，车辆就被边缘化了，即使公元前100年后那条连接中国和西亚的著名的丝绸之路，也只是一张蛮荒的商队路线网罢了。

罗马大道

在地中海沿岸，罗马帝国依赖的却是一个精心修建的道路系统，其设计主要是为了军用，但对贸易也很重要。道路的标准为8米宽，上覆多层平石与砾石构成的路面。在路上，通过轮换马匹，马可以拉着轻型双轮车日行120千米，重型马车日行24千米。在其鼎盛之时，罗马政权在欧洲、西亚和北非维护着约85 295千米这样的道路，主要用来给驻扎在边疆一线的卫戍部队输送给养。

在撒哈拉以南的非洲、大洋洲和美洲，人力运输是主要的运输方式，由于人脚如驼蹄一样能履不平之地，道路就没有了用武之地。可是秘鲁的印加统治者却建成了与罗马帝国相媲美的道路系统，大概主要为了军事目的。从厄瓜多尔往南延伸出两条长约3219千米的主路，一条沿着海岸平原，第二条在内陆，穿过了高耸的安第斯山。两条路由沿着宜人河谷所建的岔路连接。印加的道路宽达7.62米，吊桥跨过宽广的沟壑，平石路面方便了人和羊驼商队的通行。

在欧亚大陆，罗马帝国的崩溃（公元430年）使道路维护中断，交通很快闭塞起来。东罗马或拜占庭帝国（以君士坦丁堡为中心）主要依赖舟船和通航河流来运输，它放弃了在遥远的陆地边疆驻扎军队的努力，因此眼看着东欧的罗马道路崩坏。约900年之后的经济复苏和人口增长使贸易增加，但在很长一段时期，欧洲分裂的任何单一王国与公国，都没有一种公权力有能力恢复道路系统。本地城市做了一些平整道路与公共场所的事，但陆路运输仍为短程，缓慢且昂贵。内陆居民在食物和其他必需品上几乎自给自足。海运及沿着（北欧平原

卡纳莱托（Canaletto），《从里亚托桥北望大运河》（1727 年），铜板油画。跨过流水的道路需特地建桥。

上缓慢流淌的）河流的船运是主要的运输方式。

现代体系

　　约在 1650 年后，情况开始改变。当时出现了私人修建的石砌路面收费公路，上面通行着快捷的客运马车和重型货运马车，这在少数异常繁忙的地方是有利可图的。但罗马式多层石头路造价高昂，因此道路的大规模修建有赖于便宜道路的出现。1750 年后，法国和英国都开始试验，用较薄的几层松散岩石和砾石——薄至 224 毫米——置于普通泥土之上，使之高于周围地面，两边挖渠以排水。在英国，约翰·洛登·马卡丹（John Louden McAdam，1756—1836 年）于 1827 年被任命为主管英国城市道路的测绘局长，这让他的名字与这种便宜

亨利·阿尔肯（Henry Alken，1785—1851 年），《秋日路上的驷马马车》（日期不详）。
木板油画。

的修路方式联系在了一起，于是"马（卡丹式道）路"激增。但从 19
世纪 30 年代开始，铁路的到来很快让收费公路黯然失色——尤其在多
数的长距离交通中。

其他欧洲国家与欧洲的海外殖民地很快效仿了法国和德国那种便
宜的修路方式，但也目睹了铁路让收费公路相形见绌的窘况。只有到
了卡车和轿车众多的 20 世纪 20 年代，才出现了一个修路新时代。路
面最上层为混凝土板和（或）平整柏油的道路很快取代了砾石路，减
尘且提速。在 20 世纪 30 年代，意大利和德国带头修建了有限进入的
高速公路，它带有中央分隔带以分离双向车流，这就设定了一个速度
和安全性的新标准。在德国，它是为军事用途而设计的。1956 年后，
美国迎头赶上，它通过建设限制进入的州际高速公路系统将该国的主
要城市连接了起来；在轿车和卡车多的地方，类似高速路的修建会让
交通提速。但随着车辆的增加，它们却往往加重了交通堵塞。如今，

我们道路系统的重要性能维持多久，取决于汽油和柴油的成本与储量，或替代能源技术的发展。

威廉·H. 麦克尼尔

芝加哥大学

延伸阅读

Bulliet, R. W. (1990 [1975]). *The camel and the wheel*. New York: Columbia University Press.

Forbes, R. J. (1934). *Notes on the history of ancient roads and their construction*. Amsterdam: Noord-Hollandsche Uitgevers-Mij. Hindley, G. (1972). *A history of roads*. New York: Citadel Press.

Moran, J. (2009). *On Roads: A hidden history*. London: Profile Books Ltd.

Rose, A. C. (1952). *Public roads of the past*, 2 vols. Washington, DC: American Association of State Highway Officials.

Rose, A. C. (1976). *Historic American roads: From frontier trails to superhighways*. New York: Crown Publishers.

Schreiber, H. (1961). *History of roads from the amber route to motorway*. London: Barrie & Rockliff.

土壤盐渍化

　　土壤盐渍化是指盐在土壤中的累积，它长久以来就是（且将继续成为）维持世界农业产量的主要挑战之一。在自然和人工生态系统中，盐渍化制约了植物和动物群落的数量，并且决定着水在地上、地下及空中的循环与分配方式。

　　土壤盐渍化是自然和人为引起的溶解盐在土壤中积累的过程。盐主要通过溶于地下水或灌溉水、从空气中沉积及矿石的风化进入土壤系统。当水通过蒸发和蒸腾（植物对水的吸收）离开土壤，盐分浓度会进一步升高。渗水弱的黏土比渗水强的沙土更易盐渍化。土壤中的盐含量倾向于随地表水或地下水的上涨而增加，也就是从高地到洼地或低地依次升高。这样，盐渍化就影响了生物圈中生物与非生物经化学元素与化合物进行的众多重大的生物地球化学循环。

　　土壤中的盐主要是氯盐和硫酸盐，它们一般由钠、钙、镁和钾来平衡。盐分高的土壤称为"盐土"（saline），那些盐分中以钠为主要元素的土壤称为"碱土"（sodic or natric soil）。钠盐因其物理、化学和生物特性而尤为有害。过量的钠危及众多植物，尤其是在钙含量低的情况下，会引起 pH 值飙升（9 以上），并加重诸如磷、铜、铁、硼、钾和锌等营养元素的匮乏，从而危害植物。

　　钠含量高会损害土壤的物理和化学特性，造成土壤和有机物分散成单个颗粒而不是保持絮凝状（即黏土和土壤有机质的多重颗粒结成块或团）。富含钠的土壤是分散的，几乎完全阻碍了水的进入，因为分散的颗粒阻塞了土壤气孔。钠造成的分散也减少了土壤中的气体流动。富含钠的土壤容易受涝并限制了根与微生物等的有氧活动。只有适应良好的耐盐植物和微生物，才能在盐渍化土壤中生长。

在根系区中，植物对盐的耐受力千差万别。容易积累或耐受盐分的植物称为"盐土植物"，包括在沙漠、海岸线和盐沼中土生土长的耐盐杂草、牧草和灌木等物种。多数粮食作物（包括众多豆科植物、玉米、水稻、燕麦和小麦）都不是盐土植物，它们对盐高度敏感。耐受或受益于盐土特性的作物包括甜菜、海枣、菠菜、霍霍巴树和大麦。

盐渍土的地理分布

盐渍化主要出现在干旱、半干旱和半湿润地区。盐渍土在湿润地区并非普遍问题，因为降水足以溶解并滤去土壤中多余的盐分，使其进入地下水并最终到达海洋。有些盐渍土出现在湿润地区的沿海一带，那是海水淹没土壤所致。

全世界富含盐分土壤的广泛存在，说明了土壤盐渍化的重要性。（见表 9）在全世界 15 亿公顷的现有耕地中，盐土或碱土占了 1/4 到 1/3，这一数据显示了盐渍化对世界粮食生产的影响。盐分对灌溉田地最为有害。在灌溉田地中有大面积盐土和碱土的，包括澳大利亚、印度、巴基斯坦、俄罗斯、中国、美国、中东和欧洲。在一些国家，超过 50% 的灌溉田地受到盐的严重影响。在未来几十年，粮食生产若要成功增加一到两倍，盐渍化将是主要障碍。

盐土和碱土的开垦

盐渍化是一个潜在问题，早期的土壤症状常被忽略。要长期控

表 9   盐土和碱土在五大洲的分布

	盐土（平方千米）	碱土（平方千米）	碱土／盐土的比值
非洲	535 000	270 000	0.5
亚洲	1 949 000	1 219 000	0.6
大洋洲	386 000	1 997 000	5.2
北美洲	82 000	96 000	1.2
南美洲	694 000	596 000	0.9

资料来源：Naidu, R., Sumner, M. E. & Rengasamy, P. (1995). Australian sodic soils. East Melbourne, Australia: CSIRO。

制盐渍化并维持以灌溉为基础的农业，需要以流域为尺度对当地农田的水和盐量进行土壤分析和认真检测。这样的监控是修复活动的技术基础。

判断土壤盐分问题，需要将土壤样本冲水，检测水的导电性。冲水土壤的导电性与溶解盐的浓度直接相关。很多生长中的植物，其导电性会因盐分而降低，这已被充分证明过。钠的问题也可以通过土壤中钠对钙的比例来判断。

用优质的水来过滤（稀释），有可能解决土壤盐分问题，但开垦碱土无法一蹴而就。钠含量高往往会分散土壤黏粒并极大减低水在土壤中的流速。要让钠的过滤起作用，需要降低土壤中钠对钙的比例。钙，特别是以石膏形式存在的钙，往往会团结或絮凝黏土，让钠溶解并从根系区的土壤中滤去。不过，开垦碱土可能需要大量石膏，有时是每公顷几千公斤。石膏添加剂的代价可能很高，尤其是唯一的灌溉水源拥有较高含量的钠和盐的话。

开垦盐渍土，需要一系列恰当的治理措施。在很多情况下，冲刷出的水太咸而无法直接回收利用。而且在现代农业体系中，农田排水也含有如化肥营养物、泥沙和农药等其他成分，这都可能影响到治理。

尽管如此，灌溉用水常被简单地排到江河之中，这一行为会使当地的供水盐化并受到污染。接收农田排水的河流将不断变咸，而下游河段可能将不再适合为人、畜或作物供水。这对地下蓄水层与河口的危害是直接的，并有潜在的严重影响。现今农学（农业中研究农田作物产量和土壤管理的一个分支）的首要任务是提高灌溉土地中水和盐的"收支"效率。

盐渍化的历史

盐渍化影响了最早的伟大农业社会，如苏美尔和阿卡德文化，因为它们是在底格里斯河与幼发拉底河的冲积土上发展起来的。该地位于两河的下游，最初是外围农业区，种植着需要灌溉的粮食作物、草料作物和椰枣。复杂的水道系统便利了运输和灌溉，城市纷纷崛起，文明走向兴盛。天长日久，灌溉地区向两河的上游转移，这一典型变

科罗拉多牧场的盐碱地。土壤中的盐在地面和栅栏桩基堆积。美国自然资源保护局（NRCS）。

化通常被解释成盐渍影响的下游农业的衰落。苏美尔文明的考古资料显示，数百年间，谷物生产从人们喜爱却对盐分敏感的小麦变成了耐盐的大麦。

古埃及的盐渍化历史，与美索不达米亚截然不同。就每年的盐分收支和洪水期来说，埃及尼罗河沿岸坡地比底格里斯河与幼发拉底河坡地更利于长期管理。除了三角洲之外，尼罗河两岸的冲积土相对狭窄且排水性好。在很多河段，河道两岸往往都被雕琢成深沟大壑，河水的涨落亦极大影响坡地地下水的波动。人们普遍认为，尼罗河的农业条件近乎完美：水质优良、洪水期可预知、土壤肥沃——富含营养和有机物，诸般要素相得益彰且独一无二。在尼罗河流域，盐渍化没有发展成严重问题，以灌溉为基础的种植模式延续了约5000年之久。

盐渍化亦威胁到历史上的其他农业文明。在这些文明中，最大的一个文明产生于亚洲的印度河流域，大致与古代苏美尔同期。印度河灌溉体系的面积，明显超出古埃及和苏美尔。关于印度文明的记载存世不多，尽管几处遗址挖掘透露了它们的部分故事（如哈拉帕）。虽然考古学家声称是大洪水、地震和土壤毁掉了这些古代文明，但盐渍化大概也是一大问题。在20世纪，盐渍化严重威胁了印度河流域近1500万公顷的灌溉农田。

澳大利亚墨累-达令河广大流域的盐渍化历史模式也发人深省，它的历史土地利用对当下土壤及农业生态系统的影响被充分记录了下来。尽管该流域面积只占澳大利亚总面积的15%，但它在全国农业产量中的贡献比却远大于此，而这种贡献多赖灌溉之助。19世纪中叶的欧洲殖民正式开始后，根系发达的桉树林被砍伐并变成了根系较短的一年生谷物系统，这种生态系统的变迁减少了植物的蒸腾（植物对水的利用），让每年的降水更多地渗入土壤并抬高了当地地下水的水位。因为地下水含盐，大量溶解盐流动上升到土壤和根部区域。蒸散（由蒸发和植物蒸腾造成的土壤水分散失）让盐分浓缩，据估计，在约50万公顷的墨累-达令河流域，地表之下2米就有含盐地下水。澳大利亚人称这种情况为"次生盐渍化"（即人为所致的盐渍化），而自然盐渍化一词专用来指天然出现的盐土，后者出现于该大陆干旱地区的盐湖或河口湾附近。

未来盐渍化

今天的灌溉土地总计约 3 亿公顷，而耕地总面积才 15 亿公顷。现在粮食总产量中约有 35% 来自灌溉系统，这一比例预计还会增加。从 20 世纪 60 年代到 20 世纪 90 年代末，灌溉土地以每年 3% 左右的速度在增加。有 5 个国家的灌溉面积占世界的三分之二：中国、印度、巴基斯坦、俄国和美国。其他依赖灌溉系统的国家包括埃及、印尼、伊拉克、约旦和以色列。这些事实表明，在未来，对灌溉中水和盐的管理将越来越重要，因为全球农业生产是如此依赖灌溉。挑战在于，现在对灌溉系统的管理远未达到理想状态，确为未来的严重隐忧。下举几例，以说明这种挑战。

印度河两岸绵长的现代灌溉系统（大部分在巴基斯坦），滋养着当今世界的主要农业区之一。在这一流域中，冲积层与地下水的水槽低，这让喜马拉雅西麓的水汩汩流出。到 20 世纪 90 年代，该地有近 1500 万公顷的灌溉区，灌溉河道、农田水渠和田地沟渠估计超过 150 万平方千米。在这一庞大系统出现伊始，人们观察到很多田地的含盐地下水水位在根系区域，到 20 世纪 60 年代，一项大规模排灌工程启动，至 20 世纪 90 年代，整个系统的 1/3 受惠于此。如今，200 万~500 万公顷的灌溉田地受盐渍危害。让这一灌溉系统维持运行需要持续的惊人投入，尤其是印度河排灌渠的海拔梯度如此之低（有的梯度约为 0.02%），这意味着必须将水输运到数百千米外的入海口。

在现代埃及，在灌溉农业生态系统中控制盐渍化，同样是一个严峻的问题。从古代到 19 世纪初，尼罗河流域总人口为数百万，多数靠以河流灌溉为基础的农业来维系。在历史上的多数时期，埃及能出口大量食物，这一情形已一去不返。现代埃及拥有约 6000 万居民，到 2030 年，其总人口预计将增长到 9000 万 ~1 亿。在农产品进口增加的同时，埃及的国内粮食生产也在向灌溉土地大开狮口。建于 20 世纪 60 年代的阿斯旺大坝，管控住了尼罗河洪流，因此延长了灌溉期。但从另一方面来看，河水涨落被控制，季节性泛滥就不再经常冲刷土壤中的盐分。尤其是在大尼罗河三角洲的冲积土中，盐分越来越成为一个常见问题。未来要扩大灌溉农业，须集思广益，精心设计排灌过程以控制盐分。

　　未来的盐渍化问题几乎不会仅限于灌溉土地。在干旱和半干旱地区，降雨的自然循环也会导致盐土和碱土的扩展与缩减。乞力马扎罗山脚下的安博塞利国家公园的盐分生态系统，是一个著名而争议颇大的例子。从 20 世纪 50 年代起，公园多数植被明显从森林（合欢树）草原变成了耐盐草类与灌木占多数、树木稀疏的景观。对这一生态系统的变迁，长期以来有一种假说：整个 20 世纪 60 年代，该地降雨增加，含盐量高的地下水上升到合欢树占多数的草原的根系区域，导致树木大面积死亡。无论盐渍化能否解释安博塞利的变迁，安博塞利都是一个绝好的例子。它证明在未来几十年或几百年，气候变化可能影响广大地区的盐分平衡和盐渍化，进而影响自然生态系统的结构和功能。

小丹尼尔·D. 里希特（Daniel D. Richter Jr.）

美国杜克大学

另见《水》《水资源管理》。

延伸阅读

Allison, G. G. & Peck, A. J. (1987). Man-induced hydrologic change in the Australian environment. *Geoscience,* 87,35–37.

Ayers, R. S. & Wescot, D. W. (1976). *Water quality for agriculture* (FAO Irrigation and Drainage Paper No. 29). Rome: United Nations.

Buol, S. W. & Walker, M. P. (Eds.) (2003). *Soil genesis and classification* (5th ed.). Ames: Iowa State Press.

Dales, G. F. (1966). The decline of the Harappans. *Scientific American,* 214, 92–100.

Hillel, D. J. (1991). *Out of the earth.* New York: Free Press.

Holmes, J. W. & Talsma, T. (Eds.) (1981). *Land and stream salinity.* Amsterdam: Elsevier.

Lal, R. (1998). *Soil quality and agricultural sustainability.* Chelsea, MI: Ann Arbor Press.

Naidu, R., Sumner, M. E. & Rengasamy, P. (1995). *Australian sodic soils.* East Melbourne, Australia: CSIRO.

Rengasamy, P. & Olsson, K. A. (1991). Sodicity and soil structure. *Australian Journal of Soil Research,* 29, 935–952.

Richards, L. A. (Ed.) (1954). *Diagnosis and improvement of saline and alkali soils* (Agricultural Handbook No. 60). Washington, DC: United States Department of Agriculture.

Singer, M. J. & Munns, D. N. (2002). *Soils: An introduction.* Upper Saddle River, NJ: Prentice Hall.

Soil Survey Staff. (2001). *Keys to soil taxonomy.* Washington, DC: United States Department of Agriculture.

Sparks, D. L. (1995). *Environmental soil chemistry.* San Diego, CA: Academic Press.

Western, D. (1997). *In the dust of Kilimanjaro.* Washington, D.C.: Island Press.

Wolman, M. G. & Fournier, F. G. A. (Eds.) (1987). *Land transformation in agriculture.* New York: John Wiley and Sons.

Yaalon, D. H. (1963). On the origin and accumulation of saltsin groundwater and soils of Israel. *Bulletin Research CouncilIsrael,* 11G, 105–113.

木材

木材或木料，是木头从被伐倒至加工成建材或纸浆的各个阶段的统称。数百年来，木材在全世界都是一种资源，用于加工和建造各种器物与用具，从住房、船只、桌子到牙签。

自新石器时代革命始，用途广泛的木材就是社会生活发展中的重要商品。在整个人类历史中，至少从公元前 3000 年起，世人都会获取并利用森林来满足不同需求。从早期的城市社会——如埃及、美索不达米亚和哈拉帕——开始，木材就是经济生活中一个不变的主题。各种形式的木材被用作薪柴，并作为建筑、航行和存储（如木桶）的基本材料。除了这些用处外，木材对其他人类活动也很重要，如制造业以及煤炭和铁矿石等资源的开采（木梁被用来支撑矿井）。木材利用程度随着城市、商业和人口的增加而上升。在古代世界，城市社会的规模扩大和人口增长往往需要资源运输以满足不断扩大的人口中心的需求。运输这些资源的一般方式是船运。随着贸易水平的提高，海运增加，木材消费量进一步加大。在奢华生活方式出现后，人们开始建造富丽堂皇的建筑，如宫殿和庙宇，这往往也需要木材。

早至 4500 年前，这些趋势就已经显现。在美索不达米亚和印度河河谷，美索不达米亚人和哈拉帕人就伐光了大小山脉。于是，他们对邻国采取军事行动并建立贸易关系，以获取稳定的木材供应来满足经

伐木于华盛顿州，1898 年。纽约公共图书馆。

济需求。比如，埃及人就在邻近的黎巴嫩和叙利亚海岸寻找木材。

世界其他地区也有同等规模的木材利用。约 2500 年前，在华北的黄河流域及东南亚，人们都在寻找木材来满足社会经济需求。全球城市化进程加剧了木材消耗，在经济转型期的文明、帝国和民族国家，其木材需求由腹地区域提供。事实上，世界上的不同地区在不同时期都会成为别人的木材场。举例来说，在 17 世纪中叶，北美和波罗的海沿岸的森林就为西北欧提供了木材。到 20 世纪末，非洲、亚洲、拉丁美洲、北欧和俄国部分地区则成为主要的木材来源地。

伴随农业和城市革命的到来，森林砍伐至少在过去五六千年里是一个不变的主题，堪与某些山岳同寿。到 20 世纪末，森林砍伐的程度达到历史之最：世界森林面积减少了近一半，从 8000 年前的 60 亿公顷降到 36 亿公顷。根据世界森林与可持续发展委员会（World Commission on Forests and Sustainable Development）的说法，有 25 个

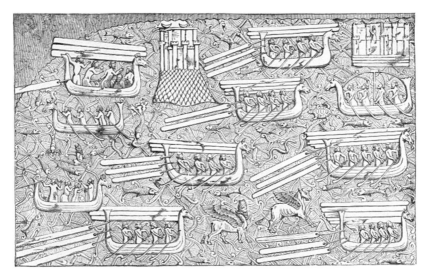

一幅来自亚述的阿拉米语浅浮雕图，刻画的是用船运送木材，有将木材放置船上和用缆绳拖曳两种方式。纽约公共图书馆。

国家的森林消失殆尽，另有 18 个国家的森林消失超过 90%，11 个国家的森林消失近 90%。为了延缓森林砍伐的速度，减小伐木取材的环境影响，一些国家和木材生产商以快速生长的树种来建设林地（专门做木材之用）。砍倒前树，旋即播植新苗，以期林地木材（及其环境效应）接踵相续。另一种减轻森林砍伐影响的策略，是在树龄不一的森林中选择性砍伐成材之树。

森林砍伐会对人类社会产生影响，这是一种共识。其消极影响，如我们正在经受的土壤流失和气候变化，也见诸史册。土壤侵蚀导致的河流与运河泛滥和淤塞，也在美索不达米亚文明的早期发生过，对生产影响甚巨。印度西北部、中国、迈锡尼时期的希腊和米诺斯时期的克里特也遭受了土壤流失，给这些社会与文明造成了很大压力。森林砍伐还影响到气候变化和降水。森林消失后，低层大气温度降低，而地表温度升高，蒸散减少，干旱到来。森林消失也意味着碳封存减少，因为树木能固碳并代谢含碳化合物。这种消失会加速全球变暖的进程。近来的研究显示，这一进程已持续了 6000 年之久，从农业扩展加快了森林的消退开始，全球变暖就出现了。

周新钟

美国洪堡州立大学

另见《气候变化》《森林砍伐》《树》。

延伸阅读

Chew, S. C. (2001). *World ecological degradation (accumulation, urbanization, and deforestation) 3000 bc–ad 2000.* Walnut, CA: Alta Mira Press.

Perlin, J. (1989). *A forest journey.* Cambridge, MA: Harvard University Press.

Marchak, P. (1995). *Logging the globe.* Kingston, Canada: McGill/Queen's University Press.

Williams, M. (2003). *Deforesting the earth.* Chicago: University of Chicago Press.

World Commission on Forests and Sustainable Development.(1999). *Our forests, our future.* New York: Cambridge University Press.

树

　　树比人这个物种古老得多，树木研究本身就是一大课题。古往今来，树既是人类的崇拜对象、食物来源（或农业阻碍），也是生长习性被人类改变的野生生物。

　　树在大约 3.6 亿年前出现，远早于人类。出于灵性和审美原因，人类文化自始至终都在崇拜它们。人与树的交往最早始于旧石器时代森林中的采集-狩猎者，在那时，人是森林和林地的威胁。时至今日，森林的最大威胁变成了世界各地疾病与害虫组成的"混合军团"。

人类出现之前的树

　　树是野生生物。它们存在的时间远比人类长久。3.6 亿年前，在尚不知人类影响为何物时，它们就走上了自己多样的生命旅程。现在树的种类成千上万、千姿百态。所有树都与真菌共生，很多还与蚂蚁、授粉昆虫及鸟类相依存。从热带到极地边缘，生长着不同种类的树。有些树生长在森林里，有些树生长在稀树草原。有些树可被动物食用，有些树则让动物厌恶或中毒。反过来，动物，从能弄倒并吃光大树的巨象，到以树的果实和种子为食的灵长目动物（人类的祖先）及鸟类，也逐渐在许多方面对树产生了依赖。有些树易燃且能经受森林大火（很多树靠火来延续生命并繁衍后代），另外一些树则遇火不燃。有些树由种子长成，另外一些则来自根蘖。

在过去 200 万年里，冰川时代的气候变化使树在世界上的许多地方难以生长，打断了它的缓慢演变和适应故事。树只能设法应对历史偶然加诸自身的种种环境。

农民出现之前的树

在（除人类外的）人科动物之后，人类出现了。在其起源地非洲，人们大概生活在稀树草原中。过了成千上万年，人类既能在森林里生活，也能无惧寒冷和干旱地适应无树之地。这一阶段的人类——少量采集-狩猎者——与树的关系有四种：

> 1. 树的果实和其他产物可能是人类食物的一部分，例如在中石器时代的不列颠，人们在大片榛树林中寻找榛子为食。
> 2. 人们发明了砍倒小树的工具，这为他们带来了木柴和木制品原料。（石器时代这个名称有误导性。石制工具虽然利于保存，但在当时，它们或许比木制品少得多，只是后者并未保存下来。）到那时为止，人类的砍伐数量与树的生长速度相比微不足道。
> 3. 在稀树草原或森林偶然着火之处，人们用火来管理土地，控制植被，以利于他们喜欢的那些动植物的生长。
> 4. 早期人类大概要对巨象和其他林地破坏者（现在生活在非洲的是它们的弱化版）的灭绝负责。但反过来，这却有利于树的生长。

可以说，后两个例子是迄今人类对世界植被造成的最大影响。至于人们在旧石器和中石器时代是否与树有文化和精神方面的联系，这种联系又是否对树本身造成了影响，尚无法断言。

金属出现前的树

在过去 1 万年里，人与树的关系进一步发展。最后一个冰期结束后，树回到了英国等北方国家。传统上认为，这时的树长成了连片"原始森林"，实际上当时可能更像稀树草原（草原遍布，树木不多）。人类学会了新石器时代的农作技艺（养牲口和种粮食），建了耐久的房屋，还醉心于制陶、修庙、修墓及诸般定居文明技艺。这些文明是在世界不同地区（除澳大利亚外）分别出现的，然后在全球缓慢传播。

在温带，树是农民之敌，因为田里的农作物无法在树荫下生长，共有的家畜也需要空旷的草地。森林只能容纳少量牲畜，因为后者只吃低矮植被，吃光后就会挨饿，所以农业应该始于稀树草原或草地。在林地拓荒，需下大力气挖出树木：美洲殖民经历证实了这一点；在新石器时代的北欧，大概也出现过林耕农业，不过当时的人却不像美洲殖民者那样拥有金属工具和省力机械。

在热带，情况略有不同，因为有些热带作物生长在树荫下，而且有些树本身就长着可以吃的水果。因此森林无须被清除，有时它们甚至可以变成果园和人工疏林。

在这一时期，如果不是更早的话，人类有了重要的发现，即有些树是从砍伐后的树桩或树根上长出来的，而随后长出的枝干比原来的树干更有用。这样，林地管理就产生了，最早的确凿证据来自大约5000 年前的英格兰萨默塞特平原。人类能够费力扳倒大树，但在发明有力的工具以前，大树的唯一用途就是造独木舟。从采集-狩猎时代起，人口虽在增长，但数量仍然不多，所以其伐树毁林仅有局部性影响。

定居人类对森林的典型影响为：

1. 挖出树木，以利用林地进行农事。
2. 砍倒树木，以制器具或烧薪柴（包括烧陶的燃料）。
3. 管理剩下的林地，以便持久地生产和供应一两个人就能处

让·皮埃尔·韦尔（Jean-Pierre Houël），《栗树之下马百匹》（*Castagno dei cento cavalli*，1782年）。水粉画。距埃特纳山火山口8千米的这棵栗树，是世界上最老的栗树。根据传说，当一位阿拉贡女王还有她那100位随扈骑士在山路中遭遇雷雨之时，它曾为他们遮风挡雨。

理的小树。

　　4. 消灭或减少众多野生植食动物。

　　5. 以家畜取代野兽，家畜数量通常又很多，这就阻止了被伐树木的再生。

　　6. 在全世界迁移树种，例如栽培苹果就是由罗马人从其原产地哈萨克斯坦带到不列颠的。

　　从新石器时代开始，这些影响一点一滴扩展至全球。有人声称，即使是史前森林的减少，都能严重影响大气中二氧化碳的含量。尽管如此，毕竟产生影响的地区太小，不足以导致二氧化碳异常，除非计算公式把大洋洲和美洲原住民在其大陆上的活动（阻止森林压倒稀树草原）也囊括在内。

剪下枝叶来喂牲口，这种用树方式不太为人所知。它始于新石器时代，在牛羊被引入缺少草地的森林地区时发生过。如今在世界部分地区，由于草的生长季短，这种使用方式依然留存。被如此利用的树，其生长期通常很长，并且会长成特别的形状。

洲际旅行出现前的树

史前时代末期，树的用途增多，特别是在那些发明了金属的文明中。青铜和铁制工具令砍树变得容易，熔炼和锻造金属也大大增加了对树或燃料的需求。罗马人在大量活动中都需要燃料，包括沐浴、制砖、制作玻璃、家庭取暖及制造燃烧罐。人口增多与技术发展也增加了木材需求。不过，仅靠人力，树的被伐速度只在部分地方超过了其再生速度。人们有能力（出于特定目的）运输和加工巨树，如耶路撒冷的所罗门神殿的栋梁，但这是一项罕见的创举。在多数文明中，日常所用的材料都是可以随手处理的小树。

到史前时代末期，人类已经开始对世界各个大陆的森林和热带疏林造成实质影响，至少是通过介入树与植食动物的关系并（在可行的情况下）改变林火频率而产生了作用。那些原来就生活着本地哺乳动物的地中海岛屿，大概不太会被人类殖民所影响。但将羊和猪带到圣赫勒拿这样的岛屿，岛上植被从未应付过任何一种陆地动物，其后果就会极具毁灭性。最后两块无人涉足的巨大区域是马达加斯加和新西兰，在大约 2000 年前和 800 年前这两座岛才有人登陆。世界上最后一块真正未受人类影响的"原始森林"，大概存在于 18 世纪的一些遥远岛屿。

农业逐渐从林木不多的西南亚发源地，扩展至树木茂盛却不宜耕作的欧洲地区。即使到现在，我们也不知道森林是怎样转变成农田的，至于原因就所知更少了。尽管自新石器时代以来，意大利的农业种植就发展良好，但即使在罗马帝国时期，供应罗马这座伟大城市的粮食也大多从北非运来，意大利则被留作其木材和燃料的主供应地。

因为人口密度高，英格兰走上了一条明显不同的道路。到铁器时代（公元前最后几个世纪），它的多数自然林变成了农田或荒地，并开始走向如今的乡村格调。《末日审判书》，这份征服者威廉于1085年下令对英格兰13 418块居住区进行的调查，提供了关于地貌的唯一一份详细数据，其中15%的区域是林地（少于现在法国的森林占有率）。之后，这一比率一直在下降，到1349年降到只有约6%，直到黑死病暴发中止了人口增长才结束。

林地保护大概源自对小树的持续需要，并且受到木材稀缺性——毕竟物以稀为贵——的进一步推动。在英格兰，很多中世纪文献中提到的树，今天依然存在：凭着它们独特的名字和外形、守护在周围的沟垄、从老根上新生的大片树林（树被砍伐后再生）及附近林地没有的独特植物，我们就可以认出它们。

在树篱和其他非林地条件下，也有树木生长，它们为人们提供了木材和薪柴。在罗马时代后的欧洲和其他大陆，果园种植发展了起来。

在中世纪，国际木材（如克里特柏树和普通树木）贸易的地位上升。英格兰、尼德兰和西班牙越来越多地从波罗的海进口松木和橡木，不仅是因为它们自身林地不足，也与这些出口国的木材加工设备和技术的发展有关。

毁林造田和建牧场，并非一条单行道。如果放任自生，树极易蕃息。只要土地因瘟疫、奴隶贸易中止或人们找到了一条更好的活路被弃耕，树林就会归来，灌木丛亦将变成森林。因此，在中世纪英格兰的很多林区，留有史前或罗马时代的农屋、居住区和其他遗迹。

树的文化性与灵性

在物质利用之外，人类植物学学者还描述了人与树之间丰富多彩

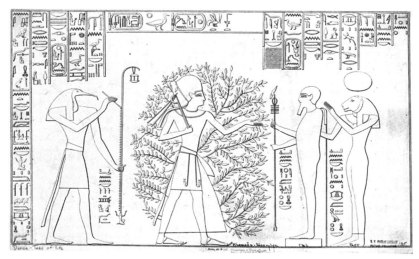

《拉美西斯和生命之树》，19 世纪画作，描绘的是约公元前 1330 年的埃及壁画。纽约公共图书馆。

的关系：从众所周知的灵性关系（把树当作神的家）到纯粹的审美关系（规整式庭院中树所带来的"流光溢彩"），不一而足。

对树的尊崇和热爱虽在不同人类文化中广泛存在，但除非有文字记载，否则我们难知其具体时间。树在不同文化中的确切作用，通常也难以说清。因为对别种文化一知半解（或不友善）的旅行者，往往是记录这些信息的人。另外，树在巨石阵或吴哥窟中发挥了何种作用，除非有树迹留存，否则考古学家在考察和记录古代遗迹中存活的树时，很难有所发现。

个别树被当作神的住所而广受尊崇，如古代罗马城中的圣树或古代和现代日本神道教中无数（种类也不少）的圣树。在教堂和庙观周围，或者在仪式和祭典处，往往存在圣林。在庆典中，特别树种可能扮演着角色，如古罗马胜利庆典中的月桂，圣诞节的冬青，棕枝主日的棕榈（在某些北方地区，棕榈或被别的树代替）。

　　一神教敬拜特别的树，至少是在非正式层面。犹太教信徒、穆斯林和基督徒，都敬拜巴勒斯坦希伯伦的"亚伯拉罕橡树"（易卜拉欣橡树）。英格兰古老墓地中的紫衫，有些可以追溯到基督教传播的最初几个世纪。在威尔士，古老的紫衫跟西元第一个千年的圣徒和隐士密不可分。

　　在苑囿和庭院中植树（除果树外），是许多文化的一个特点。古希腊人的圣林，就像现代日本的佛教寺院和神道教的神社，它既有天然林地，也有规整庭院。古罗马人建起了世俗公共园林，在保护已有树木的同时，也植树其中。这种做法在其他传统文化中是否存在，在没有文字佐证的情况下很难说清。

　　城中的树千差万别。中世纪的多数城镇规模小且建筑拥挤，少有留给树的空间，不过在城里的宗教场所或河漫滩上倒有些树。从 18 世纪开始，城镇规划以更加松散的方式展开，树成了城里一景，以至于现在很多欧美城市比周边乡村的树还多。

　　对古树或个别树种的崇拜，在人类文化中广泛存在，却并非普遍现象。在英格兰，古树给乡间庭院带来了一种堂皇古韵。这种崇树之风曾在 12 世纪中叶陷入低潮，但随着人们对"古树"重燃兴趣，它又焕发了生机。地中海地区有些著名古树，其中尤以橄榄树和栗树为最。在日本，古树敬拜是出于对逝去帝王的纪念，甚至树死了也将它保留着，还会制作盆景来把它缩微复制。很多古树存留了诸如剪枝和果园栽培等园艺活动的痕迹。

　　在很多文化中，树也有医药和巫术用途，尽管并不比其他植物起的作用大。众所周知，奎宁树皮治疟疾；英国博物学家吉尔伯特·怀特（Gilbert White）也提到，"齁齁桴"治牛被齁齁撞到后得的病。

机械时代的树

　　17—20 世纪见证了技术的进一步发展。其实，许多发明出现于中世纪，只是当时的利用规模不大。如今，这些技术被广泛应用，无远弗届。

新大陆的发现和殖民让欧式农业传播到了其他大洲。毁去森林和灌木丛来造农田，在欧洲历经数千年才实现，但在美洲和大洋洲短短数十年就完成了。甚至在 20 世纪中后期，众多樵夫（和牛）仍在毁林开荒，接着用专门的"跳桩"机械来耕作。

在其他国家，特别是在难以开展机械化农业的贫瘠或陡峭之地，树林却有增加。在 19 世纪的北美东部和 20 世纪的地中海地区，大片土地重新变成了森林。

在此之前，造船对林地只有地方性影响。随着船越来越大、越来越多，随着它们去到遥远大陆并长期驻留在腐蚀性强的热带水域，再加上欧洲海军沉浸于军备竞赛，用木制船的数量大为增加——短期（1800—1860 年）内它甚至成为影响欧洲林地和热带森林的主要力量。

19 世纪的国际贸易，让欧洲广泛利用起了其他大洲（如北美）的松木和热带硬木。锯木厂，另一种中世纪的发明，在铁路到来后遍地建立且规模巨大，其用途是对付雨林中的巨树。美国太平洋沿岸、澳大利亚西南部及较易抵达的热带地区，巨树变为铁路枕木、栅栏桩和路基，这在当时被视为一种技术进步。

人工林——为利用木材建立的林区——是由中世纪的德国和日本独立发明的。从那时起，（从理论上说）为了特定用途种树就变得可行了，假定在树长成后那些用处还在。干旱的国家曾屡次尝试大规模植树，认为此举能阻止沙漠扩展。在 19 世纪，植树造林成了现代林业的主要内容。但德国或法国的林业理念和实践在印度和（稍后的）英国推广后，却让当地的林业实践和技术边缘化了。到 20 世纪末，智利和塔斯马尼亚岛等地区的本地森林被毁，人工林取而代之，其规模之大，引起了环保主义者的极大关注。天然林几乎只能栖身于陡坡、自然保护区和其他机械力所不及的地方。

古代的管理实践被忽视了。不过，在英格兰，铁路将煤炭运到农村地区，这让人们不再把木头作为燃料来源。像英格兰一样，日本也开始掠夺其他国家的天然林来供应木材，同时将本国的木材存留不用。

人类让全世界动物和植物混在一起，这让森林和热带疏林陷入危险之中。一个耳熟能详的例子是将北美灰松鼠轻率地引入英国。这种松鼠在英国的大量繁殖，不但危及了一些本地树种的生存，还将本地红松鼠减少到近乎灭绝的地步。

植物亦是如此。热带雨林为何如此容易被毁掉？之前，伐树卖钱可能危害不那么大，美国太平洋地区的红杉林不就再次成林了吗（尽管原来森林里的植物和动物可能无法全部恢复）？不过，现在，树被砍伐后，地面会被从其他热带地区来的一种巨大"象草"占据。这种草会直接阻碍树的再生，而且它们极度易燃，于是火就被引入了之前没有火也不适应火的森林里。

气候变迁也有一定影响。热带森林比之前生长得更加迅速，可能就是对空气中二氧化碳增加的反应。只能在山顶生长的树——如某些热带云雾林和美国西南部的高海拔森林——受到威胁，因为气候变暖令它们无处可逃。不过，受全球变暖影响最大的，可能是那些被移植到别处的高海拔树种，譬如英国的山毛榉和云杉，它们承受不住当地日益炎热的夏天了。

在20世纪末，世界很多地区的大型猎物都在增加，这危及草、鸟类和树木的存活。就数量来说，英国现有的鹿是1000年以来最多的。就种类而言，英国现有的鹿种比任何时候都多，鹿在林地大啃大嚼成为头号环保问题。这种情况也出现在北美，部分原因是猎人需要比自然承载量多得多的鹿，以备猎杀。甚至在日本，鹿也成了问题。

对树木的最大威胁，大概是全世界的害虫和疾病被混为了一炉，这是20世纪人类活动的结果。在美国俄亥俄州，不到100年的时间里，栗树、多数的榆树、很多橡树、开花山茱萸和冷杉都因偶然引入的欧亚细菌与寄生虫而不见了踪影，梣树成了剩下的树中最常见的树种。为了保护它（梣树）不被亚洲昆虫吃掉，美国已经徒劳地花费了

数百万美元。这样的故事可能在很多其他国家重演。照这样的速度，
再过 100 年还有什么留下？

奥利弗·拉克姆（Oliver Rackham）
英国剑桥大学基督圣体学院

另见《生物交换》《森林砍伐》《植物病害》《自然》《木材》。

延伸阅读

Cronon, W. (1983). Changes in the land: Indians, colonists, and the ecology of New England. New York: Hill & Wang.

Fairhead, J. & Leach, M. (1998). *Reframing deforestation*. London: Routledge.

Frazer, J. G. (2007[1890]). *The golden bough: A study in magic and religion.* Charleston, SC: Biblio Bazaar.

Grove A. T. & Rackham, O. (2001). *The nature of Mediterranean Europe: An ecological history*. New Haven, CT: Yale University Press.

Juniper, B. E. & Mabberley, D. J. (2006). *The story of the apple*. Portland, OR: Timber Press.

Kirby, K. J. & Watkins, C. (Eds.) (1998). *The ecological history of European forests*. Wallingford, U.K.: CAB International.

Pakenham, T. (2002). *Remarkable trees of the world*. London: Weidenfeld & Nicholson.

Rackham, O. (2006). *Woodlands*. London: Harper Collins.

Rackham, O. (2008). Ancient woodlands: Modern threats. *Tansley Review, New Phytologist, 180*, 571–586.

Ruddiman, W. F. (2005). *Plows, plagues and petroleum; How humans took control of climate*. Princeton, NJ: Princeton University Press.

Williams, M. (1989). *Americans and their forests*. Cambridge, U.K.: Cambridge University Press.

水

水是生命之本。除了饮用，水还被用于旅行、发电、清洁、娱乐、农业、工业、仪式等领域。尽管水覆盖了地表的 3/4，但其中适合饮用的不到 2%。水源在人类的迁徙和落脚中起着关键作用。

水覆盖了 75% 的地表，而且是所有生命不可或缺的一部分。淡水是人类的生存之本。人没有食物可以存活数周，没有水则只能存活几天。纵观历史，水源地在人类发展中起着重要作用，它影响着殖民模式、农耕、发电、运输、宗教和习俗。

定居

数千年来，能否获取淡水以供人畜饮用和庄稼灌溉，一直影响着人类的移居。水覆盖着大部分地表，适合饮用的却不到 2%。很多人学会了适应严苛或不利环境，但其存活仍然离不开天然泉眼、河流或降雨。在人类历史之初，水源在其生存策略中起着重要作用。

在新石器时代，采集-狩猎者不再迁徙，他们建立了永久住所，成了农民和牧民。当他们建立城镇之时，选址之处通常靠近可用的水源（比如河或湖）。最古老的城镇之一，土耳其的休于城（Catalhuyuk），是新石器时代遗址的代表。休于城建于公元前 7500 年左右，位于几处水源边上，考古学家认为城镇周边四季不缺水。它的农田离水源的距离似乎比城镇要远几千米，凸显出用水便利之于城镇的重要性。这种例子在其他新石器时代的遗址中也能见到，譬如可以追溯到公元前7000年的乔伊鲁科蒂亚（塞浦路斯）。

在新石器时代向铁器时代发展的过程中，随着人口稳定增加，人们开始在那些无法方便地大量用水或全年用水的地方定居。要在这些地方生存，人们得设法调整生存策略，以获得充足的生活用水。最常用的解决办法，是在水多之时收集，在缺水时使用。在这方面，不同文化殊途同归。在希腊、意大利和美索不达米亚，农民依赖冬季降雨提供的足够雨量来保证夏季的"旱作农业"。他们在早春种下庄稼，那时土壤还受到充足冬雨的滋润，在夏初收获粮食，那时炎热干燥的夏季天气还没有吸干土壤中的水分。这些地区的居民依靠大蓄水池收集的天然泉水和雨水，确保了夏秋季节里有足够的饮水供给。

一个印度村庄，人们趁着从公共水井中取水之时交谈。克劳斯·克劳斯特梅耶（Klaus Klostermaier）摄。

在阿拉伯半岛，纳巴泰人利用在岩石中开凿的一系列水渠和管道来收集雨水并储存于地下蓄水池中，蓄水池内则涂有防水的胶泥。在埃及，尼罗河不仅提供了农田灌溉用水，每年的河水泛滥还会在田里沉积新的土壤（防止了土壤耗竭）。在希腊化时期，精心修建的灌溉水渠增加了田地灌溉面积。在罗马、拜占庭和伊斯兰时代，这种灌溉系统继续在演变和扩展。

古波斯农民早在公元前 1000 年就发明了被称为"坎儿井"的地下灌溉系统，用它来把水输送给庄稼。坎儿井是地下的封闭渠道，它汇集山区地下水并利用重力将其带到地势低的田地中。在整个坎儿井中，会有规律地隔一段就建一个竖井，方便人进入水渠进行清理和维修。坎儿井建造是大工程，它长度可达 40 千米，埋在地下 100 米深。阿拉伯和拜占庭沿用了这种灌溉系统。伊朗已知的坎儿井有 4 万多条，今天很多仍在使用。

收集和储存的水过久，常常产生新问题，使水变得不洁或多渣。很多古代文明发明了净化存水的技术，以期产出更好的饮水。源自公元前 2000 年的古梵文文献就描述了以蒸煮或用沙（或木炭）等方式滤出杂质的方法。埃及墓室中的绘画则描绘了一个滤水装置，它让泥沙和其他杂质沉到底部，这样就能得到上面的清水了。

一如农民需在水源附近生活和灌溉，随着城市规模变大，后者也需要水来保障市民生活并保证城市卫生。工程师设计了城市引水系统，把水从数英里外引到城里各处。罗马和君士坦丁堡都发明了壮观的引水渠体系，把水送到了许许多多的浴池、喷泉和私人家宅中。在公元 3 世纪，罗马有 9 条引水渠在运转，每天为城市供水 300 万加仑[1]。在这些引水渠中，最长的引水渠超过 95 千米。在起点处，引水渠一侧深入土里，另一侧略微倾斜，然后它利用重力把水运到罗马。随着引水渠离开山区到达城市，它被高出地面 30 多米的高拱支撑起来。这些水渠宽 1 米、高 1.8

---

1   约 11356 立方米。——译注

米，工人可以进入水渠进行清理。今天，这些引水渠中的 3 条还在使用。

社交

水在社会习俗方面也扮演着重要角色。洗浴是古希腊和罗马的重要仪式。从公元前 5 世纪开始，公共浴池就在希腊变得常见。这种习惯被罗马人沿用，到公元 1 世纪，洗浴成为罗马日常社交的重要内容，公共浴池也就成了公民社交的中心。每个城镇至少拥有一座洗浴设施，更富裕的家里还有私人浴室。这些洗浴设施拥有水温不同的房间：冷水、温水和热水浴池。随着公元 2—3 世纪罗马帝国的扩张，这些设施变得越来越精美，有着穹顶、玻璃窗、异国情调的艺术品和复杂的水管系统。罗马皇帝卡拉卡拉（马库斯·奥勒留·安东尼厄斯）在公元 217 年建造的浴池，可以同时容纳 1600 多人洗澡。这些洗浴设施是在帝国全境传播罗马文化和思想的重要工具。在某些现代文明中，如日本和芬兰，洗浴依然至关重要。

宗教

在古代希腊和罗马，水是宗教仪式的重要元素。天然泉眼被认为具有强大力量，其所在地往往成为祭拜之所。与火一道，水在出生、婚姻、死亡和祭献仪式中作为净化元素被使用。遍及全球的众多洪水传说，也强化了水作为净化或涤罪工具的观念。在这些故事中，神清除了为恶之人，并以所选之人——如《旧约》中的诺亚、希腊神话中的丢克利翁、《吉尔伽美什史诗》中的乌特那庇什提牟或东非故事中的图姆比诺（Tumbainot）——重新开始。

在希腊哲学和宇宙学中，水被视为火、气和土之外的宇宙第四种基本元素。前苏格拉底哲学家米利都的泰勒斯在公元前 5 世纪末写道：构成万物的主要元素是水，并且宇宙中除水之外的一切都是由水所造。

保罗·乌切洛（Paolo Uccello），《洪水滔天》（1447—1448 年）。
这幅壁画在佛罗伦萨新圣母教堂，描绘的是《旧约》的挪亚方舟故事。

纵观历史，人类在探险和移居时走过了大大小小的水路。在这幅 20
世纪早期的照片中，一位旅行者及其向导乘着木筏在南美的亚马孙河
顺流而下。

在琐罗亚斯德教中，耕作被赞颂，任何有助于耕作的行为都被鼓励。在公元3—7世纪，它促使统治波斯（今天的伊朗）的萨珊王朝国王们建造起大坝和庞大的灌溉系统。

在早期基督教中，水被视为纯洁和生命的标志。在拜占庭的礼拜中，用水祝福是重要仪式，教会领袖认为它是为了纪念施洗者约翰对耶稣基督所施的洗礼。在现代宗教中，水依然是一种重要的净化元素。许多现代基督教派把水中洗礼（点水或浸水，以洗去尘世之罪）作为皈依的初始仪式。在伊斯兰教中，信徒在礼拜前要清洗他们的手、臂膀、脚和头，来自我净化。犹太教也用水来净化信徒，并在与不洁之物——如死尸——接触后以水自我净化。

运输与帝国

由于地球大多被水覆盖，船就成了探险和旅行的必备交通工具。在现代之前，水路旅行比陆路旅行快速且便宜。罗马皇帝戴克里先于公元301年颁布法令，目的是控制最高价格，却为史家提供了足够的信息来说明这一时期的一般交通花费。这份文献显示，陆路货运比船运的花费高30%~50%。如果天气好，水路比陆路旅行所花的时间也少得多。

随着贸易增加，不同商人和各民族都在力图找到增加船速和载重的方法。这导致了大帆船和轻快帆船的发明，它们载货更多、航行更快且需要的人手更少。另一种缩短航行时间的方式是开凿运河，它们连通了几大水域并使绕航退出了历史舞台。京杭大运河（公元前486年）、伊利运河（1825年）、苏伊士运河（1869年）、科林斯运河（1893年）、巴拿马运河（1914年）和莱茵河-多瑙河运河（1992年）的开凿，皆是为此。

居民擅长航海或造船的城市或国家，能够从中获利并建立商业或军事大帝国。到公元前8世纪，腓尼基人正是借此建立了囊括整个地中海的贸易网络，并将其文化传播到很多不同地区。腓尼基人的成功，被 13 世纪和 14 世纪地中海的威尼斯人及波罗的海的汉萨同盟小规模复制过。

依赖海外运输来提供货物的文明，通常都发展了强大的海军，以保护其商业利益。在公元前 5 世纪，雅典城邦利用它在爱琴海的强大海上存在，建立了雅典帝国。在公元 15 世纪，英国利用其推行的重商主义政策来建立强大的商船船队和海军，借海军的优势将其政治政策推行海外，逐步建立了跨越全球的帝国。

水力

水也被用来推动机器和发电。水车这种最早的发明之一，就是利用落水或流水来推动转轴让磨转动。古代的希腊人和罗马人最早利用水车推磨来碾谷成粉，这种做法在整个中世纪都在延用。

随着蒸汽机在 18 世纪早期被成功发明，水车的使用减少。在 18—19 世纪的美国，水车被用来为锯木场、磨坊和纺织厂提供动力。在 1882 年，第一个用水发电的电厂于威斯康星建立。今天，加拿大、新西兰、挪威、瑞士和瑞典都严重依赖水力发电。

21 世纪的水

自 20 世纪 80 年代以来，很多国家开始认识到水并非是无尽之物，我们得采取措施为子孙后代保护这种珍贵资源。在 21 世纪，出现了几个重要的水问题。首先，随着世界人口增加，越来越多的国家无法满足饮用水需求。其次，工业化导致的污染增加，进一步减少了可用的饮用水水量。再次，持续的城市化和森林砍伐导致洪水和土壤流失增加。最后，随着各国寻求增加现有的用水供给，水的分配冲突——特别是在国际河流——就会增加。公众越来越认识到这些环境问题的重要性，相关国际组织因此出现，目的是解决这些问题并实施水资源管理规划。

虽然洁净水的获取越来越受关注，但一般认为地球目前有足够每个人用的水。问题出在水资源的低效和无效管理上，这让每年数百万人因缺乏基本的干净用水而死于水传播的疾病。针对水资源短缺和不平等，一些可行的补救措施包括循环利用和重新分配。

R. 斯科特·摩尔（R. Scott Moore）
美国宾夕法尼亚州印第安纳大学

另见《沙漠化》《海洋》《河流》《土壤盐渍化》《水能》《水资源管理》。

延伸阅读

Beaumont, P., Bonine, M. E. & McLachlan, K. (1989). *Qanat, kariz, and khattara: Traditional water systems in the Middle East and North Africa.* London: School of Oriental and African Studies.

Crouch, D. P. (1993). *Water management in ancient Greek cities.* Oxford, U.K.: Oxford University Press.

de Villiers, M. (2001). *Water: The fate of our most precious resource.* New York: Mariner Books.

Gischler, C. E. (1979). *Water resources in the Arab Middle East and North Africa.* Cambridge, U.K.: Middle East and North African Studies Press.

Goubert, J.-P. (1989). *The conquest of water: The advent of health in the Industrial Age* (A. Wilson, Trans.). Princeton, NJ: Princeton University Press.

Guillerme, A. E. (1988). *The age of water: The urban environment in the north of France, a.d. 300–1800.* College Station: Texas A&M University Press.

Hodge, A. T. (1992). *Roman aqueducts and water supply.* London: Gerald Duckworth.

Horden, P. & Purcell, N. (2000). *Corrupting sea: A study of Mediterranean history.* Oxford, U.K.: Blackwell.

Kandel, R. (2003). *Water from heaven: The story of water from the Big Bang to the rise of civilization, and beyond.* New York: Columbia University Press.

Oleson, J. P. (1984). *Greek and Roman mechanical water-lifting devices.* Dordrecht, The Netherlands: D. Reidel.

Outwater, A. (1997). *Water: A natural history.* New York: Basic Books.

Pearce, F. (2007). *When the rivers run dry: Water—the defining crisis of the twenty-first century*. Boston: Beacon Press.

Pisani, D. J. (1996). *Water, land, and law in the West: The limits of public policy, 1850–1920*. Lawrence: University of Kansas Press.

Potts, D. T. (1997). *Mesopotamian civilization: The material foundations*. Ithaca, NY: Cornell University Press.

Raikes, R. (1967). *Water, weather, and prehistory*. New York: Humanities Press.

Reynolds, T. S. (1983). *Stronger than a hundred men: The history of the vertical water wheel*. Baltimore: Johns Hopkins University Press.

Schoppa, R. K. (1989). *Lakes of empire: Man and water in Chinese history*. New Haven, CT: Yale University Press.

Shaw, R. E. (1990). *Canals for a nation: The canal era in the United States, 1790–1860*. Lexington: University Press of Kentucky.

Solomon. S. (2010). *Water: The epic struggle for wealth, power, and civilization*. New York: Harper.

Smith, N. (1977). *Men and water: A history of hydro-technology*. New York: Charles Scribner's Sons.

Squatriti, P. (1998). *Water and society in early medieval Italy, ad 400–1000*. Cambridge, U.K.: Cambridge University Press.

Ward, D. R. (2002). *Water wars: Drought, flood, folly, and the politics of thirst*. New York: Penguin Putnam.

Yegul, F. (1992). *Baths and bathing in classical antiquity*. New York: Architectural History Foundation.

水能

在古代，流水或落水的机械（动）能由各种水车转化成旋转运动。从 19 世纪 80 年代起，人们开始利用水轮机来发电。不同于化石能源，这种发电不会直接造成空气污染，但它在其他方面的环境影响却争议颇大。

最早提到水车存在的是塞萨洛尼卡的安提帕特，他于公元前 1 世纪提及用它们来碾磨谷物，尽管不知道它们是在之前几代还是几百年前发明的。1000 年后，这种简单的机械在欧洲部分地区就随处可见了：1086 年的《末日审判书》中列及了英格兰南部和东部的 5624 架水车，每 350 人就有一架。通常的设计是以倾斜木槽将水引到木桨上，桨装在结实的转杆上，而转杆则直接与上面的磨盘相连。立式水车，公元前 27 年维特鲁威最早提到，效率则高得多。它们都是以直角齿轮带动磨盘，而齿轮推动则有三种不同方式。

水车与水轮机

下射式水车由流水的机械能驱动，随着流速加倍，会产生 8 倍的动能，人们喜欢将其安装在水流快速的河流中。最好的水车可以将流水 35%~45% 的动能转化成有用转动。中射式水车由流水和落水联合驱动，在水头 2~5 米高的情形下运转。上射式水车主要由下落水的重量驱动，因此可以安装在水流平缓的河流上。水头超过 3 米高，其转化效率一般超过 60%，最高达 85%。水车，还有转杆及齿轮，在 18 世纪前几乎全是木头的。轮轴和转杆是最早用铁的部件，第一架全铁水车在 19 世纪初建成。

除了建在河上的水车外，还有驳船上的流动水车及利用潮汐的水车磨坊。除碾磨谷物外，水车后来还用于推动机器锯木、榨油、为熔炉鼓风、锻造铁锤及将（拉伸金属线和瓷砖上釉等）制造过程机械化。尽管用途扩大，但水车的性能仍然有限，在 18 世纪早期的欧洲，其平均功率不到 4 千瓦。1750 年之后发明的水车性能迅速提升，由其组成的联排水车的功率甚至超过 1 兆瓦（1 兆瓦等于 1000 千瓦），从而成为欧洲和北美大规模生产扩张的首要原动力。在 1832 年，伯努瓦·富尔内隆（Benoit Fourneyron）发明了反力式水轮机，开启了动力更强的水力机械时代。詹姆斯·B. 弗朗西斯（James B. Francis）于 1847 年设计出了向心式水轮机，莱斯特·A. 佩尔顿（Lester A. Pelton）在 1889 年造出了喷流驱动的水轮机，卡普兰于 1920 年带来了转桨式水轮机。

水电站可生产能源。图中的输电线路负责输送河流生产的电力。

水电

起初，水轮机只是替代水车充当众多行业的原动力，但到了 19 世纪 80 年代，这种机械开始跟发电机组合起来用于发电。1882 年，美国第一家水电厂于威斯康星建立。100 多年后，水轮机提供了世界电力的近 20%。在很多热带国家，水电是最主要的发电方式。

世界上的多数水能仍有待开发。全世界可以进行经济开发的水电总量为 8 拍瓦时（即 10^{15} 或 1000 万亿瓦时），大约是现在已开发总量的 3 倍。在已开发的产能中，欧洲所占份额最大（超过 45%），非洲最小（低于 4%）。广建大坝的高潮发生于 20 世纪 60 年代和 70 年代，当时全世界每 10 年新建约 5000 座大坝。

利与弊

就空气污染来说，水电的好处显而易见。如果现在全世界的水电皆由燃煤电厂来发，全球二氧化碳和二氧化硫的排放量将分别升高 15% 和 35%。水电的运营费用也很低，其旋转备用（零负荷下机组同步产生的效能）尤其能满足需求突然增加所产生的最大负荷。此外，主要为水力发电所建的众多水库还有多种用途，比如成为灌溉和饮水的水源、防洪、休闲及水产养殖。但在 20 世纪的最后几年，人们广泛认为大坝在经济效益上值得怀疑，在社会效益上则是负面的，而在环境上则是有害的。

对大量（往往是）穷苦民众的迁移成为最有争议的事件。在 20 世纪，大坝的修建迁移了至少 4000 万民众（有的估计超过 8000 万），而在 20 世纪 90 年代初，每年开工的新建大坝有 300 余座，年迁移民众总数达 400 万人。中国和印度这两国所建的大坝约占世界的 60%，众多民众需要重新安置：中国超过 1000 万人，印度至少 1600 万人。大型水电设施还有很多不良的环境影响，而最近对这些（之前被忽视的）环境变化的研究，让水电作为清洁可再生能源和受欢迎的化石能源替代品的说法不那么有力了。

　　最令人吃惊的发现，大概是温暖气候下的大型水库是温室气体的重要来源——由腐烂的植被所释放。大坝中蓄积的水，既增加了每年的河川径流时间，也降低了下游水流的温度。世界几大河流都有水库造成的径流期延长现象，有的超过 6 个月，有的甚至超过 1 年（科罗拉多河、北布拉沃河、尼罗河、沃尔特河）。很多热带水库为疟疾蚊和携带血吸虫的钉螺创造了良好的繁殖地，而且多数水坝成为洄游鱼类难以逾越的障碍。众多水坝造成了河道的支离破碎，其影响波及世界上 3/4 的大河。

　　大坝造成的其他环境影响还包括：大量减少水生生物的多样性，增加干旱气候下大型水库的水分蒸发，减少溶解氧并释放出硫化氢使水库毒性增加，热带水库中的水草入侵，淤泥过多，等等。最后一个问题在热带和季风气候下尤为明显。流经世界上最易侵蚀地区的中国黄河，跟印

透过奔腾水流生起的雾气，看新罕布什尔州与佛蒙特州之间的康涅狄格河上的一座水电站。

度的几条发源于喜马拉雅山脉的河流，都携带着大量泥沙。泥沙沉积于水库，会对遥远的下游产生影响，因为它截断了全球河流输沙量的25%，并且减少了下游冲积平原与海岸湿地所获沙土、有机质及营养的数量。

　　大坝的最终生命长度尚不可知。虽然淤塞和结构性毁伤会令众多大坝的寿命缩短，但很多大坝在经过了最初设计的50年经济寿命后，依然运转良好。随着西方公众在情感上极力抗拒新的水电设施，一些政府采取了措施。瑞典已经禁止在其多数河流上修建新水电站，挪威则搁置了所有的修建计划。在21世纪，只有亚洲、拉丁美洲和非洲将继续修建大型水电工程。

瓦茨拉夫·斯米尔

加拿大曼尼托巴大学

另见《水》《水资源管理》。

延伸阅读

Devine, R. S. (1995). The trouble with dams. *The Atlantic Monthly,* 276 (2), 64–74.

Gutman, P. S. (1994). Involuntary resettlement in hydropower projects. *Annual Review of Energy and the Environment, 19*,189–210.

International Hydropower Association (2000). *Hydropower and the world's energy future*. London: IHA.

Leyland, B. (1990). Large dams: Implications of immortality. *International Water Power & Dam Construction, 42*(2), 34–37.

Moxon, S. (2000). Fighting for recognition. *International Water Power & Dam Construction, 52*(6), 44–45.

Reynolds, J. (1970). *Windmills and watermills*. London: Hugh Evelyn.

Shiklomanov, I. A. (1999). *World water resources and water use*. St. Petersburg: State Hydrological Institute.

Smil, V. (1994). *Energy in world history*. Boulder, CO: Westview.

Smil, V. (2003). *Energy at the crossroads*. Cambridge, MA: The MIT Press.

World Commission on Dams (2000). *Dams and development*. London: Earthscan Publisher.

水资源管理

水有很多基本用途，农业、工业、休闲和家用多数都需要淡水（而非咸水）。地球上的水只有3%是淡水，而多数淡水是冰川。尽管淡水是可再生资源，但它的供应有限，而需求却在增加，这就要求人们对现有水资源进行谨慎管理。

地球上的陆基生命都围着淡水打转。驯化植物需要频繁和充足的淡水供应，这就要求人类对这种水资源进行管理。人类也必须对供应人、畜和制造业的淡水进行管理。

我们星球的表面大部分都是水，但多数太咸而无法为陆地生物所用。水文循环（水的一系列状态转化，即空气中的水汽，通过降水落到地上或水面，再回到空气中）不断以雨和雪的形式提供着淡水。在降水到达地面后，它或者在地表上流淌，比如江河或其他溪流，或者深入土中。从在固定地点种田的农民的视角看，水环境就是淡水环境，不管是地表上流淌的水，土壤表层的水，还是地下的水。

跟多数生命过程一样，农民所需的水量有一个理想值。但环境中提供的水是变化的，不同的地方，不同的时间——每天、每月、每年——皆不相同。对水的理想需求量与水供应的不断变化产生了三种情形：适中，过多，过少。"适中"很少发生。

农场管理与水的几个物理特性相关。首先，水是液体且容易流动，因此所有的水都受重力影响并自然地顺势而下。水总是走最短的路线。如果找到一条下行路线，水极易流动。不过因为水是液体，有人如果想汲取它，就必须使用密闭的容器。其次，水有重量。提水不但需要密闭容器，还需要很大能量。第三，水是一种良好的溶剂。在绿色植物的生命中，水的一个主要作用就是（从土壤中）溶解营养并把它们输送给植物，但水也能溶解毒素（包括盐）。第四，水能够以悬浮的形式带走众多固体颗粒。流水对地貌的侵蚀就是把这样的固体颗粒带到了下游。

　　农民想要灌溉作物的水，是适量、适时、适速且含有合适（溶解的或悬浮的）成分的淡水。灌溉是增加植物供水的技术，排涝是减少植物供水的技术。

　　让水流动的主要能源是重力、人力、畜力、风和热力发动机（机械装置，比如内燃机，可将热能转化为机械能或电能）。拿灌溉来说，我们是从高处供水；就排涝而言，我们是在低处排水。

2004 年 3 月的司马台大坝，位于北京以北。

灌溉

　　水渠灌溉系统的要素包括入口（水渠接入水源之处）、干渠（有时长达数千米）、一系列支渠（将水送到农民的田地中）及闸门（活动闸门可以控制进入支渠的水流，或者通过它们将系统设计成水同时流入所有的水渠）。

　　水渠将水从水源处送往田地。挖掘这些水渠的技术简单，几乎所有地方都发明出了这种技术。人们用挖掘棒、木锹和石锄来松土，这类工具古老且普遍，用篮子运走挖松的土。由于水会受重力影响而快速下流，所以人们可以轻易测试出水渠的坡度是否合适，如果出现错误就调整坡度。

　　多数灌溉系统都是所谓的"河水的流动"，灌溉用水（的来源）就是当时的河流。问题也存在，如水必须顺势而下，淤泥必须清除，人们为此发明了多种解决方案。灌溉系统存在的严重制约是环境中水分的变化，比如干旱让河流的供水变成了涓涓细流，就会危及庄稼。

　　应对这种变化的一种解决方案是在水库中蓄水。不过，在世界历史初期，蓄水是很罕见的。公元前4000年，在约旦沙漠的贾瓦城曾存在过一座蓄水坝。罗马工程师曾建了很多小型砖石蓄水坝，但这些水坝是为家庭而非灌溉提供用水的。美洲较早的一座水坝，是建于公元前800年的墨西哥普隆水坝（Purron Dam）。这座水坝用泥建成，其最高处达19米。它使用了近千年，可以蓄积超过300万立方米的水。普隆是墨西哥高原地区已知和仅存的两座蓄水坝之一。自19世纪末开始，人们在世界多数地区建造了众多大型水坝。机械、现代材料和大量的金钱投入是这些工程的核心特点。

　　早期以简单工具建立的灌溉系统大概分布广泛，但它们的存在很难留下印迹，因为后来的人在同样的地点利用相同的水渠路线重建了灌溉系统，所以研究者很难发现并找出它们最早出现的时间。不过，学者们认为他们有证据证明，灌溉很早就出现在了所有世界文明中。

灌溉可能在新石器时代就存在了。修建这类系统的工具和社会组织早已出现。正因为有如此之多富有成效的设计，灌溉系统才在全世界和所有历史时期都存在。

排涝

排涝系统与灌溉系统相反。灌溉系统将大量的水运到田地上方，然后分成越来越小的部分以输送到田地。排涝系统则在该系统的下方[1]多处把少量的水汇集起来，接着汇集到更大的水渠中，最后把它们全部集中到农田系统的最低处。那么问题来了：这些排出的水要在何处安身？一直汇集一处，低洼田地将会受涝。除了归入更大水体（河、海），别无他法。在这一过程中，人们借助的能源是重力，使用的渠道仍是水渠。另一种排水技术是陶管。这种管子上有孔，被安装在田地的水渠中，然后用土埋起来。管子的尾端往往向着河床，以便排水。陶管很有效，但除了最富有洞察力的眼睛外，它们很难被人发现。

提水

因为水的重量和液态，人们数千年来一直在提水上存在困难。在公元前 2000 年的墨西哥瓦哈卡谷地，人们凭人力以壶罐提水来浇灌个别植物。在埃及，人们用桔槔（杆子的上方有根梁木，梁木的一头为平衡物，另一头是提水容器）可以提取大量的水。这时的桔槔是以人力提拉。长期以来，人们一直在挖井（竖井，从地表下通地下水），但大量提水却很困难。人们也用家畜助力来大量提水，但成果并不显著。

1　原文为"上方"（many places "high up" in the system），斟酌后修改。——译注

从土耳其到中国西部的干旱山区，到处都有坎儿井。从用井之处（通常是绿洲）挖一条通往山中的渠，它要缓缓地斜着上升，直到碰到含水土层。然后沿着坎儿井挖竖井，以清除泥土和便于维修。坎儿井在长度上能超过 60 千米。如果维护良好，它们可以供水数百年。

另一个增加人类提水能力的重大发明是风车，它在 13 世纪的西北欧脱颖而出。荷兰人通过建立护堤来从海中夺回低地，然后他们将水从护堤后的低地中排出。他们把几个大风车连在一起，用它们将水排出低地并倾倒进堤坝外的河海之中。不过，风车提水的高度是有限的，而且它们只在风速适中时才能运转。

在工业革命时期，热力发动机的到来解除了提水的限制。蒸汽机最早的任务之一就是带动水泵为受涝煤矿排水，后来的用途延伸到把水排出低洼之处和提水灌溉。水可以从地面的水源处（河或湖）或深井中汲取。今天，大量的灌溉用水是从地下深处获取的，如果不使用热力发动机来带动水泵，这一点很难办到。

随着内燃机的到来，小型水泵和发动机（用来带动水泵）的组合成为可能，只要农民有能力获取这样的设备并将其移动到需要它们的农场附近。尽管这套设备节省人力，但它们极为消耗能源。

灌溉技术上的现代创新是增压系统。人们使用的主要有两种：喷灌系统和滴灌系统。在喷灌系统中，水泵和发动机将水加压，然后通过一系列管道来运输。这些管道位于灌溉植物的上方，它们身上有多个喷嘴，喷出的水如同小雨。这种系统有两个优点：（1）水的利用效率大为提升（超过 90% 的水到达作物的根部区域，相比之下，渠道灌溉的用水效率低至 50%）；（2）无须在土壤表面挖沟造垄，这就节省了人力和能量。一台小型电脑就能管理大量喷灌系统，节省更多人力。这些系统还能在水中携带化学品（化肥、杀虫剂）。这种技术最大的弊端是它的高耗能性。全世界都在使用喷灌系统，在空中 1 万米飞机上的人能够看到旋转型喷灌系统造成的绿色圆圈。

另一种增压系统是滴灌系统。滴灌系统主要在以色列（非常需要

节约用水）产生，它用的是埋于根部区域的长塑料管，管上有孔，水
通过塑料管输送并从孔中出来。在水中可以添加肥料和杀虫剂，直接
送到根部区域。这些系统甚至比喷灌系统的效率还高，水的损耗接近
于零，并且节约了施肥和喷药的人工。它的最大弊端，也是系统运营
中的能量消耗。另一个不便之处，是管子上的孔会堵塞，这就需要把
管子露出来（就是说要挖出管子），而这可能损伤庄稼。

历史上的水资源管理

数千年来，人们利用灌溉系统和排涝系统来管理水资源，并且在
没有文字和科学实验室的情况下修建和运营着此类系统。多数人都清
楚地知道水分胁迫（过多或太少）与绿色植物健康之间的关系。人们
可以利用简易制作的粗陋工具松土、运土并挖掘水渠。从19世纪开始，
人们开始科学地认识水、绿色植物、土壤、溶液、水文循环和光合作
用，现在的相关知识仍受益于此。人们利用仪器（显微镜、温度计和
天平）与物理、化学、解剖及生理等各门学科，获取了我们现在拥有
的科学知识。

灌溉和排涝在世界史上影响巨大。灌溉和排涝让人们可以在原本
很难或无法种植庄稼的地方春种秋收，而稼穑反过来又保证了大量人
口的密集定居。这些技术在城市的出现中起到了重要作用，并在经济
剩余、专职劳动分工、金属工具、天文学及其他科学的出现中起到了
作用。不过，人们也在未必出现过城市和文字的地方（如马来群岛的
新几内亚岛和美国亚利桑那州的霍霍坎人地区），修建和运营着水资
源管理系统。

灌溉和排涝改变了一地的水资源平衡，并与农业一起改变了那里
的植物和动物。为了庄稼和牲畜的安全生长，人们通常想着消灭本地
植物和那些危险的动物。整个地区都以我们称之为驯化的方式改变了。
但与此同时，我们也为产生和携带疾病（如疟疾）的小型危险动物提

加德满都以东，尼泊尔中部山区多样的水稻梯田，它们是非凡的工程壮举。这种灌溉系统显示了本地人是优秀的水土保持者。杰克·D. 艾夫斯摄。

供了栖息地。福祸相倚。

　　用来修建和运营灌溉系统与排涝系统的简单工具和知识在各地都有，而且这类系统大同小异。但随着工业革命到来，19—20 世纪的欧洲殖民政府修建了大型的贮水水坝。虽然贮水水坝以前就有，但它们当时的规模却前所未见。今天，传统的系统被取代，到处都在用热力发动机搭配水泵来提水。重要的是，这种技术几乎随处可见。

未来

　　水资源管理前途未卜。世界人口仍在增长，而且这种增长将增加对食物和建筑空间的需求。世界上食物生产的很大一部分与灌溉相连，并且这个份额在不远的将来只会增加。获取建筑空间的简单方式就是排干沼泽。只要有工业技术和（便宜）能源，我们就有修建和运营大型水资源管理系统的技术能力。

但在修建贮水水坝的最佳地点上已水坝林立，而寻找新的水源将越来越困难。排干沼泽有着严重的环境影响。工业化人口是水资源的利用大户（厕所冲水、制造业、采矿、灌溉和休闲等），这就给农业用水量带来了越来越大的压力和制约。各种淡水利用（航运、休闲和生物多样性）的数量与强度都在增加。几乎所有国家，都没拿出解决水资源问题的明确方案。一条技术解决之道是提升我们的用水效率，科技将在其中发挥关键作用。问题不仅是技术方面的，水资源使用者的信念和期待也很重要，并且远比土壤、植物与水的性质难理解。

罗伯特·C. 亨特（Robert C. Hunt）

美国布兰迪斯大学

另见《沙漠化》《海洋》《河流》《水能》。

延伸阅读

Adams, R. M. (1966). *The evolution of urban society: Early Mesopotamia and prehispanic Mexico*. Chicago: Aldine.

Butzer, K. W. (1976). *Early hydraulic civilization in Egypt: A study in cultural ecology*. Chicago: University of Chicago Press.

Childe, V. G. (1951). *Man makes himself*. New York: New American Library.

Denham, T. P., Haberle, S. G., Lentfer, C., Fullagar, R., Field, J.,Therin, M., Porch, N. & Winsborough, B. (2003). Origins of agriculture at Kuk swamp in the highlands of New Guinea. *Science, 301*, 189–193.

de Villiers, M. (2001). *Water: The fate of our most precious resource*. New York: Mariner Books.

Doolittle, W. E., Jr. (1990). *Canal irrigation in prehistoric Mexico:The sequence of technological change*. Austin: University of Texas Press.

Gumerman, G. (Ed.) (1991). *Exploring the Hohokam: Prehistoric desert peoples of the American Southwest*. Albuquerque: University of New Mexico Press.

Hall, A. R. & Smith, N. (Eds.) (1976). *History of technology: Vol. 1. From early times to fall of ancient empires.* London: Mansell.

Helms, S. W. (1981). *Jawa, lost city of the desert.* Ithaca, NY: Cornell University Press.

Hills, R. L. (1994). *Power from wind: A history of windmill technology.* Cambridge, U.K.: Cambridge University Press.

Hunt, R. C. (2002). Irrigated farming. In J. Mokyr (Ed.), *Oxford encyclopedia of economic history* (Vol. 3, pp. 165–168). Oxford, U.K.: Oxford University Press.

Scarborough, V. L. (2003). *The flow of power: Ancient water systems and landscapes.* Santa Fe, NM: School of American Research.

Service, E. R. (1975). *Origins of the state and civilization: The process of cultural evolution.* New York: W. W. Norton.

Wikander, O. (Ed.) (2000). *Handbook of ancient water technology.* Leiden, The Netherlands: Brill.

Wilkinson, T. J. (2003). *Archaeological landscapes of the Near East.* Tucson: University of Arizona Press.

Wittfogel, K. (1957). *Oriental despotism.* New Haven, CT: Yale University Press.

风能

　　帆是将风能转化成动能的最早发明之一，而从 10 世纪开始，人们就以风车来磨面和抽水。在 21 世纪初，风能是发展最快的可再生能源，预计到 2040 年将提供世界电量的 20%。

在到达地球的太阳辐射中，只有一小部分（少于 2%）推动了空气流动。昼夜与季节变化共同造成光照与地表（植被覆盖 vs. 不毛之地，陆地 vs. 水面）温差的不同，这意味着风的频率和速度或是长期风平浪静，或是霎时暴风（暴风雨、龙卷风和飓风）骤起。在旧世界最早的文明中，帆船就被使用过，它无疑是最早把风能变成有用运动的转化器。在 20 世纪结束以前，随着风力发电成为现代可再生能源中发展最快的部分，这种世界上最古老的能源如今成了最有前景的可再生能源贡献者之一了。

　　关于风车的最早记载，出现在第一次提到水车后的 1000 年：947 年，阿里·麦斯欧迪（al-Masudi）在叙述中提到锡斯坦（在今天的伊朗东部）使用简单的立轴风车提水灌溉田园。[1] 到 12 世纪的最后几十年，欧洲人才有了风车的第一次记载。之后风车经历了时空上的不平衡发展。

1　伊本·阿里·麦斯欧迪的记述源自阿里·塔巴里讲的一个故事。李约瑟、王铃：《中国科学技术史》第四卷第 2 分册，鲍国宝等译，科学出版社 1999 年，第 611 页。——译注

风车及其用途

最早的立轴风车在近东几乎没怎么变地被用了几百年，欧洲的横轴风车也是如此。这些风车是以巨大的中柱为轴，中柱通常由四根斜杆支撑，整个风车房则面朝风的方向。柱式风车在强风下很不稳定，易受暴风损伤，而且它的低矮也使其效率有限。即便如此，与风力几乎没有历史影响的中国和印度相比，柱式风车是大西洋沿岸欧洲地区的重要转动力来源。

与水车一样，对风车和风力的最普遍应用是磨面和抽水（荷兰的排水风车是这种应用的最出名例子）。其他常见的用途包括碾轧、造纸、锯木和金属加工。单柱风车逐渐被塔式风车和帽式风车取代。只是这些机械装置的顶盖[1]必须靠手动调节来迎风，直到英国人在1745年后引入了扇尾，这才让扇叶能自动旋转。顺着扇叶而来的风吹动扇尾，扇尾转动塔顶的齿轮圈，直到扇叶再度与风成直角。在这个发明出现的100多年以前，荷兰风车车主就引入了最早的高效桨叶设计，它们升力更大，负重更小。但真正的螺旋桨，带有粗厚前缘的空气动力型桨叶，到19世纪末才在英国被发明出来。

美国西进到多风的大平原，需要小型机械来为蒸汽机车、家庭和牛群汲水。这些风车是用大量极窄的桨叶或板条固着在固定轮或扇形轮上，而且通常装有独立的尾翼或是离心（或侧叶）型节速器。

风车的重要性在19世纪后半叶最大：在1900年的北海周边国家，有数量约3万、总功率超过100兆瓦的机器在运行，而在19世纪后半叶，美国出售的小型风车总数达几百万架。

---

1   转台。——译注

纽约长岛草地山（Hay Ground Hill）上的风车（1922 年）。这种传统风车，数百年来几无变化，最常用来磨面和汲水。尤金·L. 安布鲁斯特（Eugene L. Armbruster）摄。纽约公共图书馆。

风电

20 世纪还在运转的众多风车，跟发电机连在一起，发的电用于家庭的即时使用并储存在铅酸电池中。电网的逐渐扩展终结了这段风力发电的短暂岁月。在 20 世纪 70 年代以前，在风转化为有用能源方面，不但研究寥寥，实地试验更是欠缺。直到石油输出国组织让原油价格飙升了 4 倍，对可再生能源的兴趣才被重新点燃。

现代风力发电

现代第一波风能高潮是由 20 世纪 80 年代美国的税收抵免政策拉动的。到 1985 年，该国风力涡轮机的装机容量刚好超过 10 亿瓦，而世界最大的风电场就在加利福尼亚的阿尔塔蒙特山口（637 兆瓦）。低负荷、糟糕的涡轮机设计和 1985 年税收抵免政策的取消，终结了第一波风能潮。新机器的平均功率 20 世纪 80 年代只有 40~50 千瓦，10 年后则超过 200 千瓦。今天在新的大型风电场，发电机的常见功率为 1~3 兆瓦（1 兆瓦等于 100 万瓦或 1000 千瓦）。德国、丹麦和西班牙引领了这次扩张。新的法律保障了风电拥有更高的固定价格，这是本次风能扩张的根本原因。丹麦政府在推广风电上尤为积极：该国现在的人均装机容量最高，并在世界高效风力涡轮机市场上占统治地位。按绝对值来说，德国是世界风能的领军者，而到 2007 年，欧洲占全球风力发电装机容量的 60%。

美国风电的装机容量，1985 年是 1 吉瓦（10 亿瓦），2000 年末为 2.5 吉瓦，到 2008 年 9 月达到 20 吉瓦。全球风力涡轮机的装机容量在 1985 年达到 1 吉瓦，1998 年达到 10 吉瓦（相当于 1968 年的核电），2000 年达到 17.4 吉瓦，然后 2005 年迅速增长到 59.1 吉瓦，2008 年增长到近 94 吉瓦。在所有新的可再生能源发电中，风力发电被视为最有前景，不管是运行的可靠性还是低单位成本都遥遥领先于其他太阳能技术。有些专家认为，在最好的风力地点，即使没有补贴，风电也可以与化石能源电力竞争，甚至比煤炭和天然气发电更便宜，因此我们应该更积极充分地利用风的潜能。有些规划预计，到 2040 年世界电力需求的 20% 将由风来提供，而到 2030 年，美国 20% 的电力将来自风。考虑到 2000 年美国的电力只有 1% 来自风电，这个目标实现起来并不容易。

就现有的资源来说，即使是最大胆的梦想都不是问题。在地球所接收的太阳能中，大气运动只占 2%，但如果这种运动的 1% 可以转化成电力，那么全球电力的总装机容量将达到 35 太瓦（1 太瓦等于 1 万亿瓦），或是 2000 年化石能源、核能及水电厂总装机容量的 10 倍还多。一种限制性更多的估算（只考虑速度在 5~10 米 / 秒的风）表明全球风电的储量约为 6 太瓦，约是 2000 年风电总装机容量的 350 倍还多。开发这种潜能的主要问题是，风在时空分布上的不平衡。

很多风大的地点远离电力消费中心，众多人口密集的区域用电需

美国加利福尼亚州的风电场，这些现代风车被用来发电。凯文·康纳斯（Kevin Connors）摄（www.morguefile.com）。

求高，却长时间经历季节性无风或小风，因此后者非常不适合利用风能（或仅能有限利用风能）。整个美国东南部、意大利北部和中国四川省（中国人口大省）都在后一类之列。风的间歇性意味着它无法用于基荷发电。人们只能不完全地预测风力波动，而且最大风力很少与需求最高的时段重合。这些事实难免让风电的高效商用更为复杂。大型涡轮机的选址以及连接网和输电线的建设所带来的视觉冲击，则是另外需要操心的。将风力涡轮机安装在离岸之地，应该有助于将这些影响最小化或消除。

瓦茨拉夫·斯米尔

加拿大曼尼托巴大学

另见《能量》。

延伸阅读

Braun, G. W. & Smith, D. R. (1992). Commercial wind power: Recent experience in the United States. *Annual Review of Energy and the Environment, 17*, 97–121.

Danish Wind Industry Association (2002). Read about wind energy. Retrieved December 3, 2002, from http://www.windpower.dk/core.htm.

McGowan, J. G. & Connors, S. R. (2000). Windpower: A turn of the century review. *Annual Review of Energy and the Environment,25*, 147–197.

Pasqualetti, M. J., Gipe, P. & Righter, R. W. (2002). *Wind power in view: Energy landscapes in a crowded world*. San Diego, CA: Academic Press.

Reynolds, J. (1970). *Windmills and watermills*. London: Hugh Evelyn.

Smil, V. (1994). *Energy in world history*. Boulder, CO: Westview.

Smil, V. (2003). *Energy at the crossroads*. Cambridge, MA: The MIT Press.

Søensen, B. (1995). History of, and recent progress in, wind energy utilization. *Annual Review of Energy and the Environment, 20*, 387–424.

Stockhuyzen, F. (1963). *The Dutch windmill*. New York: Universe Books.

Wolff, A. R. (1900). *The windmill as prime mover*. New York: John Wiley.

后记

  摆在大家面前的这本小书，是宝库山《世界历史百科全书》的精选本。原书是一本大型工具书，按词条首字母排序，皇皇六卷，近三千页。举凡与世界历史相关的国家、山川、人物、生物、事件、思想，尽皆包罗入内，编者和词条撰写人也都为一时之选。2005 年，该书出版，共五卷；2006 年，新增一卷再版；2012 年，原书中与环境史相关的词条被单独摘选成册，得名《世界环境史》。

  本书包含 40 个词条，既囊括海洋、沙漠、河流这样的景观，也涵盖森林砍伐、物种灭绝、气候变化等重大事件，还有人新世、盖娅假说之类的新知识。每个词条，都是一部小型世界环境史，一物一事，皆彰显自然与人文交互演化之功。

  接手此书的翻译，缘自同窗好友马晓玲编辑的推荐和邀约，她的耐心给了译文足够的生长时间。于个人而言，翻译几乎在我的每段学术生命里都留下了辙印。本科时阅读刘北成师译的《西方现代思想史》，令我对学术世界心生向往；硕士生阶段随梅雪芹师翻译《环境史是什么》，读博士期间参与师门合力译校的《大象的退却》，于我学术入门皆有助力；如今再以这本小书的翻译开始我在南师的工作，也蛮合适。

  本书的翻译是一项集体工作。南京师范大学 2017 级本科历史学专业的两位同学——王心言和张艺轩——帮我翻译了 28 个词条。两年来，我们每周于周六下午碰头，谈论译文的问题和修改。此外，2015 级和

2016级本科历史学与历史学（师范）班的同学，还有2018级世界史硕士班的同学，在某些词语和句子的处理上，也给了译者不少启发。

翻译是未尽之事，好的译法总在时间尽头。译者喜欢翻译带来的新知和挑战，但恐怕难免错误与疏漏，因此恳请读者诸君不吝批评指正。

2019年11月2日

王玉山于敬文图书馆

见识丛书

科学　历史　思想

……后续新品，敬请关注……

‖\ 见识城邦 出品